数据驱动的水电工程物资供应链风险控制与决策

主　编：刘振元

副主编：何胜明　王兆成　钟卫华

内 容 提 要

本书以水电工程物资供应链风险管理的内涵分析为基础，系统地提出了数据驱动的水电工程物资供应链风险识别、风险评价、应对规划以及控制的模型与方法，并结合水电工程建设背景，深入探讨了基于风险的工程物资供应链网络规划、物资供应链调价参数选择以及物资供应链多级库存控制的原理。本书以理论与实践紧密结合为指导思想，在水电工程物资供应链控制与决策理论方法的阐述中适当引用雅砻江流域水电开发有限公司水电开发工程实例来实证理论与方法的科学有效性。

本书可供水电开发工程及其他基本建设工程的物资供应管理从业者、从事供应链管理研究的科技工作者、从事工程管理信息化的研发工作者阅读，也可以作为高等院校物流管理、物流工程、系统工程、工程管理等专业师生的教学参考书。

图书在版编目（CIP）数据

数据驱动的水电工程物资供应链风险控制与决策/刘振元主编．—北京：中国电力出版社，2021.10

ISBN 978-7-5198-6007-3

Ⅰ.①数… Ⅱ.①刘… Ⅲ.①水利水电工程—物资管理—供应链管理—风险管理—研究 Ⅳ.①TV

中国版本图书馆 CIP 数据核字（2021）第 189170 号

出版发行：中国电力出版社

地　　址：北京市东城区北京站西街 19 号（邮政编码 100005）

网　　址：http：//www.cepp.sgcc.com.cn

责任编辑：娄雪芳（010－63412375）

责任校对：黄　蓓　王海南

装帧设计：郝晓燕

责任印制：吴　迪

印　　刷：三河市万龙印装有限公司

版　　次：2021 年 10 月第一版

印　　次：2021 年 10 月北京第一次印刷

开　　本：787 毫米×1092 毫米　16 开本

印　　张：15.25

字　　数：314 千字

印　　数：0001—1500 册

定　　价：88.00 元

本书编委会

主　编　刘振元

副主编　何胜明　王兆成　钟卫华

参　编　曾　伟　陈　晞　马东伟　樊垚堤　陈　曦　董志荣
张振东　陆炯炳　唐淑贤　杨　强　杨丽静　陈华林
朱志鹏　宁晓龙　王为华　曾　平　陈春银　陈茂高

序

大中型水电工程是我国工程建设领域的典型代表，建设过程中需要大量采购包括水泥、粉煤灰、钢筋、混凝土外加剂等在内的工程物资。这些工程物资具有规格品种多、需求规模大、供应分布广等特征，而施工现场大多位于深山峡谷，交通受限，自然环境、社会环境复杂多变，施工组织面临诸多不确定性带来的挑战，科学有效地组织工程物资供应管理是水电工程各项目标实现的重要保障。现代水电工程建设迫切需要以供应链管理思想来重构工程物资管理体系，这为水电工程建设管理提出了一种新的思路。

伴随数字时代的到来，在工程建设体系中运用各种技术手段采集数据的能力日益增强，在工程物资的供应组织管理中也不例外，工程物资生产、发运、运输、中转、收储、调拨、消耗等环节涉及质量、成本以及进度的不同颗粒度的数据不断产生，如何运用这些数据为供应链管理提供决策支持是现实条件下有待考虑的重要命题。考虑到工程物资供应的复杂性，工程物资供应需要从传统的事后经验处置模式转化为对事前、事中和事后相结合的系统性处置。数字时代的到来恰好可以为这种系统性的控制与决策提供技术支撑。

十多年前，刘振元老师团队开始参与三峡工程散装水泥/粉煤灰实时调度指挥系统研发，其后就一直在对水电工程物资供应链管理理论与方法开展研究。在与雅砻江流域水电开发有限公司建立合作关系后，双方成立了联合研究组，依托于雅砻江流域多梯级水电工程开发的物资需求背景，历经多年的研究，雅砻江流域水电开发有限公司物资管理团队为理论研究提供了大量的实践应用支持。最终双方系统地构建了多项目物资供应链管理体系，并在工程建设实践中不断推广应用，验证了相关业务模型、决策理论与方法的合理性、实用性，创造了显著的经济社会效益，是工程建设管理领域的一项创新性工作，是践行"把论文写在祖国大地上"的一个典型代表。

《数据驱动的水电工程物资供应链风险控制与决策》以水电工程物资供应链风险控制与决策为主题，提出了数据驱动下的风险识别、风险评价、风险应对规划以及风险控制的方法，构建了考虑风险的供应链网络规划、物资采购调价参数选择以及多级库存控制等的决策模型，该书全文贯穿雅砻江流域水电开发工程物资供应管理的案例，阐述了工程物资供应链风险控制与决策的应用原理，是工程物资供应链管理领域第一本以风险控制与决策为主题的著作。该书理论联系实际，所提出的以数据为驱动的全要素、全过程、全方位的风险控制体系，具有很好的理论和应用价值，同时也可为其他工程建设领域的组织管理提供重要的参考。

相信在不久的将来，随着数据驱动的深度和广度不断增强，更广泛的数据聚集与共享将促使工程建设风险控制进入一个新的时代，让中国建造这张享誉世界的名片更加的亮丽。

华中科技大学教授、武汉数字建造产业技术研究院院长、俄罗斯工程院外籍院士

骆汉宾

前　言

在当前全球经济发展形势纷繁复杂的情境下，供应链已经越来越被人们所重视，作为支撑制造强国的重点内容之一，供应链现代化水平的提升已被写入《中华人民共和国国民经济和社会发展第十四个五年规划和2035年目标纲要》。其中，供应链系统的内生和外生风险发生、发展的规律及其影响也备受关注。

伴随制造业领域供应链管理研究与实践的深度与广度不断加强，在工程建设领域，供应链管理思想的认知也早已深入人心。针对我国大中型水电工程建设中的供应链管理理论与实践，华中科技大学人工智能与自动化学院系统科学与工程系、系统工程研究所工程供应链研究小组与雅砻江流域水电开发有限公司（原二滩水电开发有限责任公司，以下简称雅砻江公司）组成联合研究组，自2005年起直至现在开展了非常深入的持续合作，以《水电开发工程物资供应链管理理论与实践——以雅砻江流域梯级水电开发工程为例》和《工程供应链管理与物流调度》等专著为载体，系统地提出了水电工程物资供应链管理理论和方法体系，并在雅砻江流域梯级水电开发中的锦屏一级、二级、官地等下游电站，两河口、杨房沟等中游电站的建设组织管理中得以成功应用。在前期研究和实践中，联合研究组进一步发现，在信息技术飞速发展的今天，水电工程建设周期各个时段、各个环节、各类场景、各类环境均会采取各类不同的技术手段实现数据的采集、传输、存储、处理和分发，这样一来，相对以前的以经验知识为基础，实施定性判定为主的风险控制与决策支撑体系而言，水电工程物资供应链风险控制与决策有了一种新的模式，即以数据为驱动的风险控制模式。基于此，经过近五年的研究和实践探索，综合考虑当前以及未来的技术可行性，将数据驱动始终贯穿于工程物资供应链的风险控制与决策中，形成了基于全要素、全过程、全方位的风险控制体系，从而集结形成本书。

本书通过对工程供应链管理起源与发展的分析，结合我国大中型水电开发工程建设施工组织的特点，阐述了水电工程物资供应链管理以及流域水电开发工程物资供应链管理的内涵，结合水电工程物资供应风险管理的实践和现状分析，提出了水电工程物资供应链风险的定义以及供应链风险管理内涵。基于水电工程物资供应链风险管理的全局视角，以工程物资供应管理中的物资生产、运输、库存、消耗、需求、环境等多维数据为基础研究数据驱动下的水电工程物资供应链风险控制与决策方法。系统地构建工程物资供应链风险控制体系，详细阐述基于数据的风险识别、风险评价、风险应对规划和风险控制的方法及其应用原理。然后，将风险因素引入到供应链管理的关键决策环节，包括供应链网络规划、物资采购调价参数选择以及支持供应链日常运行的多级库存决策等，提出以数据分析、仿真计算为基础的决策支持方法。

本书坚持以理论与实践紧密结合为指导思想，在水电工程物资供应链的风险控制与决策理论、方法的阐述中适当引用雅砻江流域梯级水电开发工程中的实例来实证理论与方法的可行性、有效性和实用性。

全书由刘振元、何胜明、王兆成、钟卫华总体策划，由刘振元、陈晞、樊垚堤、陈曦具体组织落实，双方联合工作组成员分工合作完成书稿各章节的撰写。参与研究并撰写本书各章节的人员具体分工如下：

第 1 章：刘振元、何胜明、王兆成、钟卫华、陈晞、曾伟。

第 2 章：刘振元、钟卫华、何胜明、陆炯炳、樊垚堤、陈曦、宁晓龙。

第 3 章：陆炯炳、樊垚堤、陈曦、宁晓龙、刘振元、王为华。

第 4 章：陆炯炳、陈晞、陈曦、马东伟、刘振元、曾平。

第 5 章：刘振元、陆炯炳、陈晞、陈曦、樊垚堤、陈春银。

第 6 章：杨强、朱志鹏、陈曦、张振东、刘振元、陈茂高。

第 7 章：杨丽静、陈华林、董志荣、樊垚堤、曾伟、刘振元。

第 8 章：唐淑贤、杨强、董志荣、张振东、刘振元。

本书的各项研究工作是联合研究组多年来合作研究的成果。在本书的相关内容研究和书稿撰写过程中得到了来自雅砻江公司领导、各相关部门、中转储备系统运行管理单位、工程承包商等各方面的大力支持与配合，也得到了华中科技大学人工智能与自动化学院各位领导以及费奇、陈学广、王红卫等教授的长期支持与帮助，在此向他们致以深深的谢意！同时，本书研究和成稿过程历时较长，参与人员的家人也给予了理解与支持，在此一并表示感谢！

本书相关研究得到了雅砻江公司的专题项目资助以及国家自然科学基金面上项目（71071062）和中央高校基本科研业务费（HUST：2017KFYXJJ178）的部分资助，在此也要向资助各方表示感谢！最后，还要特别感谢中国电力出版社的诸位编辑！是他们的热心和耐心促成了本书的顺利出版。

本书的撰写力求理论与实践相结合，一方面能从理论上系统地提出一套数据驱动的水电工程物资供应链风险控制与决策的模型和方法体系，另一方面能从我国大中型水电开发工程物资供应管理实践中抽取相应的案例来予以辅证。但鉴于团队成员学识水平有限且参与人员较多，仍有表述繁简不一、理论欠缺实践等现象存在。而且，随着工程建设的物资供应管理中一些新型组织模式的实践，供应链风险控制与决策理论方法也仍需要持续研究和发展，数据驱动的工程物资供应链风险控制与决策也需要通过持续实践以检验理论与方法的科学有效性。基于此，本书内容可能会存在一些不足之处，敬请读者批评指正！

编　者

2021 年 8 月

目　录

第 1 章　工程供应链管理概述

1.1　工程供应链管理

1.1.1　工程供应链管理的起源与发展

20 世纪 80 年代以来，经济全球化进程日益加剧，企业越来越重视自身核心竞争力的加强，非核心竞争力的业务部分更多地通过外包途径依靠外部供应商完成。社会化分工越来越细，从而促使企业与企业之间越来越通过寻求长期稳定的合作来取得市场竞争优势，传统市场企业之间的竞争逐步演变为供应链之间的竞争，供应链管理能力将决定整个供应链网络参与市场竞争的优势和劣势，供应链协同管理的思想已经渗透到各行各业之中。

供应链管理的大量实践表明，实施供应链管理能够给企业带来巨大的利润。在 21 世纪初的供应链管理实践中，国际供应链理事会成员在消费食品生产企业实施供应链管理一年收益达 430 万美元，而电子企业的年收益为 2.3 亿美元[1]。制造业的供应链管理实践激励着工程建设领域的从业者和研究者将供应链管理的思想引入到工程建设中来。从工程建设成本核算的实际情况来看，劳动和材料成本比重很大，如何协调工程建设组织体系中各利益主体的关系，构建协作共赢的运作机制，保证工程建设按时、保质、成本可控地完成通常是工程建设组织的关键和难点问题，确有必要在工程建设中开展供应链管理实践。Scholman 的调查表明，主承包商营业额的 75％为劳动和材料成本 [2]。另据统计，水电工程项目建设所需的主要材料约占工程总投资的 40％～70％[3]。Bertelsen 指出，弱的供应链设计将造成工程成本至少增加 10％ [4]，工程建设周期同样如此，而 O'Brien 认为这些还只是保守的估计 [5]。工程建设领域的内部压力和外部激励促成了人们对供应链管理研究的关注。

Koskela 在斯坦福做访问学者期间提出了将制造业中新的管理哲学应用到建筑业中的思想 [6]，正式提出工程供应链（construction supply chain）的研究为 1993 年的 Bertelsen、O'Brien 和 Fischer 等人的工作[4,7]。此后，世界各国的学者、咨询公司、工程建设单位也纷纷投入到这方面的研究和实践中来，工程供应链管理研究作为供应链管理的一个重要研究分支逐渐登上历史舞台。工程供应链管理研究领域已经开展的工作可以概括为概念性研究、工程供应链建模和工程供应链集成三个方面。工程供应链最初的研究主要是围绕工程供应链和工程供应链管理的相关概念开展的，研究的焦点是从理论上进行一般性的定性探讨，或者从实例调查研究出发来进行定性分析。随着工程供应链概念的逐步清晰，工程供应链管理业务模型、网络结构模型、仿真模型、优化决策模型等也得到了一定程度的研究，用于改善管理流程、加强决策科学性[8]。工程供应链集成也是一类得到较多研究的领域，最为典型的代表是美国斯坦福大学 CIFE 关于基于 agent 的供应链管理仿真自动化、基于 SOA 和基于 BIM 的工程供应链集成系统等方面的研究[9~11]，本书中作者对工程供应链集成控制平台的研究也是本领域的一项重要工作[12]。

1.1.2 工程供应链的概念层次

借鉴通常的供应链定义，工程建设领域的专家分别给出了若干对于工程供应链的理解。Vrijhoef 认为，工程供应链指的是建筑材料在成为建筑或者其他设施的永久部分之前所经历的一些阶段。它包括永久性供应链和临时性供应链，永久性供应链独立于任何特殊的工程，而临时性供应链则是为了一个特殊的工程组建的[13]。斯坦福大学的 Kim 从讨论工程项目交付网络（project delivery network）的角度来认识工程供应链组织；工程项目交付网络的组建是分包商交付一定的工作给承包商，承包商再将完成的设施交付给业主，工程项目交付网络的这种描述类似于制造业中的供应链定义[14]。

结合我国工程建设组织管理模式以及以上定义，工程供应链应从两个层次加以认识[15]，工程供应链的概念层次结构如图 1-1 所示。

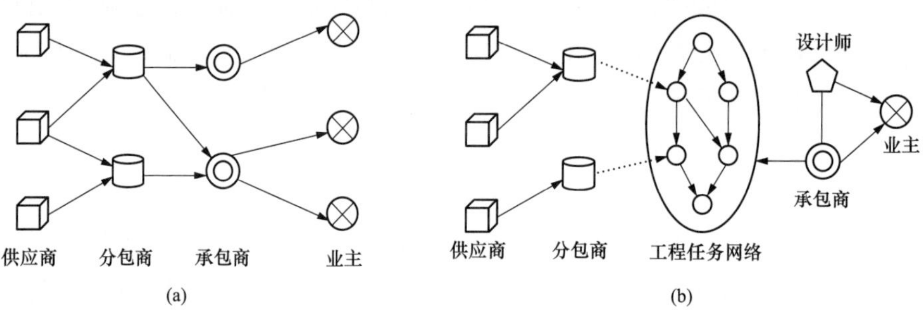

图 1-1 工程供应链的概念层次结构

（a）专业型工程供应链的概念结构；（b）集总型工程供应链的概念结构

第一层次的含义是以工程建设的某些具有专业特色的专项子工程（如土石方工程、混凝土工程、机电安装工程、金属结构制作与安装工程等）的建设需求为目标而构建的由原材料供应商、组件供应商、专业分包商、承包商和工程业主所构成的工程网络组织，如图 1-1（a）所示，是一类服务于工程业主的某一类专业型的供应链；比如水电工程建设中的混凝土工程供应链成员通常包括建筑材料供应商、预拌混凝土制造商、工程分包商、工程承包商、工程业主等。这种供应链类似于制造业的供应链，其供应链管理活动一般是以专业分包商或者承包商（往往是 EPC 工程总承包单位）为核心来展开，也有时候是业主牵头集中管理，供应链网络也以他们为中心来构建。这种意义下的工程供应链称为专业型工程供应链（specific construction supply chain），可能服务于单个工程建设项目，也可能服务于多个工程建设项目。

第二层次的含义是以工程建设项目的需求为目标而构建的一个服务于工程业主的专业型工程供应链的集合体；比如在水电工程建设的组织中，专业型工程供应链包括土石方工程供应链、混凝土工程供应链、机电安装工程供应链、金属结构制作与安装工程供应链等，所有的专业型工程供应链组织汇集起来服务于同一个水电工程建设项目。其概念结构如图 1-1（b）所示，这种意义下的工程供应链是以工程任务网络为纽带形成的以工程建设总体目标为驱动的复杂聚合型网络组织，工程业主或者承包商通过选择相应的专业型工程供应链或者分别组建相应的专业型工程供应链来为工程总目标服务。这种工程供应链称为集总型工程供应链（aggregative construction supply chain）。

1.1.3　工程供应链管理的层次模型

一般来说，供应链管理是在满足服务水平需要的同时，为了使得系统成本最小而采用的把供应商、制造商、仓库、商店有效地结合成一体来生产商品，并把正确数量的商品在正确的时间配送到正确地点的一套方法。

对于工程供应链管理，人们有其独特的见解。O'Brien 认为供应链管理的期望来自管理者对于工程建设生产活动的系统性观点，这种观点要求全面分析企业生产成本和能力，特别是在不确定和可变条件下，比如建筑施工现场，从而改进对工程建设的协调和控制；工程建设生产活动能够得到更好的计划和调整，并且将成本结合起来考虑，就能够形成可以提升供应链行为的运行规范。London 从客户的角度得出，工程供应链管理是指为客户获取价值的动态工程供应链企业间网络的建筑供应和需求系统的管理。Dainty 认为总承包商和分包商之间的协作是供应链管理的主题，在供应系统内部开发这些关系以形成精益供应和伙伴关系，这种意义上的供应链管理将集成分包商和供应商的能力和竞争力以取得绩效的改进、克服中小企业间实施供应链管理的障碍。

以上分别从不同的侧面对工程供应链管理进行了阐述，而基于前文中工程供应链的层次观点对工程供应链管理也对应有不同的内涵。专业型工程供应链的管理类似于制造业供应链管理，主要是在满足工程质量和进度需求的同时，为了尽可能地降低工程建设成本而将原材料供应商、组件供应商、专业分包商和承包商以至于工程业主结成一体来推进工程建设。而从集总型工程供应链管理的视角来看，工程供应链管理的内容主要表现为各专业型工程供应链之间为了达到工程总目标而进行的协调和协作。

此外，在引入供应链管理思想到工程建设项目管理中时，在工程项目建设目标确定和不确定的工程建设市场这两种环境下的工程供应链管理会存在不同的特点。

（1）在工程项目建设目标确定的环境下，由于工程项目确知，比如参与到雅砻江流域的某梯级水电开发工程中，在相当长的工程周期内各专业子工程的工程量相对确定，但同时因为工程的整体性要求并且实施过程往往会受到环境及其他各项因素的影响，最终会导致工程实施过程会牵一发而动全身。工程建设的实践表明，即使运行得很好的工程建设项目其进度和范围的调整、变化也是一种正常的现象，工程建设中的生产本质上是无常的。这些最终将导致工程供应链运行的序列反应。比如混凝土工程各分部分项工程进度的变化会造成预拌混凝土需求计划的变化，也会往上延伸到原材料供应商供应计划的改变。因此，在专业型工程供应链的管理中应该充分考虑这些因素的影响，从而能够保证在正确的时间、以正确的数量运送原材料或组件到正确的地点并最终以恰当的工程进度和质量满足工程业主的需求；而从集总型工程供应链的角度来进行供应链管理研究和实践时，需要给予更多考虑的可能是各专业型工程供应链之间的协调和协作，强调各专业型工程供应链之间的约束和影响所导致的工程供应链管理决策的调整，从而能够在局部的调整和变化的情况下通过总体协调确保工程建设的质量和进度，并有效控制工程成本。另外，在确知的工程建设项目为多个工程项目的背景下进行工程供应链管理研究和实践时，还应该充分考虑各个工程项目之间的资源配置问题。

（2）在面向不确定的工程建设市场来进行工程供应链管理的研究和实践时，由于将要面对所承建的工程项目的不确知性，使得很难对工程客户需求有清晰的认识，从工程施工工艺、工程设备、人力资源的配备、工程量需求等方面很难做出预先的判断，以至于难以以稳定的供应链组织服务于这种不确定的工程建设项目环境，对于集总型工程供应链来讲更具有这种临时性。从专业型工程供应链的角度来分析，在可变市场需求的情况下，尤其是在有了明确的工程类型和工程规模定位的情况下，进行工程供应链管理的研究和实践似乎与制造业供应链十分相像，但其主要的问题在于工程需求以及工程建设中的变更会更加难以预测。不确知多工程建设项目背景下的工程供应链管理会更加复杂。

1.2 水电工程物资供应链管理

1.2.1 水电工程物资供应链结构

在我国大中型水电开发工程的建设管理中，为保证工程质量、降低工程总成本、确保工程实施进度，针对工程建设所需的大宗工程物资（如水泥、粉煤灰、混凝土外加剂、钢材等，以下也称为原材料，本书中两者不做区分）的供应组织普遍采用业主统协供模式，由业主受各工程承包商委托统一招标选定物资供应商。而针对工程建设所需的预制品如预拌混凝土、预制钢筋、金属结构等则由业主招标选定专门的工程承包商或各工程标段承包商在工程现场或附近建立集中的预制品生产系统如混凝土拌和系统、钢筋加工厂、金属结构加工厂等，大宗物资通过物资供应商组织供应到现场中转储备系统（在我国大中型水电开发工程施工组织体系中，此类中转系统通常是铁路专线联通的中转储备系统)，预制品生产系统从中转储备系统申请调拨预制品生产所需要的原材料，经由预制品生产系统加工生产成各类预制品，输送到工程现场由工程承包商组织开展工程施工。业主统协供模式下的广义水电工程供应链结构如图 1-2 所示，此类供应链系统是一类典型的工程物资供应商—中转储备系统—预制品生产系统—工程承包商四级集总型工程供应链，是一种广义意义上的水电工程供应链结构。

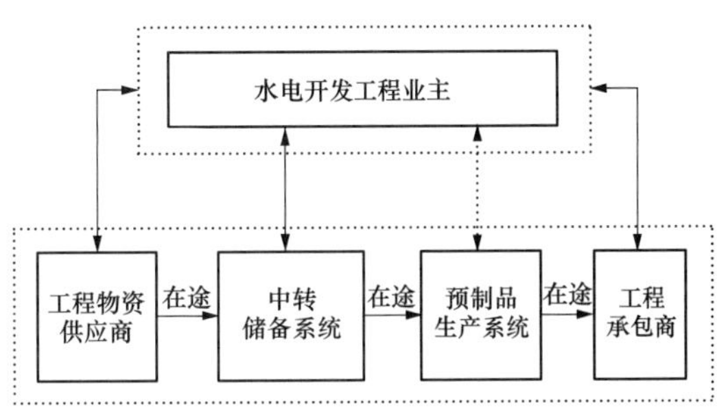

图 1-2　业主统协供模式下的广义水电工程供应链结构

而在我国水电开发工程施工组织中，预制品生产和工程施工通常是由工程承包商来统一组织，水电开发工程供应链管理工作的范围往往只考虑从物资供应商经铁路中转储备系统将工程物资交付给工程承包商的过程，预制品生产以及工程建设施工组织由工程承包商内部来考虑，通常不作为业主管理视角下水电工程供应链管理的内容。因此，接下来所要讨论的工程供应链管理将主要聚焦到一个相对狭义的水电工程供应链，是面向工程业主统一供应物资的包括物资供应商、中转储备系统和工程承包商在内的由工程业主组织、协调和控制下的工程供应链结构，即水电工程物资供应链，业主统协供模式下的狭义水电工程供应链结构如图 1-3 所示。

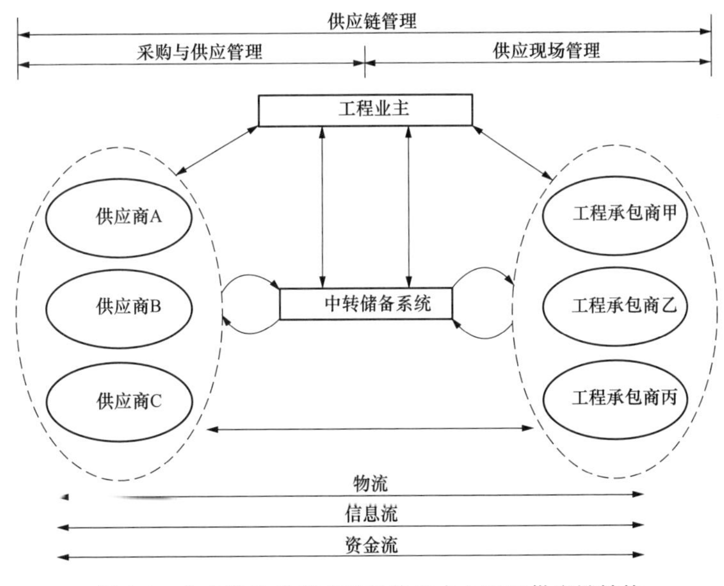

图 1-3　业主统协供模式下的狭义水电工程供应链结构

1.2.2　水电工程物资供应链管理内涵

通常，工程项目的建设周期划分为四个阶段：项目策划和决策阶段、项目准备阶段、项目实施阶段、项目竣工验收和总结评价阶段。对于水电开发工程项目而言，以上四个阶段分别有以下主要工作内容：预可研（可行性研究）和可研、招标设计和采购招标、项目施工、试生产和竣工验收。

根据水电开发工程项目的建设周期，工程物资供应链的生命周期也可分为供应链战略策划、供应链设计与构建、供应链运行和供应链收尾等四个阶段。从工程建设组织管理的目标出发，水电工程物资供应链生命周期的每个阶段对应有不同的管理内涵，其中：

（1）工程物资供应链战略策划阶段的工作内容主要包括工程物资的总体需求分析、资源和市场调研、确定业主统一供应物资范围、物资供应方案的规划。通过以上工作，为整个供应链的运行提供战略规划，同时也可为水电开发工程项目的预可研和可研工作提供支持。

（2）工程物资供应链设计与构建阶段的主要工作内容包括工程物资供应链设计、物资供应商采购与培育、中转储备系统建设与开通运行、供应链其他服务采购（包括中转储备系统运行管理服务、中转运输服务、物资驻厂监造服务、技术咨询服务、试验和科研服务等）、相关合同条款的完善及合同调价机制设计。本阶段的工作是供应链高效运行的重要基础，对于确保合同顺利执行、有效防范合同执行过程中的各种风险、保障物资供应具有重要意义。

（3）工程物资供应链运行阶段的主要工作内容包括供应链运行的管理规划、物资采购计划与供应商管理、物资需求计划与承包商管理、中转储备系统运行与中转运输管理、工程物资供应链多级协同控制、物资技术和质量管理、供应链风险监控。本阶段是供应链运作管理的具体实施阶段，需要在前期规划和构建的基础上对供应链的各管理环节、流程和要素进行进一步细化，同时采取措施确保供应链高效运行。

（4）工程物资供应链收尾阶段的供应链日常运行管理本质上和供应链运行阶段相同，不过，因为工程建设收尾期施工组织的特点使得工程供应链组织管理中也需要做一些特殊的考虑，其关键工作是收尾期伴随物资需求逐步减少的工程物资现场计划和调度控制。另外，因由水电开发工程建设这个特殊的背景，项目竣工验收和总结评价也需要针对物资供应管理的整体状况进行相应的梳理，主要工作包括物资供应合同收尾、物资竣工核销、供应链管理的总结评价等。

1.2.3 流域水电开发工程物资供应链管理

流域型水电开发已经成为我国水电开发组织的引领模式，雅砻江流域梯级水电开发就是其中的典型代表。在这种模式下，可以全局的视角考虑多梯级开发的日常施工组织，尤其是资源的协同控制，从而实现进度、成本、质量等工程建设目标的综合协调。流域水电开发工程物资供应链结构如图 1-4 所示，此类供应链系统是一类包含物资供应商、流域水电开发业主、工程承包商等三类成员的供应链。其中，物资供应商包括水泥供应商、粉煤灰供应商、钢材供应商等，流域水电开发业主则通常针对流域梯级水电开发组建相应的梯级项目管理机构（如项目管理局），并根据流域水电工程建设的需要构建合适的物资中转储备系统，建立各项目管理机构与各中转储备系统之间的物资供应组织协作关系。基于各梯级水电开发的工程需求通过工程招标采购选定合适的各标段工程承包商，并建立合适的预制品生产系统，包括混凝土生产系统、钢筋加工系统、金属结构制作系统等。这里，同样是从一种相对狭义的视角，以现场工程施工对预制品的需求为隐形需求，以预制品生产系统对大宗物资的显性需求为驱动，来考虑整个物资供应链的设计、构建与运行。

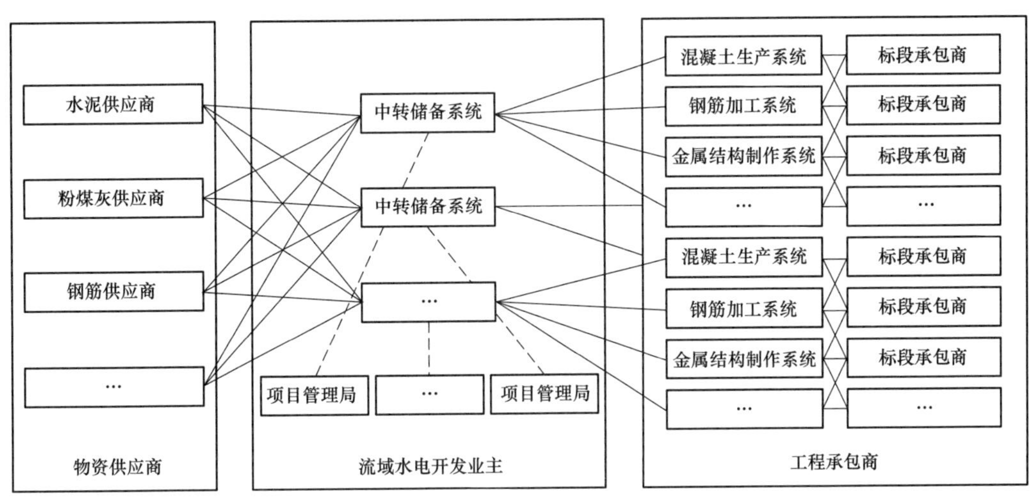

图 1-4　流域水电开发工程物资供应链结构

流域水电开发工程物资供应链是一类典型的网络结构，流域水电开发工程业主基于流域全局物资供应组织的需要，招标选择合适的物资供应商，采取租赁或新建、改建、扩建的方式建立中转储备系统，招标选取合适的中转储备系统运行管理单位，基于各流域水电开发工程施工、预制品生产和供应组织的需要，招标选择合适的工程承包商，建立适当规模的预制品生产系统。物资供应商、中转储备系统、预制品生产系统、标段施工现场成为供应链的物理节点，在流域水电开发业主的组织、协调下，建立各物理节点之间的网络关系。供应链的日常运作管理在工程业主总部和各项目管理机构协作与协调下进行，不同项目管理机构对应不同的物资供应商—中转储备系统—工程承包商供应链网络，流域水电开发工程供应链实质上是一个更加复杂的多项目工程供应链网络。

针对流域梯级水电开发工程供应链的管理，除了前文所述的工程物资供应链管理的主要内容之外，还需要特别关注不同的梯级水电开发工程之间资源的统筹协调，在物资供应链的策划、设计和构建工作中整合各梯级工程物资需求，站在流域水电开发的全局进行供应链的策划、设计和构建，并在供应链运行期内，形成全流域物资供应的组织与协调，在正常和应急情形下，充分发挥多梯级同步建设时资源共享、组织协同、互通互联的优势，以实现多项目供应链运行的集成效益。

1.3 水电工程物资供应链风险管理

1.3.1 水电工程物资供应风险管理的实践与现状分析

1. 水电工程物资供应风险管理实践

在传统的水电工程建设管理实践中，工程建设单位或施工单位基于工程物资供应保障工作对工程建设的重要性，以及较长工期条件下大规模的、长时间的工程物资正常供应实际面临着诸多不确定的影响因素，为了保证工程的进度和质量而对物资供应进行风险管理。

在早期计划经济条件下，水电工程作为关系国计民生的重大基础建设项目，基本采取统一物资调配的管理模式。彼时，现代的工程建设四方体制（即设计单位、建设单位、监理单位、施工单位）尚未形成，工程物资的供需双方不存在现代的商业合同关系。物资供应是由工程现场的施工机构按照工程周期施工工程量算出物资需求计划后进行申报，并由上级机关审批通过后下达给物资供应厂执行。由于不存在民事主体之间的商业关系，供应风险易职责不明，供应中断或不足的情况下现场只能依靠行政协调。因为早期我国工程物资制造业处在发展程度较低的阶段，也没有承担风险的责任，所以出现了来多少物资、干多少工程的大幅延长工期的所谓“胡子工程”。

改革开放后，国家电力体制不断改革。在水电工程建设模式上，以鲁布革水电站、二滩水电站为代表的现代工程建设管理模式逐步引入中国，特别是以二滩水电站工程为代表的“二滩四制”（即项目法人制、招标投标制、工程监理制、合同管理制）基本确立下来。著名经济学家吴敬琏在高度评价二滩工程的对国内建设项目市场化的意义时曾指出：“什么是现代企业制度？远在天边，近在二滩！”在二滩制度的基础上，项目法人成为项目责任主体，因为工程物资的重要性和供应风险的实际存在，建设单位即业主也就成为承担工程物资供应风险的主体，开始主动考虑物资供应风险管理。合同管理的机制也成为供应商和购买方（建设单位或者施工单位）之间采取民事法律行为的基础，针对物资供应风险的应对设置管理措施。

当前，以供应合同为基础，以建设单位（如长江干流电站、大渡河电站等）或施工单位（如 EPC 模式下的工程项目）的购买方为发包人和工程物资供应商为承包人的工程物资供应合同关系已经确立。在此基础上，发包人为了保障工程、降低风险而采取了不同方式的物资供应风险管理。例如，在工程设计阶段对工程物资的供应模式进行策划和研究，采取比较合适的招标设计方式、选择供应风险较小的供应商和建设单位更加可控的管理模式[16]；加强供应商管理，采取建立沟通机制、激励考核制度的方式，从供应源头减小风险[17]；在正常供应阶段普遍通过精确物资需求计划、加大现场物资库存等方式降低供应中断或不足的风险；在降低质量风险方面，采取驻厂监造方式监控物资材料的制造生产质量等。总之，传统水电工程根据对供应风险的不同认识，采取了各有侧重的管理方式，总体上以经验管理为主，以现场管理为中心工作，采取针对具体风险的具体措施对供应风险进行管控。

2. 水电工程物资供应风险管理现状分析

（1）传统的工程物资风险管理缺乏对工程物资供应链的整体研究作为基础，因此，对物资供应的风险管理也欠缺系统化的考量。随着供应链管理理念的普及和发展，在工程建设领域尤其是大型水电工程建设领域，物资供应管理工作开始参照供应链管理的模式进行研究和实践，风险管理也是其中的一项内容。但是，不得不说这种研究目前仍较为基础，更多的是将供应链管理理念引入工程物资供应管理的论述和构想，将物流、信息流、资金流在供应链各节点之间的业务流转管理进行有效串联。而以供应链管理思想对物资供应全局进行风险管理的研究相对较少，从而导致风险管理的实际操作中往往只针对工程物资供应的某一环节或者某一方面而采取具体的应对措施，缺乏从全供应链视角对风险进行分级分类识别以及对不同风险之间相互影响的分析，亦谈不上基于全供应链动态管理理念的系统化风险管理，总体上呈现出片面化、碎片化的特点。

（2）传统的工程物资风险管理主要基于管理人员的主观经验进行决策，缺乏根据客观依据进行科学决策的方法，对数据的采集和利用均不足。由于凭主观经验进行决策难免出现误判或漏判，所谓“智者千虑，必有一失”，而对于风险这种本身就包含不确定性属性的对象来说，凭个人思维进行主观判断的难度很大，达到良好管理效果的难度可想而知。另外，由于个体在风险偏好、经验积累、逻辑思维能力等方面的差异，不同管理人员面对相同的边界条件，可能会对风险的分析判断有不同的结论，且难以调和，增加了决策难度。再者，经验决策在推广应用方面存在先天性劣势，难以精确描述和复制传播。且在该模式下，管理人员往往不注重对历史数据进行系统性搜集整理，或搜集整理的方法、数据结构千人千面，既难以形成企业过程资产实现管理传承，又导致其适应性会存在较大局限。对于不同的工程项目，物资供应风险也呈现不同的特点。例如，雅砻江流域水电开发的物资供应就出现了多个大型工程需求、多个供应商统筹供应、供应链三级库存的复杂局面，而按既往的风险管理经验基于单个项目，显然也是不适用的。

（3）传统的工程物资风险管理偏重于工程现场管理和风险事件事后处置。工程物资的采购方无论是建设单位还是施工单位，其工作机构大多位于工程现场，对于供应链风险管理自然侧重于现场。而工程现场在空间上是供应链的末端环节，在风险管理上往往是供应链风险出现后管控不当而发生风险事件的位置。因此，现场管理对风险事前预控和事中管控很难做出及时的应对，往往偏重于风险事件的事后处理，头痛医头、脚痛医脚。

1.3.2 水电工程物资供应链风险的概念

为更好地解决上述问题，首先需要考虑从供应链的视角来系统地认识水电工程物资供应风险。

1. 风险、风险事件与风险因素

(1) 风险在不同类型的文献中定义不尽相同，项目管理中对风险的一个典型定义为："风险就是活动或时间消极的、人们不希望的后果发生的潜在可能性"。PMBOK 的定义为："风险是一种不确定的事件或条件，一旦发生，会对至少一个项目目标造成影响，如范围、进度、成本和质量"。从这些定义中可以发现，风险的发生是一种不确定的可能，无法准确预知，而风险的结果不是人们所希望的，会存在损失；因此，需要设法回避、减轻、转移或接受风险。

(2) 风险事件是未曾预料到或虽然预料到其发生但未知其后果的事件，比如水电开发工程中的供应中断、施工停滞。

(3) 风险因素则是增加损失发生概率和损失大小的主客观条件，是风险事件发生的潜在的、内在的或外部的原因。

风险在众多的社会经济领域得到了广泛的关注，供应链风险管理也是一大类领域，常见的是针对具体业务环节或业务类别（如操作环节、物流环节、信息环节、金融环节、人力资源环节等）的风险分析与应对[18,19]。

2. 水电工程物资供应链风险

参照风险的定义，可以认为水电工程物资供应链风险是水电工程物资供应链偏离管理目标的可能性。以混凝土工程供应链为例，这种偏离可能是物资供应商内部风险、从工程物资供应商向预制品生产系统的物资供应物流风险，也可能是预制品生产系统的内部风险、从预制品生产系统向工程承包商的产品交付供应风险，还可能是工程承包商施工系统中的风险。而从供应链全局的角度，可能会因为未来工程建设的自然环境、社会环境的各类不确定性导致供应链整体运行偏离既定目标。

水电工程物资供应链风险关注的范围既包括如图 1-3 所示供应链的每个成员以及成员之间的业务环节，也包括供应链整体。

1.3.3 水电工程物资供应链风险管理内涵

同其他领域的风险管理一样，水电工程物资供应链风险管理是针对物资供应链中存在的各类风险进行计划、组织、协调和控制，识别风险产生的各种原因，区分供应链系统中的风险类别，估计风险事件发生的可能性及其后果，寻求风险的应对方案，在供应链运行管理中实施监测和控制。

水电工程物资供应链风险管理的具体内涵包括以下几个方面。

(1) 风险识别：分析水电工程物资供应链的各环节、各成员及其所处的环境，发现影响供应链运行目标的风险因素，分析风险事件的特征，确定风险事件的关联风险因素，分析其相互关系。

（2）风险评价：分析风险的性质，确定风险事件发生的概率及后果，对水电工程物资供应链各环节风险、风险之间的关联关系以及对供应链管理目标的总体影响等进行综合评价。

（3）风险规划：制订水电工程物资供应链风险应对策略及实施措施和手段，对于可能面临的风险，一般可采取回避、减轻、转移、接受等相应策略，并制订相应的措施或方法来实现这些策略，风险规划的结果表现为供应链风险管理计划、应急预案、保险计划以及资源储备计划等。

（4）风险监测：对水电工程物资供应链运行过程中的各类风险因素、各业务过程、各成员运行状态等进行监测，及时捕捉风险事件的发生、发展信息，发现实际运行过程与既定运行目标之间的差异。

（5）风险控制：基于风险监测信息，分析水电工程物资供应链控制目标的偏差程度，找到产生偏差的原因，结合风险规划的结果及时开展相应的应对措施或方法的实施，以实现尽可能回归到工程供应链管理目标。

在信息技术飞速发展的今天，水电工程建设周期各个时段、各个环节、各类场景、各类环境均会采取各类不同的技术手段实现数据的采集、传输、存储、处理和分发。针对水电工程物资供应链风险管理而言，同样也需要在这样的数据条件下进行系统的风险管控体系梳理，建立全面的风险监测技术、风险监测数据传输和存储技术体系，从而以数据为驱动，进行相对专家经验而言更科学、精准、合理的风险识别、风险评价、风险规划以及风险控制。

1.4 本 章 小 结

本章通过对工程供应链管理起源与发展的分析，就工程供应链概念的层次结构，讨论了工程供应链管理研究与实践的关键问题。针对工程供应链的典型案例——水电工程物资供应链，结合我国大中型水电开发工程建设施工组织的特点，阐述了水电工程物资供应链管理以及流域水电开发工程物资供应链管理的内涵；结合水电工程物资供应风险管理的实践和现状分析，提出了水电工程物资供应链风险的定义以及供应链风险管理内涵。这些水电工程物资供应链结构、供应链风险定义以及供应链风险管理内涵的引入将作为后续各章讨论的基础。

本书接下来的各章将基于水电工程物资供应链风险管理的全局视角，以工程物资供应管理中的物资生产、运输、库存、消耗、需求、环境等多维数据为基础，研究数据驱动下的水电工程物资供应链风险控制与决策方法。首先，系统地构建工程物资供应链风险控制体系，详细阐述风险识别、风险评价、风险应对规划和风险控制的方法及其应用原理。然后，将风险因素引入到供应链管理的关键决策环节，包括供应链网络规划、物资采购调价参数选择以及支持供应链日常运行的多级库存决策等，提出以数据分析、仿真计算为基础的决策支持方法。

参 考 文 献

[1] Supply Chain Council. Supply-Chain Operations Reference model: overview of SCOR version 5.0 [EB/OL]. [2003-02] . http://www. supply-chain. org.

[2] Vrijhoef R, Koskela L. The four roles of supply chain management in construction [J]. European Journal of Purchasing & Supply Management, 2000, 6 (3-4): 169-178.

[3] 贺恭．三峡工程物资供应管理专辑 [J]. 中国三峡建设，2000，10 (S)：I.

[4] Bertelsen S. Construction logistics I and II, materials-management in the construction process (in Danish) [R]. Boligministeriet, Bygge-og Boligstyrelsen, København, 1993.

[5] William J O. Construction supply-chain management: a vision for advanced coordination, costing, and control [R]. NSF Berkeley-Stanford Construction Research Workshop, Stanford, California, 1999. 8: 1-6.

[6] Koskela L. Application of the new production philosophy to construction (Tech. Report 72) [R]. CIFE, Stanford Univ, CA, 1992. 9.

[7] William J O, Fischer M A. Construction supply-chain management: a research framework [C]. Proceedings of the Third International Conference on the Application of Artificial Intelligence to Civil and Structural Engineers. Edinburgh, Scotland, 1993: 61-64.

[8] Wang Z, Hu H, Gong J. Precast supply chain management in off-site construction: a critical literature review [J]. Journal of Cleaner Production, 2019, 232: 1204-1217.

[9] Jung U M, Hans C B. Agent-based supply chain management automation [C]. The 2nd Worldwide European Council of Civil Engineering Symposium. Espoo, Finland, 2001: 6-8.

[10] Cheng J C P, Law K H, Bjornsson H, et al. A service oriented framework for construction supply chain integration [J] . Automation in Construction, 2009, 10: 115-131.

[11] Deng Y, Gan V J L, Das M. Integrating 4D BIM and GIS for construction supply chain management [J] . Journal of Construction Engineering and Management, 2019, 145 (4): 04019016.

[12] CSCM 联合研究组．工程供应链管理与物流调度 [M]. 郑州：黄河水利出版社，2016.

[13] Vrijhoef R, Koskela L, Howell G. Understanding construction supply chain: an alternative interpretation [C]. Proceedings IGLC-9, Singapore, 2001.

[14] Kim K, Boyd C, Paulson Jr, et al. Agent based electronic markets for project supply chain coordination [C]. Proceedings of workshop on Knowledge based Electronic Markets, Austin, TX, USA, 2000.

[15] 刘振元，王红卫，余明晖．供应链研究的新领域——工程供应链管理 [J]. 华中科技大学学

报（城市科学版），2004，21（2）：27-30.

[16] 刘峰，侯秉钧，程德胜．大型水电工程材料供应管理模式研究．四川省水力发电工程学会 2018 年学术交流会暨“川云桂湘粤青”六省（区）施工技术交流会论文集［C］. 四川成都，2018.

[17] 李科，彭强．大中型水电工程业主统供物资供应商管理策略［J］. 三峡大学学报（自然科学版），2011，33（5）：15-18，35.

[18] 克莱尔·布林德利．供应链风险［M］. 刘秉镰，刘彦平，陈晓磊，等，译．天津：南开大学出版社，2009.

[19] 刘永胜．供应链风险研究［M］. 北京：知识产权出版社，2011.

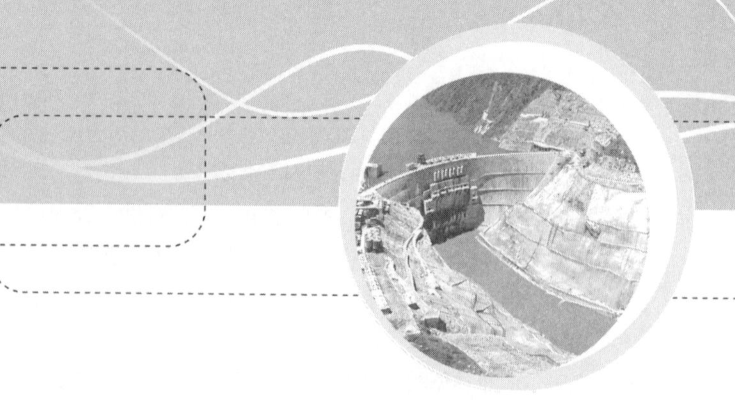

第 2 章　水电工程物资供应链风险识别

2.1　引　　言

供应链是指产品在生产和流通过程中所涉及的原材料供应商、制造商、批发商、零售商直至最终用户所组成的一个链状供需网络[1]。受现代社会经济发展的影响，供应链网络的复杂性导致其高风险性和脆弱性，供应链风险管理也越来越受到重视[2]。在供应链风险管理中，首先需要识别供应链风险，对供应链运作面临的尚未发生的各种风险进行系统的归类分析，并加以辨识的过程，是所有供应链风险管理活动的基础[3]。在这一过程中，主要需解决三个问题：供应链运行中存在哪些风险（风险事件）、这些风险产生的原因（风险因素）、这些风险的性质和特征。风险识别过程往往需要将理论知识、实际经验、信息资料以及方法技术有机结合起来[4]。

本章围绕水电工程物资供应链风险识别问题，首先介绍几种典型风险识别方法，对水电工程物资供应链所面临的风险进行分类；然后基于因果分析法以及水电工程物资供应链风险分类结果，对水电工程物资供应链风险进行全面、科学的风险识别，设计了相应的风险表以更直观地表现出风险之间的相互关系；最终，形成水电工程物资供应链风险识别的完整结果，并通过雅砻江流域水电工程物资供应链风险识别实例验证上述过程的合理性及有效性。

2.2　风险识别的基本方法

风险识别的基本方法是风险管理组织在发掘风险来源、分析风险性质及特征时，所采取的专门识别手段和识别方法。对于风险管理组织来说，凭借其经验和一般知识便可识别大部分常见风险。但有些风险的复杂性使得风险识别难度增大，需要运用相应的识别技术，在必要时还要借助外部力量来进行识别，这样才能达到预期效果。

2.2.1　德尔菲法

德尔菲法又称专家调查法，它主要依靠专家的直观能力对风险进行识别，即通过调查意见逐步集中，直至在某种程度上达到一致，故又称为专家意见集中法。由于需要多次反复收集与反馈调查意见，采用德尔菲法识别供应链风险会持续一段时间[5]。因此，这种方法更适合于在有较长准备期限的情况下，对现有风险的综合识别。运用德尔菲法识别供应链风险的基本步骤如图 2-1 所示。

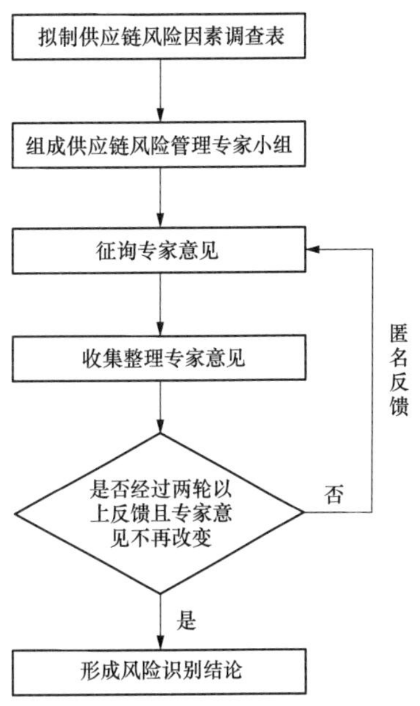

图 2-1　运用德尔菲法识别供应链风险的基本步骤

1. 拟制供应链风险因素调查表

供应链风险管理组织利用理论知识、实践经验和信息资料确定所要调查的风险事项，并据此提出调查方案，拟制风险因素调查表。

2. 组成供应链风险管理专家小组

根据供应链风险管理组织的需要，选定 10～20 名工程技术、物流管理、生产管理、市场营销、人力资源管理等方面的专家，组成供应链风险管理专家小组。但是，这些专家之间必须相互匿名，由供应链风险管理组织相关人员与这些专家直接联系。

3. 征询专家意见

由供应链风险管理组织根据拟制的供应链风险因素调查表，分发到专家小组各成员。特别强调不允许专家之间相互沟通。

4. 收集整理专家意见

供应链风险管理组织每次都要就每一个与供应链风险因素相关的具体问题，分别列出专家判断意见以及持有该意见的专家人数，进行分类汇总并做统计处理，最后形成图表。需要指出，专家意见的收集整理至少需要两轮。

5. 确定是匿名反馈还是形成风险识别结论

当经过至少两轮的专家意见征询后，专家们的判断意见仍有明显分歧时，供应链风险管理组织要将有分歧的供应链风险识别问题汇总后，匿名反馈给各位专家，进行下一轮的征询调查。具体来说，有两种做法：

(1) 将各位专家的判断意见汇总，形成图表，进行对比分析，不说明发表各种意见的专家姓名，再分发给各位专家，让专家比较自己与他人的不同意见，修改自己的意见与判断。

(2) 将各位专家的判断意见汇总，请层次更高的其他专家评论后再分发给各位专家，让专家比较自己与他人的不同意见，修改自己的意见与判断。

当经过至少两轮的征询专家意见后，专家们的判断意见相对集中，逐步趋于一致时，供应链风险管理组织则要综合处理专家意见，形成风险识别结论，提交风险识别结果，作为风险管理工作的基础。

2.2.2 因果分析法

因果分析法是通过绘制因果分析图（又称为因果图、因素图、树枝图、鱼刺图）来识别影响某一事件结果的原因的方法[6]，它是企业管理中寻找影响某一事件结果原因的有效工具。该方法在识别工程供应链风险时，用图示的方式将造成供应链风险的可能原因逐一分列出来，并加以分类（许多潜在的原因可归纳成原因类别与子原因），最终形成类似于鱼刺的图样。

因果分析图的绘制方法是把“结果”放在最右边，然后把主要的各类原因分列于左边的主枝两旁，针对已经分列出的原因继续再分枝，直到找到所有根本原因为止。一般情况下，一个完整的因果分析图至少应有两层分支，许多因果分析图则有三层或四层。

在绘制因果分析图时，需要注意：对时间结果的描述需要具体明确；先找准造成结果的第一层原因；要充分发扬民主，把各种意见都记录下来进行仔细分析；画出因果分析图，找出主要原因后，还要进行调查核实；原因分析应具体、简练、含义准确、容易理解。

2.2.3 其他方法

1. 财务报表法

财务报表法就是根据企业的财务资料来识别和分析企业每项财产和经营活动可能遭遇到的风险[7]。财务报表法是企业使用最普遍，也是最为有效的风险分析和识别方法，由于企业的各种业务流程、经营的好坏最终都体现在企业资金流上，风险文件发生的损失以及企业实行风险管理的各种费用都会作为负面结果在财务报表上表现出来，因此企业的资产负债表、损益表、财务状况变动表和各种详细附表都可以成为识别和分析各种风险的工具。

供应链是由各企业组成的价值增值链，供应链风险的影响最终还是会落实到各成员企业中，并通过相应的财务报表反映出来，因此可借助财务报表法来识别和分析各企业中现存的风险，并通过归纳总结得到供应链的整体风险。

2. 流程图法

流程图法是通过一系列的流程图展示供应链经营活动的全过程，对过程的每个阶段和环节逐一进行调查分析[8]。风险管理人员可绘制从供应商所在地的原材料、零部件等投入开始至成品送到用户手中为止的总体业务流程图，也可编制部分业务（如制造、销售等）的详细流程图，然后依次分析每一流程图所展示的各种经营活动所涉及的潜在不确定性因素。如在供应环节，可从原材料、零部件供应的数量、价格、质量、时间等方面来进行风险识别。

3. 历史事件分析法

历史事件分析法是通过分析历史风险事件来总结经验，进而识别将来可能发生的潜在风险。一般情况下，先收集一些产生不良后果的历史事件记录，然后分析总结导致这些事件发生的原因；而且这个分析过程也应包括对那些在实际汇总未导致损失但是却暗示着潜在危机的事件分析，例如原材料出现短缺、客户需求突然发生变化、生产和产品质量发现问题等。它的缺点是由于重大风险事件很少发生，因此一般的供应链中往往并不存在足够的风险事例用来分析；而且历史事件分析法只能识别那些已经发生过的风险，容易忽视一些还未出现过的重要风险，特别是那些与技术更新、行业实践、产业动态相关的从没出现过的风险。

4. 情景分析法

情景分析法已被证明是一种有效处理企业内各种不稳定性的工具[9]。情景分析法最初作为一种战争博弈手段，被美国空军所提出，其后还曾被一些未来学家采用过。Shell 公司曾将情景分析法成功应用于商业领域。历经 30 多年的发展，情景分析法有了许多创新的运用，基本上可用于企业从战略到操作的各个层面上，目前最典型的应用是战略规划和价格变动预测。

与传统的分析方法相比，情景分析法最大的优势在于它为决策者准备了一个思维决策模型，促使他们思考企业未来可能面对的各种情况，以便这些情景真实发生时，他们在思想上能有充分准备。情景分析法思考到的情景更为全面，其中，有些是使用传统预测手段无法推测出的。使用该方法的重点不在于罗列出尽可能多的可能性，也不像传统方法那样着重于计算各种可能性发生的概率（事实上，许多情景分析法专家建议使用者同等可能地看待每个想象出来的情景），它的目的是让决策者尽可能地想象，让他们在思想上处于警惕状态。典型的情景分析法往往由一系列的“头脑风暴”开始，目的在于挖掘出影响企业业绩表现的关键因素，包括经济因素、技术因素、文化因素等；而后通过这些关键因素来描绘出各种未来情景；再对描绘出的未来情景进行分析，理解他们对企业提出的新要求和产生的新限制。通过这样的方法，可以发掘出许多现有和潜在的风险因子。

目前，已经有一些组织开始将情景分析法运用于供应链的风险管理之中。常被纳入考虑和计划的未来情景包括来自压力团体的抗议（譬如环保组织）；使用者健康和产品安全；雇员健康和安全；行业制裁；恐怖袭击；火灾洪水等自然灾害；供货商破产；IT 系统故障等。

2.3　水电工程物资供应链风险分类

2.3.1　供应链风险一般分类方法

为了充分认识供应链风险，全面有效地对供应链风险进行预警，必须对供应链风险进行合理分类。供应链风险分类可以从不同的角度、按照不同的标准进行。大多数研究会从内部风险和外部风险等两个角度出发进行风险分类[10~12]。Rao 和 Goldsby 将供应链风险分为干扰风险、延迟风险、系统风险及预测风险四类[13]。Chan 和 Kumar 从环境风险、需求风险、供应风险、程序风险以及控制风险等方面进行风险分类[14]。王新利从来源于供应链相关领域的行业风险以及来源于企业本身的经营风险对供应链所面对的风险进行分类[15]。下面分别从风险来源、风险产生的因素、风险存在的周期、供应链运作等角度对供应链风险进行分类，为后续的水电工程物资供应链风险分类提供参考和启发。

1. 供应链风险来源

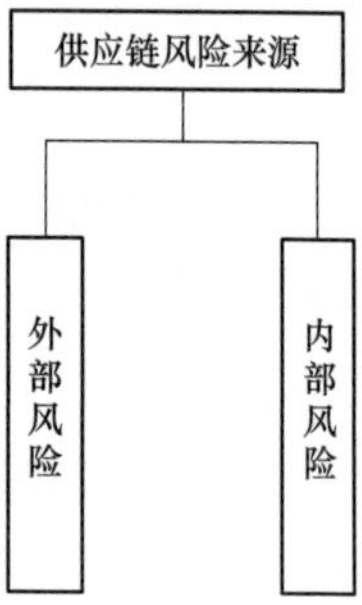

从风险来源角度划分，可以将供应链风险分为内部风险和外部风险，如图 2-2 所示。

供应链风险来源

外部风险

内部风险

图 2-2　从风险来源角度划分供应链风险

(1) 供应链内部风险。供应链内部风险产生于组织的运营以及供应链成员之间的相互影响。这类风险通常是由于缺乏透明性、缺乏主人翁意识、准时制的错误应用或不准确的预测等所造成的。

1) 运营中内部的风险：如意外、设备的可靠度、信息技术系统的不足、人为错误和质量问题等。

2) 直接由管理决策产生的风险：如批量大小的选择、库存安全量的决策、财务决策和交货计划的制订等。

3) 因供应商产生的风险：如可靠性、原料的可获取性、订货至交货的时间间隔、运输问题、劳工运动等。

4) 来自顾客的风险：如多变的需求、货款支付、订单处理中的问题、个性化需求等。

(2) 供应链外部风险。供应链外部风险来自供应链与外部环境之间的互动。供应链中任何阶段发生的任何与外部因素有关的风险都可归类于外部风险，包括事故、反常的天气、法律制度、压力集团、犯罪、自然灾害、战争等。

2. 供应链风险产生的因素

供应链风险产生的因素很多，一种风险有可能是好几种风险因素共同作用产生的结果。因此，从风险产生的因素角度划分供应链风险（见图 2-3），只能按照产生某种风险的主要因素进行。基于此，可以将供应链风险分为系统结构风险、成本分担风险、信息风险、合作伙伴风险、主观行为风险、需求波动风险、环境突变风险、基础条件风险、自然灾害风险和其他因素风险等。

(1) 系统结构风险。系统结构风险主要指独家供应商风险。在精益管理中，一个重要的思想就是不能拥有太多供应商。但这很容易造成独家供应商问题，尤其是在资源稀缺而只有少数供应商能够提供的情况下，供应链采取独家供应商政策存在巨大风险，一个环节出现问题，整个链条会面临崩溃的可能。

(2) 成本分担风险。供应链中不管是供应商还是分销商、零售商，在实现库存和计划

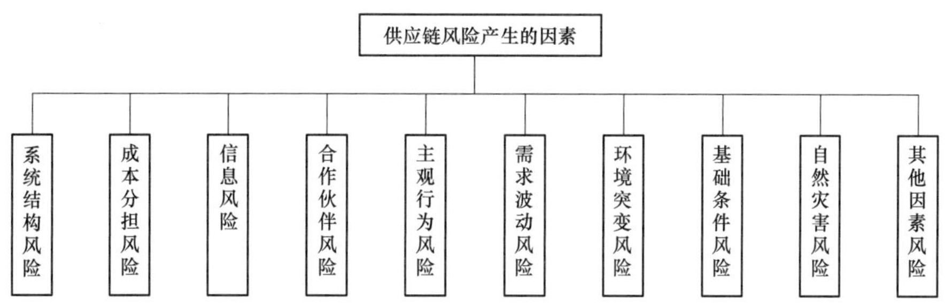

图 2-3　从风险产生的因素角度划分供应链风险

等方面信息的共享后，这些成员企业会面临议价能力降低的风险。例如，对供应商而言，在更快的信息流和更完整的数据的表象下，供应链系统忽然把库存成本和经营风险转移到供应商身上。这种不平衡带来的负面效应可能会大大超过加入供应链带来的正面效应。

（3）信息风险。这里的信息风险包括两个方面。一方面，供应链成员从自身利益出发，将相关信息当作商业秘密加以封闭，结果导致整个供应链的信息流通不畅，信息不对称与信息流阻塞客观存在；另一方面，信息共享容易导致成员企业核心技术及商业机密的泄露，给成员企业带来信息资源损失。

（4）合作伙伴风险。供应链通过成员企业间的紧密合作获得各种优势，因此合作伙伴因素产生的风险对供应链影响巨大。这些风险主要包括两个方面：一是合作伙伴的选择风险，所选择的合作伙伴在技术能力、管理水平、人员素质、企业文化、职业道德等方面存在的差异会导致供应链不稳定；二是财务状况风险，某些企业在生产运营中可能会占用上、下游企业大量的资金，如果其财务状况不够稳健，将随时导致对整条供应链的致命打击。

（5）主观行为风险。供应链本身是一个多种利益并存、多目标的复杂系统，成员企业的有限理性和机会主义行为客观存在。因而，供应链的每个成员企业所做出的决策不可能都是正确的，错误或无效决策所造成的风险不可避免。

（6）需求波动风险。顾客需求和顾客满意本质上都是个性化的，换句话说，顾客对产品的需求和满意存在着波动，而这种波动会造成经营风险和财务风险。

（7）环境突变风险。战争、政治、经济同盟的变更等会引起环境的突变。这些情形每年在全球都会不定期地发生，会给商品的流通造成危害，这些风险在经济贸易产生以来就存在。

（8）基础条件风险。供应链的有效运作是建立在现代信息技术基础上的，然而，安全隐患也在一定程度上制约了供应链作用的发挥。另外，使用跨组织的信息系统也会带来技术风险。

（9）自然灾害风险。自然灾害包括水灾、火灾、地震以及其他各种不可抗拒的事件。这些因素会造成生产、交通中断，供应链运作成本上升，顾客不能及时得到所需产品等风险。这些风险一般难以控制和预测，对供应链造成的危害相当大。

（10）其他因素风险。其他因素包括法规、政策、经济形势等。这些不确定性因素会影响供应链生成与发展，所导致的供应链风险也是不容忽视的。

3. 供应链风险存在的周期

从风险存在的周期角度划分，可以将供应链风险分为长期风险和短期风险，具体如图 2-4 所示。

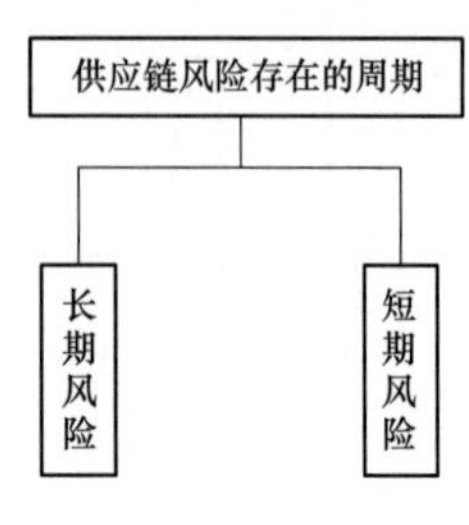

图 2-4　从风险存在的周期角度划分供应链风险

（1）长期风险。长期风险也称战略风险，是指短时间内对供应链可能没有什么不良影响，甚至是有利的，但从长期来看可能会给供应链造成损失的风险。这种风险与招标、外包以及战略伙伴关系这些供应链管理常用的手段密切相关；招标在带来明显成本优势的同时，往往也造成与供应商关系紧张、合作关系不稳定、采购交易费用上升等长期弊端；外包在让企业享有集中力量于核心能力，简化企业结构，节省投资，缩短响应时间，充分利用合作企业的优势资源、能力等多项好处的同时，也会增加对合作伙伴的依赖，甚至会造成核心能力丧失等问题。战略伙伴关系是建立在信息高度共享的基础之上的，也正是因为这样很有可能使关键信息流失、商业机密泄露。

（2）短期风险。短期风险也称战术风险，是指在一个相对较短的时间内，甚至是一个合同的执行期内，供应链偏离预期目标的风险。战术风险是日常供应链风险管理控制的重点。

4. 供应链运作

从运作角度划分，可将供应链风险分为合作伙伴选择风险、信息风险、物流风险和生产风险，具体如图 2-5 所示。

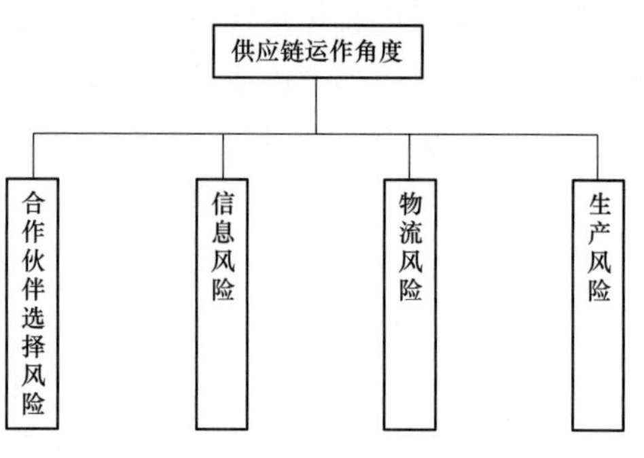

图 2-5　从运作角度划分供应链风险

（1）合作伙伴选择风险。供应链中的合作伙伴的选择风险，是指由于对供应链中的合作伙伴选择不当而破坏整个供应链的风险。所谓选择不当是指选择的合作伙伴的能力不够、信誉不好或与供应链其他企业不匹配等。良好的合作伙伴是供应链正常运作的基础，合作伙伴构成了整个供应链的各个环节；一个环节出了问题，整个供应链都会受到重大影响，甚至使整个供应链“断裂”。在某种程度上，供应链中的物流风险、信息风险和生产风险等其他风险往往是合作伙伴选择不当所造成的后果。

（2）信息风险。供应链中的信息风险，是指由于信息传递不及时、不准确而带来的风险。信息在供应链中的传递形成信息流，并对整个供应链各个成员的交流和运作起着很大的作用。信息及时、准确地传递可以降低运作成本，避免不必要的浪费，同时可以使各个成员之间进行很好的沟通，避免冲突，使得整个供应链更加牢固。

（3）物流风险。供应链中的物流风险，是指生产过程和运输过程中的不稳定而造成物流服务的延迟，甚至导致供应链物流的中断，从而影响到供应链上、下游企业的运营。这种风险主要包括库存风险、运输风险和装卸搬运风险等。

（4）生产风险。供应链中的生产风险，是指供应链环境下的生产不够协调或没有很好控制生产节奏所造成的风险。例如，无法依据生产作业计划组织生产，出产产品的数量、质量和出产时间无法满足供应链下游成员的需要；无法控制整个供应链的生产节奏，以致供应链各个成员之间未能保持步调一致，未能实现供应链的同步化等。整个供应链形成的准时生产系统，要求上游成员企业必须准时为下游成员企业提供所需的零部件或服务；如果整个供应链中的任何一个成员企业不能准时交货，都会导致供应链的不稳定或中断。

5. 其他分类方式

除以上几种较为常见的风险分类方式外，还可以根据风险管理组织的实际需求来考虑以下分类方式：

（1）从供应链管理结构的角度，可以将供应链风险划分为采购与供应管理风险和供应现场管理风险。

（2）从物流、现金流、信息流的角度，可以将供应链风险划分为实物风险、财务风险、信息风险和组织风险。

（3）按照风险结果给供应链带来的影响，可以将供应链风险分为偏离风险、中断风险和灾难风险。

（4）从供应链系统构成的角度，可以将供应链风险分为系统环境风险、系统结构风险、行为主体风险和协作风险。

（5）按照供应链成员企业合作程度，可以将供应链风险分为关系风险和绩效风险。

（6）按照风险是否可管理，可以将供应链风险划分为可管理风险和不可管理风险。

（7）按风险的影响范围，可以将供应链风险划分为局部风险和全局风险。

（8）按照供应链的过程，可以将供应链风险分为采购风险、生产风险、配送风险和退货风险。

（9）按照供应链管理的目标，可以将供应链风险分为成本风险、时间风险和质量风险。

2.3.2　水电工程物资供应链风险宏观分类方法

一方面，在水电工程物资供应链中，物资种类的不同会对其供应链构成产生巨大的影响。有的物资供应商供应能力强，不需要在供应链设计初期考虑备用供应商；有的物资需通过水路、公路进行多式联运；有的物资在运输途中需要设置中转储备系统；有的物资验收标准较高，需要严格把控等。这些区别都会使得相应风险管理体系各个方面（风险识别、风险评价、风险规划、风险控制等）的侧重点产生差异。因此，对于水电工程物资供应链而言，在风险识别阶段就必须对不同种类的物资进行区分。

另一方面，单独对于某一种物资而言，风险管理组织对其进行管理的最终目的就是保障物资的供应质量以及供应数量。显然，影响物资供应质量的风险与影响物资供应数量的风险有所区别，哪怕同一种风险对这两者的影响也不能一概而论。因此，在水电工程物资供应链风险管理中直接将影响物资供应质量的风险和影响物资供应数量的风险进行区分考虑，既能避免风险管理组织主观偏差带来的不科学性，也能使得对风险的梳理更加清晰，便于理解。

综上所述，在水电工程物资供应链风险管理中，首先需要对不同的物资进行区分；然后还需要根据风险的影响结果是物资供应质量还是物资供应数量进行区别考虑，即由此可以得出水电工程物资供应链风险的宏观分类，如图 2-6 所示；最后在宏观分类的基础上对每一类风险进行识别，相关的风险识别方法可以参考 2.2 节。

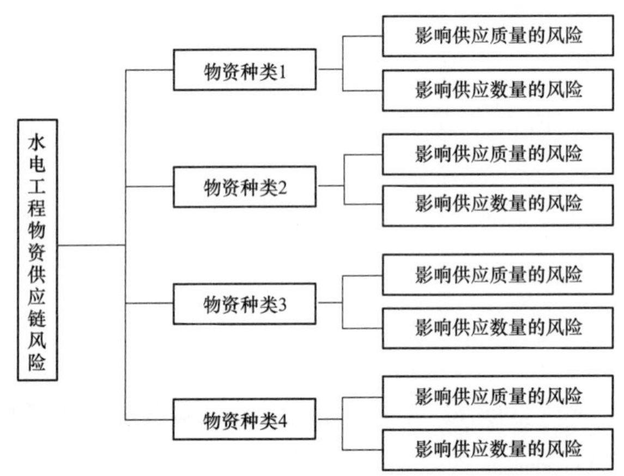

图 2-6　水电工程物资供应链风险宏观分类

以雅砻江流域水电工程物资供应链风险为例，根据雅砻江流域水电工程物资供应链的实际情况刻画出雅砻江流域水电工程物资供应链风险的宏观分类（见图 2-7），再对每一个分支单独考虑其供应链的构成特点以及相应的分类方式。

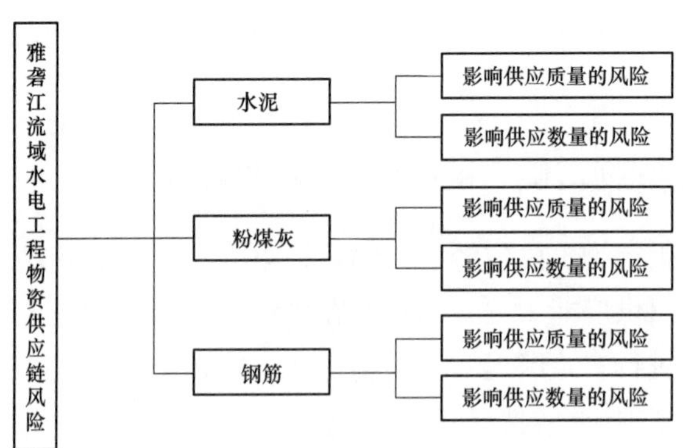

图 2-7　雅砻江流域水电工程物资供应链风险宏观分类

2.4　水电工程物资供应链风险因果分析

在水电工程物资供应链风险因果分析过程中，风险管理组织的首要目标就是保证风险因果分析的全面性，避免遗漏，这也是预先进行风险分类的重要性所在。合适的风险分类方法不仅能让整个水电工程物资供应链风险因果分析过程条理清晰，充分发挥出风险管理组织中各成员的管理优势，还能使后续的风险管理工作更加流畅。

除此之外，在水电工程物资供应链风险因果分析的实施过程中，风险管理组织还需要特别注意自己所代表的角色是什么，是站在哪个角度来进行风险分析。在因果分析的过程中，受限于风险管理者的身份、立场，往往会导致风险因果分析的终点产生微妙变化。例如，风险管理组织站在业主的角度，对设备故障这一风险事件进行进一步的分析时，如果设备故障发生在施工现场，那么作为业主则有能力了解到施工现场更具体的故障信息，即风险管理组织可以进一步考虑设备故障所发生的原因是什么（反映在因果图上就等同于这一风险还存在分支）；但倘若设备故障是发生在生产环节，考虑到企业自身信息的保密性，风险管理组织（以业主身份）往往没有了解深层次信息的权限，也就是说对于生产环节所发生的设备故障而言，风险管理组织无法挖掘其发生原因（反映在因果图上就相当于这一风险已经是某一支的终点）。

选择合理的身份、立场进行风险因果分析，不仅能减少风险管理组织的工作量，避免一些不必要的风险分析，而且能更加贴近风险管理的实际工作内容，避免对后续风险管理工作提出一些无法做到的要求。

以雅砻江流域水电工程物资供应链风险因果分析为例，根据 2.3.2 条的分析，首先构造出水泥质量风险、水泥需求保障风险、粉煤灰质量风险、粉煤灰需求保障风险、钢筋质量风险以及钢筋需求保障风险六个风险因果分析图的初步结构，具体内容分别如图 2-8～图 2-13 所示。

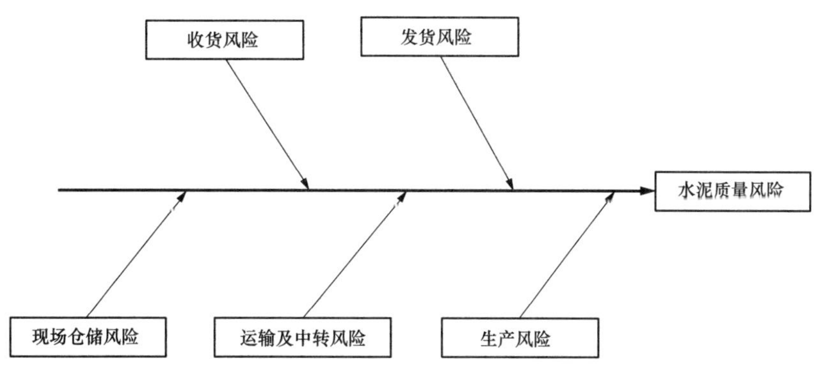

图 2-8　水泥质量风险因果分析图初步结构

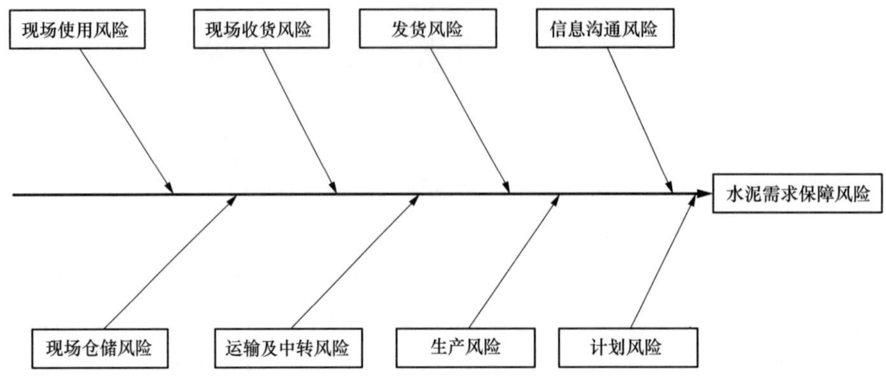

图 2-9 水泥需求保障风险因果分析图初步结构

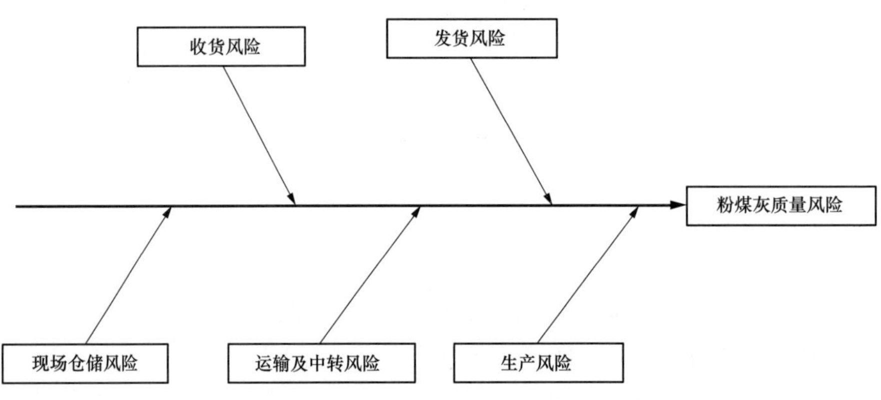

图 2-10 粉煤灰质量风险因果分析图初步结构

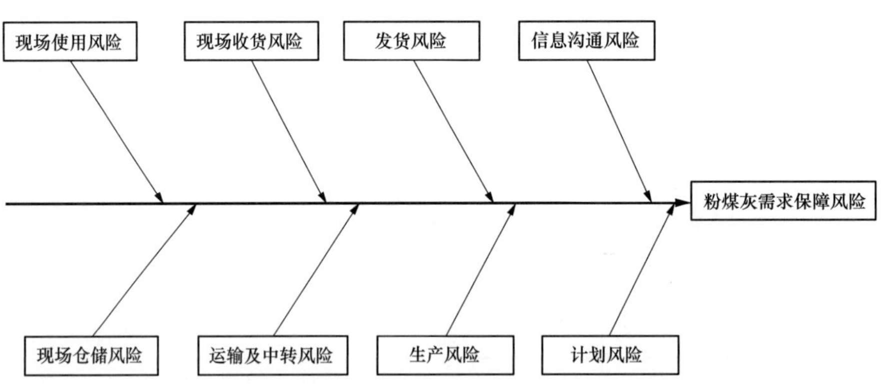

图 2-11 粉煤灰需求保障风险因果分析图初步结构

然后再结合雅砻江流域水电工程发生过的风险记录以及供应链各环节主要负责团队的专家意见，对每一个因果分析图分支进行挖掘、细化。下面以图 2-8 水泥质量风险因果分析图的初步结构为例进行分析。

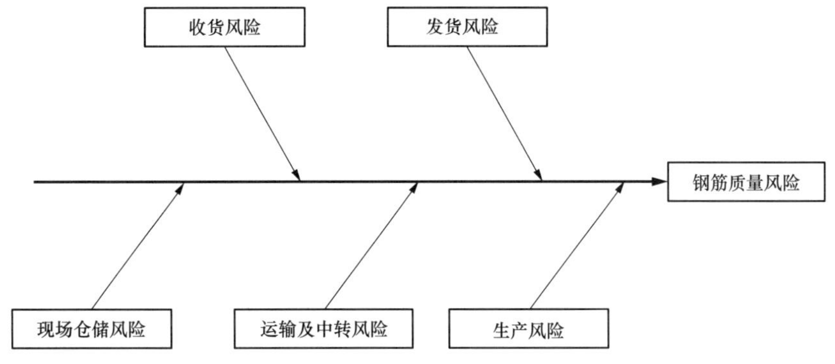

图 2-12　钢筋质量风险因果分析图初步结构

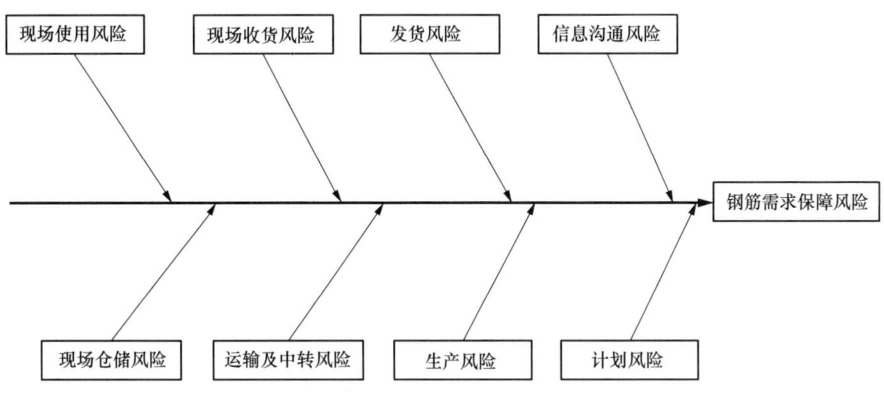

图 2-13　钢筋需求保障风险因果分析图初步结构

1. 生产风险

生产风险即发生在生产环节对水泥供应质量产生影响的风险。一方面，水泥生产商生产过程中涉及水泥熟料、水泥成品等多种产物，需要对相关的指标进行严格把控、需要对每一批次的成品进行质量检验以及在转产时需要注意生产线的清理问题。因此，本环节的风险事件包括熟料指标接近临界值或超标、物资成品指标接近临界值或超标以及厂内质量检验结果不准确。另一方面，业主对发生在水泥生产环节的风险无法严格细致地进行把控，因此相关的风险因素会相对粗略，包括人员操作不当、生产参数设置不当、原材料质量问题、转产时库存清理不到位、质检仪器问题等。水泥质量风险因果分析图中的生产风险分支如图 2-14 所示。

2. 发货风险

发货风险即发生在发货环节对水泥供应质量产生影响的风险。发货过程中需要从所有库存物资中取出相应规格的水泥，然后再安排相应的罐车进行运输。因此，本环节中涉及的风险事件可以归为不合格产品发货，对应的风险因素包括装车防护措施不当、罐车清理不到位、规格型号错误、库存物资变质等。水泥质量风险因果分析图中的发货风险分支如图 2-15 所示。

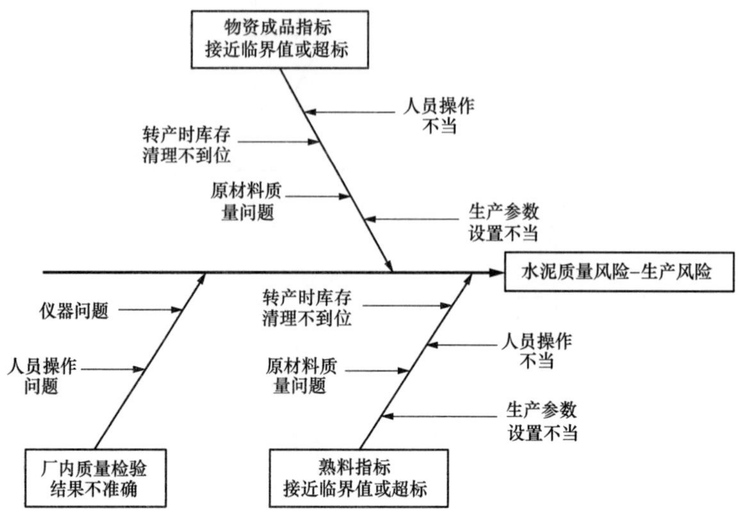

图 2-14　水泥质量风险因果分析图中的生产风险分支

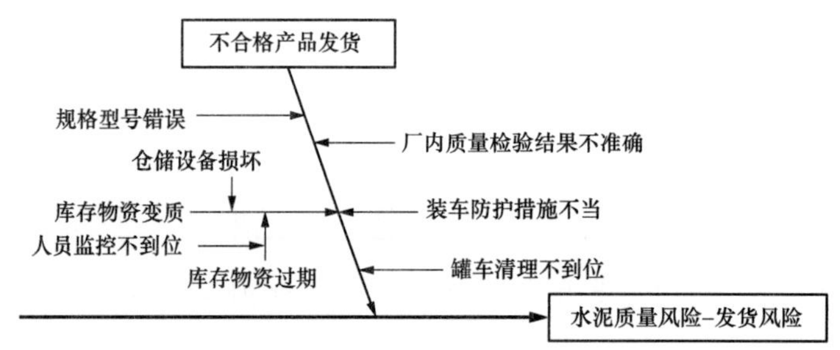

图 2-15　水泥质量风险因果分析图中的发货风险分支

3. 运输及中转风险

运输及中转风险即发生在运输及中转环节对水泥供应质量产生影响的风险。运输及中转过程中同样会涉及储存过程中的库存物资变质问题和装车过程中因防护措施不当引起的物资质量受损问题。因此，本环节中的风险事件包括库存物资变质和物资质量受损，对应的风险因素包括防护措施不当、仓储设备损坏、物资库存过期、防雨防潮措施不当及堆放违规等。水泥质量风险因果分析图中的运输及中转风险分支如图 2-16 所示。

4. 收货风险

收货风险即发生在收货环节中对水泥供应质量产生影响的风险。收货过程中首先需要对接收的物资进行质检，再对其进行装罐，这样才能保证最终用于工程中的物资是符合标准的。因此，收货环节中的风险事件包括接收非本项目物资、将合格物资鉴定为不合格物资、质量争议、混罐以及不合格物资用于工程，对应的风险因素包括核对货物信息不到位、现场检验结果不准确、人员操作失误、现场检验结果出具滞后、仪器问题等。水泥质量风险因果分析图中的收货风险分支如图 2-17 所示。

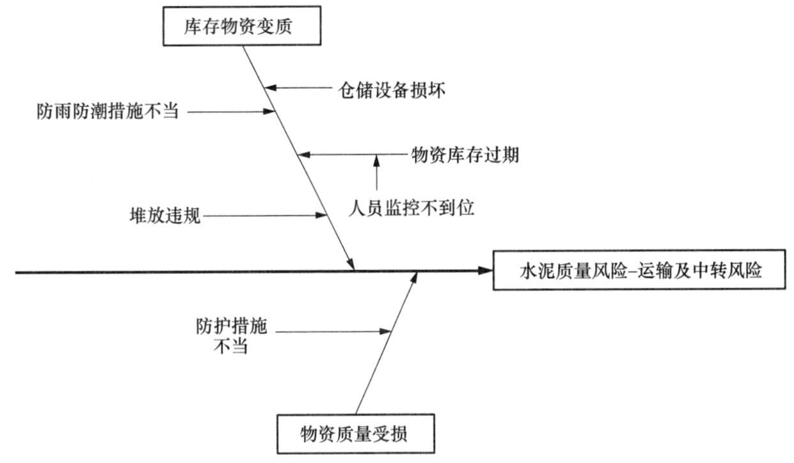

图 2-16　水泥质量风险因果分析图中的运输及中转风险分支

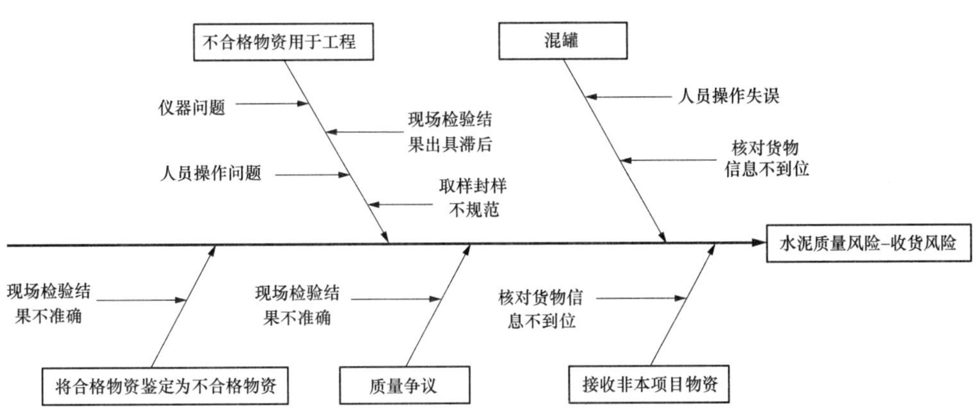

图 2-17　水泥质量风险因果分析图中的收货风险分支

5. 现场仓储风险

现场仓储风险即发生在现场仓储环节中对水泥供应质量产生影响的风险。现场仓储环节中最核心的问题就是仓储问题，但又不同于生产环节及中转环节中遇到的仓储问题；对于现场仓储环节而言，业主能够把控的东西可以相当细致，所以即便是同样的风险事件，其对应的风险因素也可以做更深入的挖掘，因为对于风险管理组织而言，现场的所有信息相对容易掌握。该环节的风险事件包括库存物资变质和不合格物资用于工程，对应的风险因素包括库存物资过期、堆放违规、防雨防潮措施不当、仓储设备损坏以及出库操作不合理等。水泥质量风险因果分析图中的现场仓储风险分支如图 2-18 所示。

根据图 2-14～图 2-18 可以得出雅砻江流域水电工程物资供应链水泥质量风险因果分析图，如图 2-19 所示。经过同样的操作便能够获得其他 5 个因果分析图，即水泥需求保障风险因果分析图、粉煤灰质量风险因果分析图、粉煤灰需求保障风险因果分析图、钢筋质量风险因果分析图、钢筋要求保障风险因果分析图分别如图 2-20～图 2-24 所

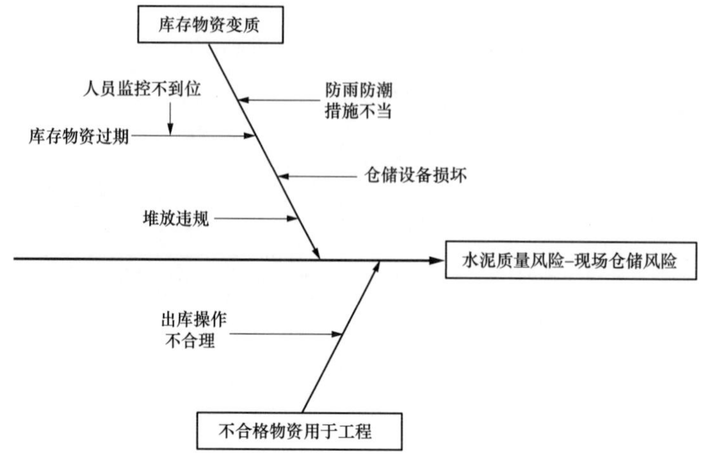

图 2-18　水泥质量风险因果分析图中的现场仓储风险分支

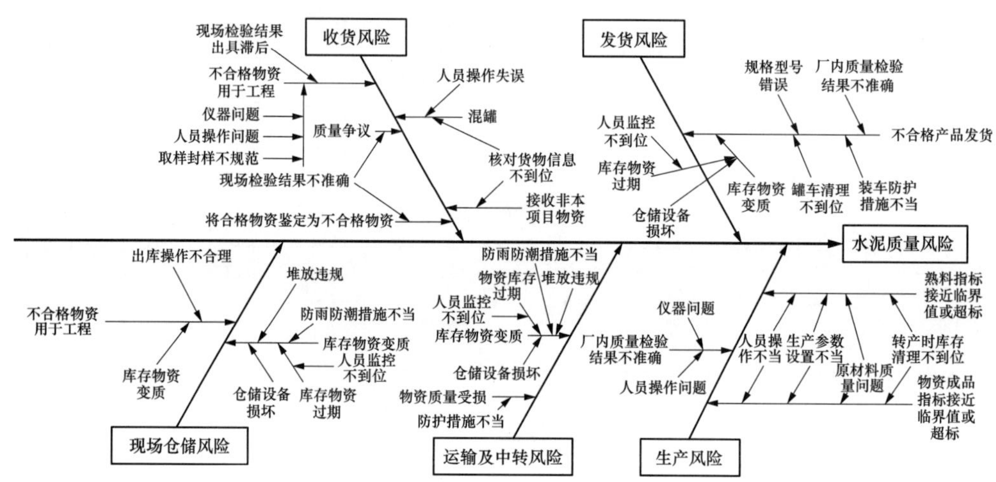

图 2-19　水泥质量风险因果分析图

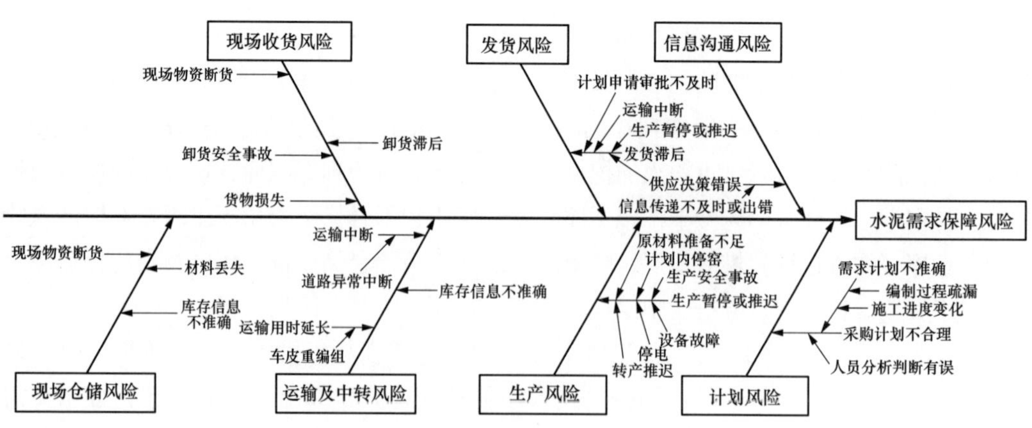

图 2-20　水泥需求保障风险因果分析图

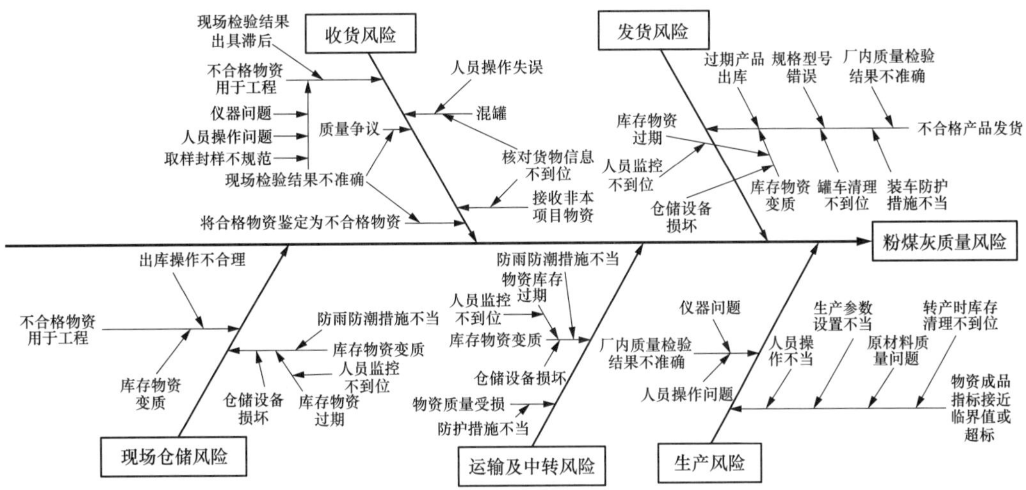

图 2-21　粉煤灰质量风险因果分析图

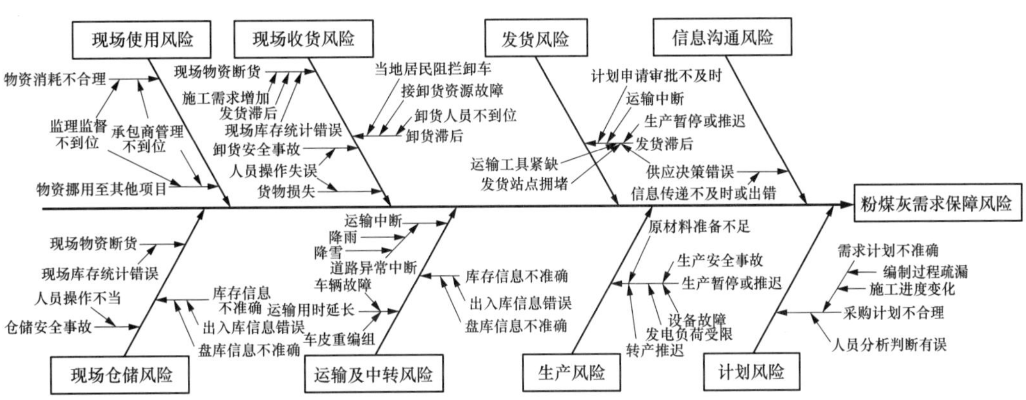

图 2-22　粉煤灰需求保障风险因果分析图

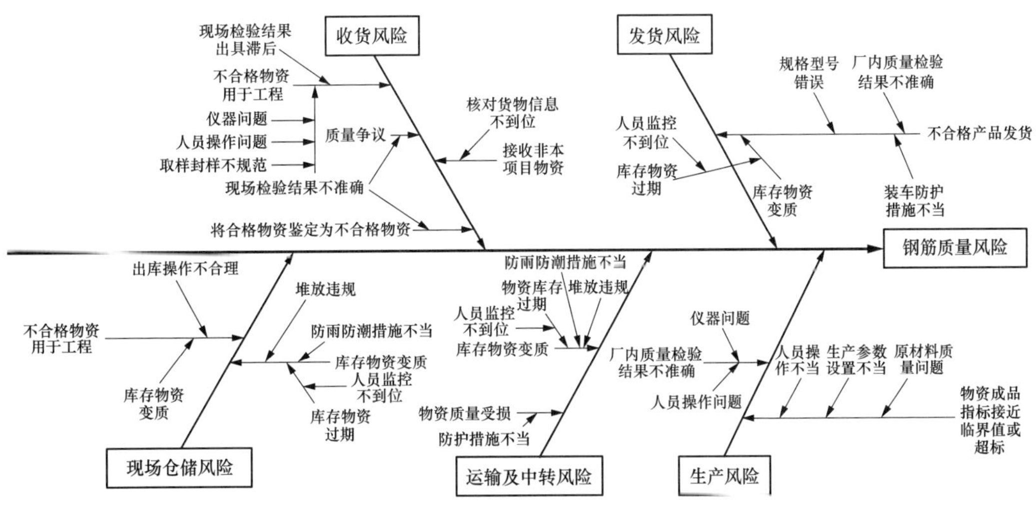

图 2-23　钢筋质量风险因果分析图

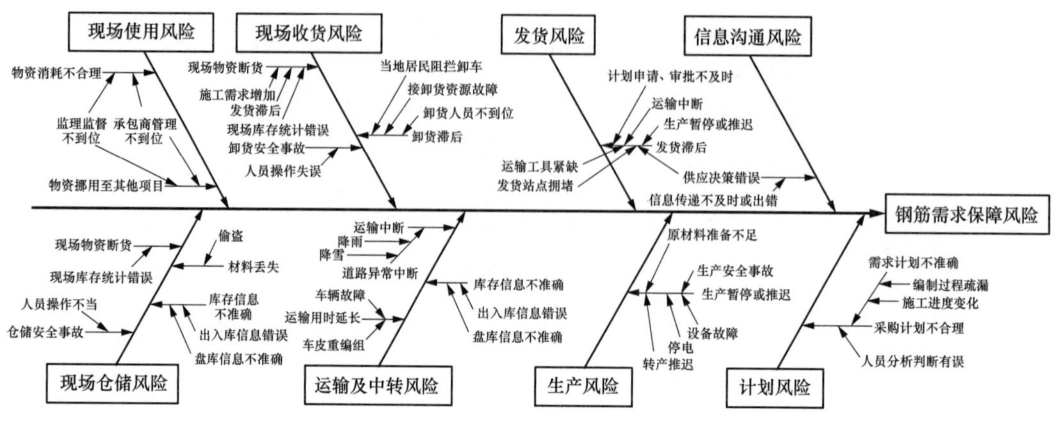

图 2-24　钢筋需求保障风险因果分析图

示。这六个因果分析图就包含了整个雅砻江流域水电工程物资供应链中所需考虑的全部风险事件以及风险因素。而这种分类之后再分别进行因果分析的风险识别过程既保证了整个风险识别过程的全面性，又可以有针对性地结合相关专家意见确保风险识别结果的合理性。

这六个水电工程物资供应链风险因果分析图是整个雅砻江流域水电工程物资供应链风险识别的基础工作，其中不仅包含了整个雅砻江流域水电工程物资供应链风险的宏观分类标准，还包括了风险管理工作中涉及的所有风险事件、风险因素以及风险事件与风险因素之间的对应关系，甚至对于后续的风险评价、风险应对规划、风险控制环节都具有重要的指导意义。为了更简洁明了地整理出风险事件、风险因素以及两者之间的对应关系，本章接下来将设计相应的风险因素表对上述因果分析图中的内容进行进一步梳理。

2.5　水电工程物资供应链风险因素与风险事件

水电工程物资供应链风险识别环节的最终目标，就是整理出所有的风险事件、风险因素并梳理清楚两者之间的相互关系。因此，必须明确水电工程物资供应链风险中的风险事件及风险因素的准确定义。一般意义上，风险事件是未曾预料到或虽然预料到其发生但未知其后果的事件，例如水电开发工程中的供应中断、施工停滞；而风险因素则是改变损失发生概率和损失大小的主客观条件，是风险事件发生的潜在的、内在的或外部的原因。这是一种普遍认可的定义方式，但倘若要在实际的风险管理工作中区分风险事件和风险因素，这样的定义方式则略显模糊，会使得实际风险识别工作中风险管理人员的主观意见占据较大比重。

将风险分析结果中的哪一部分归类为风险事件、哪一部分归类为风险因素，这是风险管理工作的开展中所遇到的第一个瓶颈：一旦将风险事件定义得过于宽泛，例如水泥供应量不足、水泥供应延期、水泥质检不达标等，那么大部分的风险分析结果都会被直接归于风险因素，这样一来不仅会浪费用于风险因素监测中的人力、物力、财力，而且还使风险事件的评价结果变得更加模糊，最终导致整个风险管理工作的灵敏度下降；但如果将风险事件定义得过于细致，则往往会导致实际工作中风险事件之间出现紧密关联，这种情况下往往又需要依靠管理者与专家团队的主观意见进行决策，而这会使得整个风险管理工作的准确度、合理性渐渐丧失，而且也会对风险管理工作的实施带来大量麻烦，甚至会导致风险评价工作无法正常开展。

在实际工作中，合理区分风险事件与风险因素需要综合考虑风险管理组织的信息获取权限，以风险管理组织的实际管理力度为基点，避免风险事件与风险因素之间出现交叉混淆，这是将风险管理方法体系运用于实际风险管理过程中的一个难点。而对于水电工程物资供应链而言，本书设计的基于风险分类的因果分析法可以较好地解决这一难点问题。

以雅砻江流域水电工程物资供应链风险识别为例，基于 2.4 节所给出的六个风险因果分析图，定义风险事件为完整因果分析图上的二级分支，将风险因素定义为因果分析图上的所有最高层级分支。以图 2-17 为例，水泥质量风险中收货风险的风险事件包括不合格物资用于工程、混罐、质量争议、接受非本项目物资、将合格物资鉴定为不合格物资等；其中的风险因素包括现场检验结果出具滞后、核对货物信息不到位、人员操作问题等。特别地，“现场检验结果不准确”可以认为是“人员操作问题”风险因素最终导致“不合格物资用于工程”风险事件发生的一个中间状态。因此，可以将这里的“人员操作问题”风险因素表达为“人员操作问题（现场检验结果不准确）”来避免因名称重复而引起的歧义。这样一来，既避免了风险事件之间过度耦合，又基于风险管理组织的实际能力、权限对风险因素进行了初步列举，为后续风险管理工作奠定了坚实的基础。

除了将风险事件与风险因素分别列举出来以外，风险识别阶段还需要确定风险事件与风险因素的相互关系，即确定风险事件的发生可能由哪些风险因素导致。因果分析图中已经包含了这一信息；然而，倘若在后续风险管理工作中每次都需要从图中找出这种关系，显然是不合理的重复性劳动。因此，风险管理组织在绘制风险因果分析图后，应及时将其转化为表格形式；这样既便于查找特定的风险事件或风险因素，也能够更明确、清晰地表现出两者之间的相互关系。

以雅砻江流域水电工程物资供应链风险识别为例，在绘制出水电工程物资供应链风险因果分析图后，便将其转化为水泥需求保障风险因素表（其页面如图 2-25 所示）。表头的风险级别实质上就是相应因果分析图中的分支级别，表中的“A1”“B1.1”等是对风险的初步编码，表中的内容和因果分析图一一对应。

这样一来，按照本节所提出的水电工程物资供应链风险事件及风险因素定义方式，图 2-25 中的所有二级风险即为水泥需求保障风险各环节所涉及的风险事件。若不存在四级风险，则风险事件对应的所有三级风险即为相应的风险因素；否则，这些三级风险可

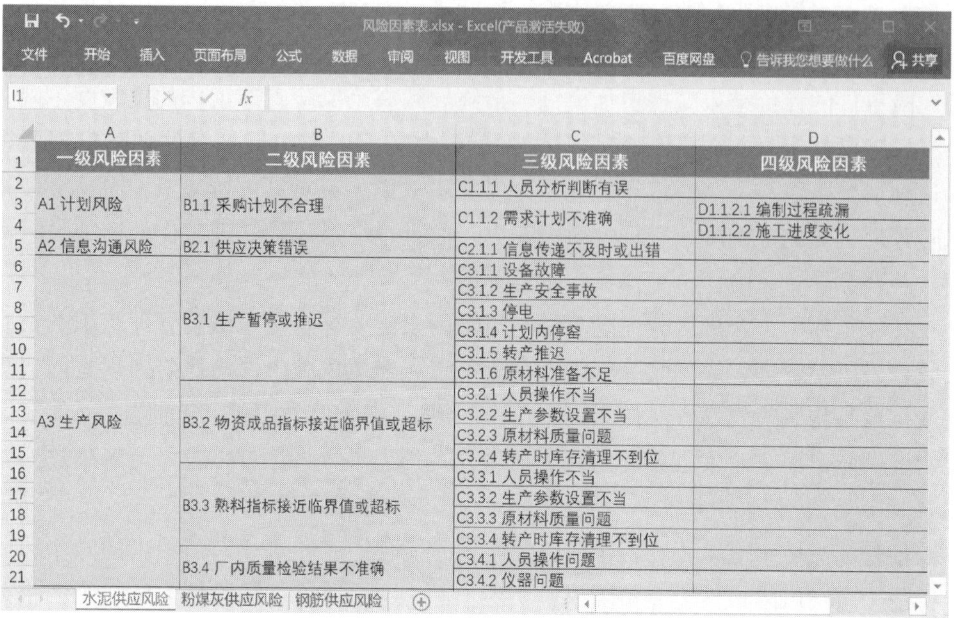

一级风险因素	二级风险因素	三级风险因素	四级风险因素
A1 计划风险	B1.1 采购计划不合理	C1.1.1 人员分析判断有误	
		C1.1.2 需求计划不准确	D1.1.2.1 编制过程疏漏
			D1.1.2.2 施工进度变化
A2 信息沟通风险	B2.1 供应决策错误	C2.1.1 信息传递不及时或出错	
A3 生产风险	B3.1 生产暂停或推迟	C3.1.1 设备故障	
		C3.1.2 生产安全事故	
		C3.1.3 停电	
		C3.1.4 计划内停窑	
		C3.1.5 转产推迟	
		C3.1.6 原材料准备不足	
	B3.2 物资成品指标接近临界值或超标	C3.2.1 人员操作不当	
		C3.2.2 生产参数设置不当	
		C3.2.3 原材料质量问题	
		C3.2.4 转产时库存清理不到位	
	B3.3 熟料指标接近临界值或超标	C3.3.1 人员操作不当	
		C3.3.2 生产参数设置不当	
		C3.3.3 原材料质量问题	
		C3.3.4 转产时库存清理不到位	
	B3.4 厂内质量检验结果不准确	C3.4.1 人员操作问题	
		C3.4.2 仪器问题	

图 2-25　水泥需求保障风险因素表的页面

以看作四级风险（风险因素）转化为风险事件的中间状态，而相应的四级风险即为风险因素。以图 2-25 中的水泥需求保障风险为例，相关的风险事件包括生产暂停或推迟、物资成品指标接近临界值或超标、熟料指标接近临界值或超标以及厂内质量检验结果不准确。其中，生产暂停或推迟对应的风险因素为设备故障、生产安全事故、停电、计划内停窑、转产推迟和原材料准备不足；物资成品指标接近临界值或超标对应的风险因素为人员操作不当、生产参数设置不当、原材料质量问题和转产时库存清理不到位；熟料指标接近临界值或超标对应的风险因素为人员操作不当、生产参数设置不当、原材料质量问题和转产时库存清理不到位；厂内质量检验结果不准确对应的风险因素为人员操作问题和仪器问题。完整的水泥供应风险因素表、粉煤灰供应风险因素表以及钢筋供应风险因素表详见附录 A～附录 C。

2.6　本　章　小　结

基于供应链视角，水电工程物资供应链上的每一个环节的风险来源非常多，且其后果影响程度各异，甚至不同种类物资的供应链结构也会有所区别。若直接对水电工程物资供应链中涉及的所有风险事件及风险因素都加以分析考虑，则将难以实现，同时会使问题更加复杂化。

为此，本章首先阐述了供应链风险一般分类方法，然后根据水电工程物资供应链的特点，提出了水电工程物资供应链的宏观分类方法。结合风险识别方法中的因果分析法，为每一类别的水电工程物资供应链风险单独绘制了因果分析图，最后将因果分析法的分析结果整理成风险因素表，从而更加明确地表达出风险事件和风险因素以及两者之间的相互关系。

本章是整个供应链风险控制与决策的基础。只有对水电工程物资供应链风险管理中涉及的所有风险事件、风险因素进行全面识别，同时将两者之间的相互关系切实梳理清晰，才能为后续水电工程物资供应链风险评价、风险应对规划以及风险控制等工作的展开奠定坚实的基础。

参 考 文 献

[1] 缪兴锋，别文群．供应链管理技术与方法［M］．广州：华南理工大学出版社，2006.

[2] 宁钟．供应链脆弱性的影响因素及其管理原则［J］．中国流通经济，2004，18（4）：13-16.

[3] 辛晓，王飞．企业供应链风险管理中的风险识别和控制［J］．中国市场，2012，18（32）：64-65.

[4] 王宗光，李辉．供应链风险识别及处理研究［J］．商业经济研究，2011，29（4）：15-16.

[5] 强万明，商冬凡，卢明，等．综合管廊全生命周期安全风险辨识体系［J］．土木工程与管理学报，2019，36（5）：40-44.

[6] 王瑾，郭威，刘金松，等．基于因果分析图法及层次分析法的空调工程施工质量控制［J］．上海理工大学学报，2013，35（02）：116-120.

[7] White G I，Sondhi A C，Fried D. The analysis and use of financial statements［M］. Beijing：CITIC Publishing House，2003.

[8] 童其军．国家电网公司物资集约化风险管理的研究［D］．天津：天津大学，2016.

[9] Clemons E K. Using scenario analysis to manage the strategic risks of reengineering［J］. Sloan Management Review ，1995，28（6）：123-123.

[10] 周刚，赵艳超．基于隶属度的供应链风险评估模型研究［J］．标准科学，2013，49（10）：80-83.

[11] Blome C，Schoenherr T. Supply chain risk management in financial crises—A multiple case-study approach［J］. International Journal of Production Economics，2011，134（1）：43-57.

[12] Deane J K，Ragseale C T，Rakes T R，et al. Managing supply chain risk and disruption from IT security incidents［J］. Operations Management Research，2009，2（1）：4-12.

[13] Rao S，Goldsby T J. Supply chain risks：a review and typology［J］. The International Journal of Logistics Management，2009，20（1）：97-123.

[14] Chan F T，Kumar N. Global supplier development considering risk factors using fuzzy extended AHP-based approach［J］. Omega，2007，35（4）：417-431.

[15] 王新利．基于BP神经网络专家系统的供应链风险评价研究［J］．中国流通经济，2010，24（6）：27-30.

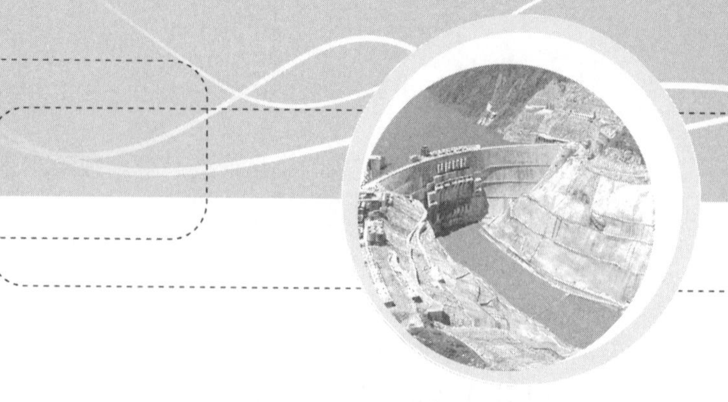

第3章　水电工程物资供应链风险评价

3.1　引　　言

风险评价是指用定性分析与定量分析相结合的方法来估计和预测某种特定风险发生的可能性及损失程度[1]。可能性表示一定时期内风险事件将发生的概率。损失程度是指每次造成损失的严重情况，即损失金额的大小、损失工期的长短。一般来说，风险评价需要对每类风险发生的概率和风险可能造成的损失两个部分进行判别，最终形成阶段性的风险事件影响程度清单和风险因素重要程度清单。供应链风险评价是指在风险识别以及风险监测的基础上，结合一些定性或定量的风险描述，运用一定的风险评价技术，对供应链风险可能出现的后果予以充分的估计和衡量，以便管理者及时做出合理的风险决策[2]。这是一项重要而又复杂的工作，也是进行风险应对规划和风险控制的基础和前提。

随着供应链风险管理越来越受重视，供应链风险评价的方法也不再局限于对供应链总体风险水平做一个简单的等级评判或大小排序。Wang 通过两阶段模糊层次模型对实施绿色环保供应链的风险水平进行评估[3]。耿殿明等利用专家打分法对风险指标进行迭代优选，通过与评判等级对比了解胶东半岛制造业供应链处于基本安全状态[4]。Rajesh 等利用灰色理论对供应链的敏感性进行分析，以电子制造业为例分析了不同策略下的风险等级[5]。关艳萍[6]以及 Aqlan 等[7]利用层次分析法为所考虑到的风险因素和风险管理因素打分，并对供应链内部风险逐层分析。周刚等通过不同风险评分对应不同风险状态的隶属度，运用模糊运算，得出风险水平值[8]。

综合现有文献分析，水电工程供应链风险评价的相关研究仍较少涉及，本书作者前项工作中展开了一些初步研究[9]，本章将基于前人的相关研究对水电工程供应链风险评价方法进行综述，并通过雅砻江流域水电工程物资供应链风险评价实例，对模糊综合评判以及故障树分析法的风险评价过程做详细讨论。

3.2　不确定型风险综合评价方法

不确定型风险指的是该风险没有或缺乏可供参考的历史数据（如地震造成的各类风险），这种情况下风险管理组织难以评价风险事件的发生概率或风险事件的后果，需要借助于相关专家的主观判断来进行风险的综合评价，这种方法即不确定型风险综合评价方法[10]。常见的不确定型风险综合评价方法包括以下几种。

1. 模糊综合评价法

模糊综合评价法是一种基于模糊数学的综合评价方法。将模糊综合评价法应用于风险评价，可以把定性的问题转化为定量描述[11]。大型工程建设管理中往往存在较大的模糊性，很难给出具体的整体风险发生概率和风险影响程度，因此，模糊综合评价法比较适用。模糊综合评价法的缺点主要在于评价要素及其权重的确定具有主观性，可以通过确定专家权重和熵权法弥补以上不足。本章 3.4 节将以雅砻江流域水电工程物资供应链风险评价为例介绍模糊综合评价法的应用。

2. 层次分析法

层次分析法是决策的有效工具，是一种定性和定量相结合的决策分析方法，在风险评价中可以从多方面考虑和分解各风险因素，并形成有序的递阶层次结构，最终通过因素间的比较判断确定每一层次中各因素的相对重要性[12]。

层次分析法以评价者的主观定性比较结果为基础，同时结合量化手段得到评价结果，为决策者提供风险评价依据。利用层次分析法进行风险评价的基本思路与步骤如下：

（1）利用递阶层次结构识别各种风险因素；

（2）由多位业内专家从风险损失和风险发生概率等方面判断风险因素的相对重要性，并形成评价矩阵；

（3）在此基础上对评判矩阵进行一致性检验，若未能通过检验，则重新进行评判，反复进行直至最后通过检验；

（4）根据相对矩阵计算相对重要度，得出风险评价结果。

3. 蒙特卡罗法

蒙特卡罗法是一种统计试验方法，它通过产生一组概率来模拟原问题，即通过产生一系列随机数和随机变量，对其进行抽样并带入数据模型中，从而确定函数值[13]。

蒙特卡罗法的基本步骤如下：

（1）根据实际问题，构造数学模型；

（2）根据所构造模型的特点，以相应概率分布进行多次重复抽样；

（3）将抽样结果进行统计处理；

（4）得出结论。

4. SWOT 法

SWOT 方法指风险主体的机会、威胁、资源优势与劣势的分析，提醒风险决策者制订相应的策略[14]。该方法可以对外界条件和组织自身的优缺点进行综合考虑，随环境变化动态分析供应链所处的位置，可操作性强。

3.3 随机型风险评价方法

在具备一定历史数据的条件下，供应链管理者可以借助一定的数理统计知识和工具预知风险事件发生的概率大小，这种情形下的风险评价即为随机型风险评价。其风险评价结果主要包括风险事件发生概率和风险事件发生所造成的损失。因此，可参考的历史数据也需与二者相关，如以往同类风险事件发生的次数、引发风险事件发生的因素及造成影响的大小等。评价人员可以根据这些数据，结合当前情况评价风险概率和影响。

需要说明的是，对风险进行评价前，必须对评价的时间范围进行界定，不同风险在比较评价结果时，也应采用同一时间范围下对应的评价结果，因为时间范围不同，风险事件发生的概率也不一样。例如，在整个供应链运行生命周期中，供应商向中转储备系统发运的物资一定会出现到货滞后的情况，但如果把时间范围缩短到某一段 3 天时间范围内，则这种情况不一定会出现。

对于有历史数据的风险，可以对历史数据进行分析，从而评价风险发生的概率和造成的损失，数理统计方法是一类常用的随机型风险评价方法。该方法中，找出一种随机型风险概率和概率分布是风险评价的基础。通过历史资料来确定概率分布，一种方法为画出样本分布的直方图，得到样本的经验分布，从图中可以看出不同偏差的发生概率；另一种方法为假定风险事件发生的概率或后果服从正态随机分布，求出正态分布的数学期望 α 和标准差 σ 的估计值，就可以确定正态分布的概率密度函数。

通常在历史数据比较充足的情况下，风险管理组织还可以进一步挖掘风险事件背后的风险因素的重要程度，但相应的就需要完整刻画出风险因素与风险事件的相互关系。要达成此目标，可以选择故障树分析法来进行评价，本章 3.5 节将对故障树分析法的应用进行详细讨论。

3.4 水电工程供应链风险评价——模糊综合评价法

本节以雅砻江流域水电工程物资供应链风险管理为例，对其物资供应风险进行多层次模糊综合评价。模糊综合评价的具体步骤包括设定模糊评价集、通过熵权法确定指标权重、第二级风险模糊综合评价和第一级风险模糊综合评价。

3.4.1 设定模糊评价集

首先建立由 5 个评价结果组成的评价集 $V=\{v_1, v_2, v_3, v_4, v_5\}$={高，较高，中等，较低，低}，$V$ 是风险发生概率和风险影响等级的综合评价集合。

风险大小模糊度矩阵＝风险发生概率模糊度矩阵×P＋风险影响等级模糊度矩阵×$(1-P)$，此处令 $P=0.5$。风险发生概率见表 3-1，风险影响等级见表 3-2。

表 3-1　　风险发生概率

风险概率范围（%）	等级定义或说明
0～10	非常不可能发生
11～40	不可能发生
41～60	不排除发生的可能，偶然发生
61～90	可能发生
91～100	极可能发生

表 3-2　　风险影响等级

风险影响等级	等级定义或说明
关键	如果风险事件发生，将导致目标失败
严重	如果风险事件发生，将导致费用大幅增加，或进度严重延期
一般	如果风险事件发生，将导致费用增加，或进度延期
微小	如果风险事件发生，将导致费用略微增加，或进度略微延期
可忽略	如果风险事件发生，对目标基本没有影响

3.4.2　通过熵权法确定指标权重

权重是由风险管理专家根据主观经验来确定，具有很大的随意性。采用熵权法对指标权重进行修正，以期得到更加公正合理的指标权重设置。

一级指标权重集为 $A=(a_1, a_2, \cdots, a_8)$；二级权重集为 $a_i=(a_{i1}, a_{i2}, \cdots, a_{in})$。

对于任意指标权重 a_i，其计算方法为：

$$a_i=\frac{1-H_i}{\sum_{i=1}^{8}1-H_i} \tag{3-1}$$

$$H_i=\frac{1}{\ln m}\sum_{k=1}^{m}f_{ik}\ln f_{ik} \tag{3-2}$$

$$f_{ik}=\frac{X_{ik}}{\sum_{k=1}^{m}X_{ik}} \tag{3-3}$$

其中　X_{ik} 为评分专家 k 对指标 i 的打分；m 为专家总数。

根据熵权法确定的工程物资供应链两级模糊综合评价指标体系见表 3-3。

表 3-3　　工程物资供应链两级模糊综合评价指标体系

一级指标（权重）	二级指标（权重）
需求风险（0.15）	需求计划不准确（0.8）
	需求计划不及时（0.2）

续表

一级指标（权重）	二级指标（权重）
供应商风险（0.1）	信息风险（0.2）
	供应风险（0.4）
	质量风险（0.2）
	合同风险（0.2）
物流风险（0.2）	道路异常中断风险（0.9）
	物流承包商合同风险（0.1）
转运站管理风险（0.15）	库存数据异常风险（0.7）
	物资失效风险（0.2）
	物资丢失、被盗风险（0.1）
领用风险（0.05）	串供风险（0.5）
	核销风险（0.5）
现场库存风险（0.05）	物资失效风险（0.8）
	物资丢失、被盗风险（0.2）
现场质量异常风险（0.15）	质量异常风险（0.8）
	安全风险（0.2）
外部风险（0.15）	自然灾害对物资运输造成的风险（0.5）
	自然灾害造成生产仓储设施毁坏、人员伤亡等损失（0.1）
	法律政策调整等社会因素对供应链带来的风险（0.05）
	宏观经济环境对供应链带来的风险（0.1）
	不成熟技术的应用或新技术带来的副作用（0.05）
	供应链所在地区的社会风尚、文化观念、物流环境等对供应链带来的风险（0.2）

3.4.3 第二级风险模糊综合评价

由熟悉供应链运行状况的风险管理专家为每个具体的二级风险的风险发生概率和风险影响等级打分，得到二级风险的模糊矩阵。

以供应商风险为例，各风险发生概率的模糊矩阵 R_{2p} 为：

$$R_{2p}=\begin{bmatrix}0 & 0.85 & 0.15 & 0 & 0\\0 & 0.8 & 0.2 & 0 & 0\\0 & 0 & 0 & 0.9 & 0.1\\0 & 0 & 0 & 0 & 1\end{bmatrix}$$

各风险影响等级的模糊矩阵 R_{2l} 为：

$$R_{2l}=\begin{bmatrix}0.3 & 0.7 & 0 & 0 & 0\\0.8 & 0.2 & 0 & 0 & 0\\0.8 & 0.2 & 0 & 0 & 0\\0.2 & 0.8 & 0 & 0 & 0\end{bmatrix}$$

则各二级风险的模糊度矩阵 R_2 为：

$$R_2 = R_{2p} \times 0.5 + R_{21} \times 0.5 = \begin{bmatrix} 0.15 & 0.775 & 0.075 & 0 & 0 \\ 0.4 & 0.5 & 0.1 & 0 & 0 \\ 0.4 & 0.1 & 0 & 0.45 & 0.05 \\ 0.1 & 0.4 & 0 & 0 & 0.5 \end{bmatrix}$$

而各二级指标的权重矩阵 A_2 为：

$$A_2 = [0.2 \quad 0.4 \quad 0.2 \quad 0.2]$$

由此，一级指标供应商风险大小的模糊矩阵 B_2 为：

$$\begin{aligned} B_2 &= A_2 \cdot R_2 \\ &= [0.2 \quad 0.4 \quad 0.2 \quad 0.2] \cdot \begin{bmatrix} 0.15 & 0.775 & 0.075 & 0 & 0 \\ 0.4 & 0.5 & 0.1 & 0 & 0 \\ 0.4 & 0.1 & 0 & 0.45 & 0.05 \\ 0.1 & 0.4 & 0 & 0 & 0.5 \end{bmatrix} \\ &= [0.29 \quad 0.455 \quad 0.055 \quad 0.09 \quad 0.11] \end{aligned}$$

同理，得到其他所有一级风险大小的模糊矩阵如下：

$$B_1 = [0.73 \quad 0.22 \quad 0.05 \quad 0 \quad 0]$$

$$B_3 = [0.36 \quad 0.28 \quad 0.315 \quad 0.045 \quad 0]$$

$$B_4 = [0.19 \quad 0.345 \quad 0.28 \quad 0.055 \quad 0.13]$$

$$B_5 = [0.2 \quad 0.1 \quad 0.175 \quad 0.275 \quad 0.25]$$

$$B_6 = [0.4 \quad 0.1 \quad 0 \quad 0.28 \quad 0.22]$$

$$B_7 = [0.4 \quad 0.1 \quad 0 \quad 0.345 \quad 0.155]$$

$$B_8 = [0.22 \quad 0.345 \quad 0.205 \quad 0.135 \quad 0.095]$$

3.4.4　第一级风险模糊综合评价

由前文计算的 $B_1 \sim B_8$ 可以构造一级风险指标的风险评价模糊度矩阵 R，结合表 3-3 形成的一级指标权重矩阵 A，可得第一级风险模糊综合评价结果（矩阵 B）：

$$\begin{aligned} B &= A \cdot R \\ &= [0.15 \quad 0.1 \quad 0.2 \quad 0.15 \quad 0.05 \quad 0.05 \quad 0.15 \quad 0.15] \cdot \begin{bmatrix} 0.73 & 0.22 & 0.05 & 0 & 0 \\ 0.29 & 0.455 & 0.055 & 0.09 & 0.11 \\ 0.36 & 0.28 & 0.315 & 0.045 & 0 \\ 0.19 & 0.345 & 0.28 & 0.055 & 0.13 \\ 0.2 & 0.1 & 0.175 & 0.275 & 0.25 \\ 0.4 & 0.1 & 0 & 0.28 & 0.22 \\ 0.4 & 0.1 & 0 & 0.345 & 0.155 \\ 0.22 & 0.345 & 0.205 & 0.135 & 0.095 \end{bmatrix} \end{aligned}$$

$=[0.362\quad 0.263\quad 0.1575\quad 0.126\quad 0.0915]$

由矩阵 B 可知，该供应链的风险属于 V_1（高）的隶属度为 36.2%，属于 V_2（较高）的隶属度为 26.3%，属于 V_3（中等）的隶属度为 15.75%，属于 V_4（较低）的隶属度为 12.6%，属于 V_5（低）的隶属度为 9.15%。

由于 $0.362+0.263=0.625>0.5$，故综合评判该工程物资供应风险为较高，需加大风险管理的力度。

3.4.5 水电工程物资供应链风险评价电子表单决策支持工具

上述模糊综合评价过程存在一定的复杂性，但其计算逻辑比较固定；因此，风险管理组织可以通过简单的电子表单软件制作桌面型风险评价决策支持工具，把相应的计算逻辑隐藏在简单易懂的电子表单界面背后，这样既能使风险评价过程更加人性化，也能减少风险管理人员的重复劳动。

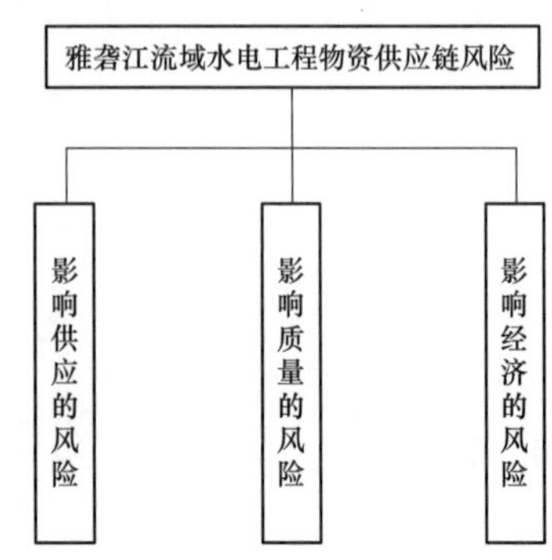

图 3-1 雅砻江流域水电工程物资供应链风险分类

在制作相应的决策支持工具之前，同样需要对风险事件及风险因素进行分类，不同类别风险事件与风险因素之间概率及严重程度的传递计算逻辑往往存在一定区别。以雅砻江流域水电工程物资供应链风险识别为例，首先将风险事件与风险因素按其影响结果进行分类，再分别考虑各类别风险事件和风险因素之间的计算逻辑。雅砻江流域水电工程物资供应链风险分类见图 3-1。

1. 影响供应的风险

一方面，对于影响供应的风险事件以及风险因素而言，任意一个与风险事件相关的风险因素到达一定阈值都会导致该风险事件发生，且风险因素之间相对独立不存在耦合关系。另一方面，风险事件发生所造成的损失也与风险因素严重程度存在对应关系。例如，设备故障是水泥供应风险中生产暂停或推迟风险事件的一个风险因素，设备故障的发生概率是多少，则设备故障引起生产暂停或推迟的发生概率也是多少，若设备故障的严重程度为 2 天，则相应的生产暂停或推迟发生所造成的损失也为 2 天。特别地，对于影响供应的风险而言，当与同一风险事件相关的多个风险因素同时发生时，该风险事件发生所造成的损失应取相关风险因素严重程度中的最大值。

与生产暂停或推迟风险事件相关的风险因素（如图 3-2 所示）包括设备故障、生产安全事故和计划内停窑等。在概率计算上，三个风险因素之间是相对独立的，即假设设备故障的发生概率为 P_1、生产安全事故的发生概率为 P_2、计划内停窑的发生概率为 P_3，则生产暂停或推迟风险事件的发生概率为 $1-(1-P_1)(1-P_2)(1-P_3)$，但是倘若三者都将发生，设备故障的严重程度为 2 天，生产安全事故的严重程度为 3 天，而计划内停窑的严重程度为 5 天，那么最终导致生产暂停或推迟造成的损失应该为 5 天（取三者中的最大值)。

2. 影响质量的风险

对于影响质量的风险事件及风险因素而言，任意一个与风险事件相关的风险因素到达一定阈值都会导致该风险事件发生，其风险因素之间同样不存在耦合关系，且风险事件发生所造成的损失也与风险因素严重程度存在对应关系，这和影响供应的风险是类似的。但是，不同的是，对于影响质量的风险而言，当与同一风险事件相关的多个风险因素同时发生时，该风险事件发生所造成的损失应取相关风险因素严重程度的总和。

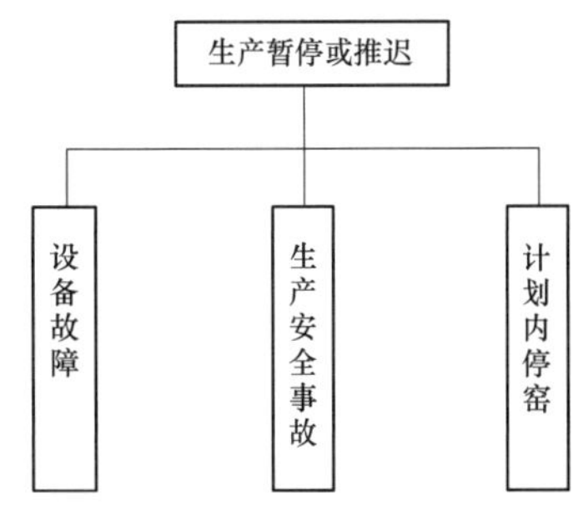

图 3-2　与生产暂停或推迟风险事件相关的风险因素

与熟料指标接近临界值或超标风险事件相关的风险因素（如图 3-3 所示）包括人员操作不当、生产参数设置不当和原材料质量问题。这三个风险因素之间相对独立，在概率计算上与上述影响供应的风险类似；但是倘若三者都将发生，人员操作不当的严重程度为 1 批次，生产参数设置不当的严重程度为 2 批次，而原材料质量问题的严重程度为 2 批次，那么最终导致熟料指标接近临界值或超标造成的损失应该为 5 批次（取三者的总和）。

3. 影响经济的风险

对于影响经济的风险而言，只有当风险事件相关的风险因素同时发生时，该风险事件才会发生，而且风险事件发生所造成的损失应该等于其供应链中最前端环节风险因素对应的严重程度。

与物资消耗不合理风险事件相关的风险因素（如图 3-4 所示）包括承包商管理不到位及监理监督不到位。只有这两个风险因素同时到达各自阈值才会导致风险事件最终发生，即将两者的概率相乘才是物资消耗不合理发生的概率。假设承包商管理不到位的概率为 P_1、监理监督不到位的概率为 P_2，则物资消耗不合理发生的概率为 $P_1 \times P_2$。另外，由于承包商管理不到位在供应链环节上的位置要前于监理监督不到位，因此当物资消耗不合理风险事件发生时，其造成的损失应等同于承包商管理不到位的严重程度。

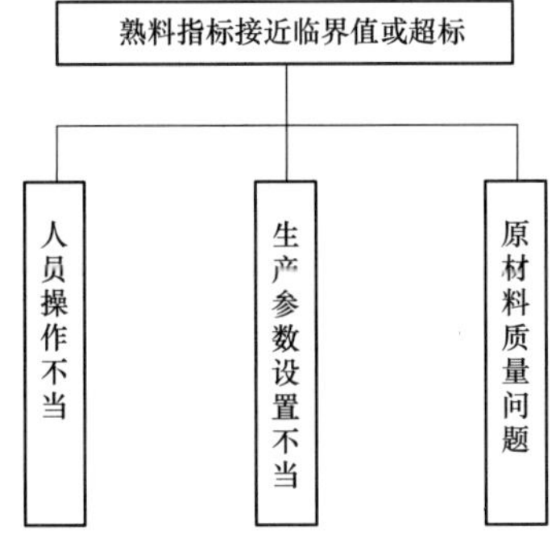

图 3-3　与熟料指标接近临界值或超标风险事件相关的风险因素

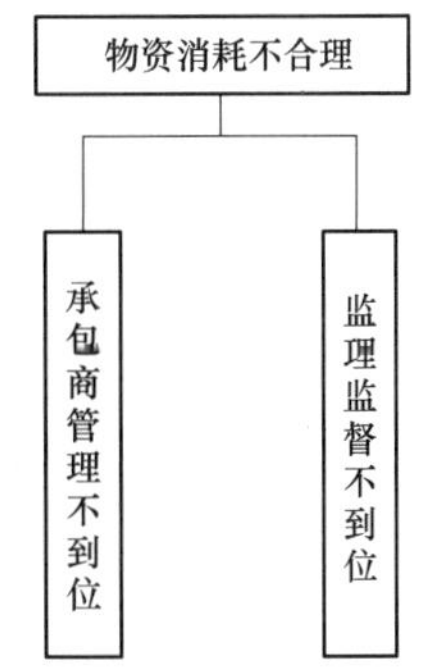

图 3-4　与物资消耗不合理风险事件相关的风险因素

以雅砻江流域水电工程物资供应链风险评价为例，基于 Micsosoft Excel 制作了相应的桌面型风险评价决策支持工具。图 3-5～图 3-7 分别为影响水泥供应、影响水泥质量、影响水泥经济的风险评价输入界面。如图 3-5 所示，风险管理人员可以为每一个风险因素的发生概率以及严重程度做基本评估，这一评估可以是基于管理人员的主观意见、基于历史风险数据，也可以基于风险监测所得到的监测结果。现阶段仍以定性评估为主，因此，发生概率有“无”“极低”“低”“较低”“中”“较高”“高”7 个级别。在严重程度方面，根据雅砻江流域水电工程物资供应链风险的实际情况，去掉“无”和“极低”，共有 5 个级别，如图 3-5 中的下拉菜单所示。这三类风险的计算逻辑如前所述，且已经隐含在决策支持工具之中，风险管理人员只要对三张表格中的“发生概率”和“严重程度”部分进行填写，就能够在结果展示界面获得相应的风险评价结果。

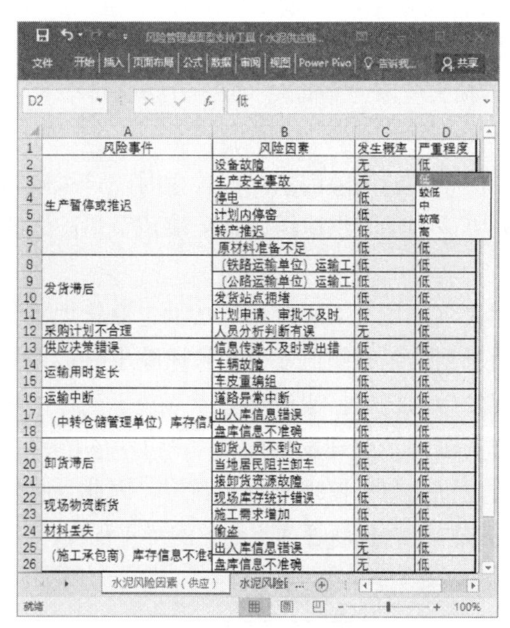

	A	B	C	D
1	风险事件	风险因素	发生概率	严重程度
2	生产暂停或推迟	设备故障	无	低
3		生产安全事故	无	
4		停电	低	
5		计划内停窑	低	
6		转产推迟	低	
7		原材料准备不足	低	低
8	发货滞后	（铁路运输单位）运输工	低	低
9		（公路运输单位）运输工	低	低
10		发货站点拥堵	低	低
11		计划申请、审批不及时	低	低
12	采购计划不合理	人员分析判断有误	无	低
13	供应决策错误	信息传递不及时或出错	低	低
14	运输用时延长	车辆故障	低	低
15		车皮重编组	低	低
16	运输中断	道路异常中断	低	低
17	（中转仓储管理单位）库存信	出入库信息错误	低	低
18		盘库信息不准确	低	低
19	卸货滞后	卸货人员不到位	低	低
20		当地居民阻拦卸车	低	低
21		接卸货资源故障	低	低
22	现场物资断货	现场库存统计错误	低	低
23		施工需求增加	低	低
24	材料丢失	偷盗	低	低
25	（施工承包商）库存信息不准	出入库信息错误	无	低
26		盘库信息不准确	无	低

图 3-5 影响水泥供应的风险评价输入界面

	A	B	C	D
1	风险事件	风险因素	发生概率	严重程度
2	物资成品指标接近临界值或超标	人员操作不当	极低	低
3		生产参数设置不当	极低	低
4		原材料质量问题	极低	低
5		转产时库存清理不到位	极低	低
6	熟料指标接近临界值或超标	人员操作不当	极低	低
7		生产参数设置不当	极低	低
8		原材料质量问题	极低	低
9		转产时库存清理不到位	极低	低
10	厂内质量检验结果不准确	仪器问题	极低	低
11		人员操作问题	极低	低
12	（供应商）库存物资过期	人员监控不到位	极低	低
13	（供应商）库存物资变质	仓储设备损坏	极低	低
14	（铁路运输单位）物资质量受损	防护措施不当	极低	低
15	（公路运输单位）物资质量受损	防护措施不当	极低	低
16	（中转仓储管理单位）库存物资过期	人员监控不到位	极低	低
17	（中转仓储管理单位）库存物资变质	堆放违规	极低	低
18		防雨防潮措施不当	极低	低
19		仓储设备损坏	极低	低
20	（施工承包商）库存物资过期	人员监控不到位	极低	低
21	（施工承包商）库存物资变质	堆放违规	极低	低
22		防雨防潮措施不当	极低	低
23		仓储设备损坏	极低	低
24	混罐	人员操作失误	极低	低
25		核对货物信息不到位	极低	低
26	（施工承包商）现场检验不准确	仪器问题	极低	低
27		人员操作问题	极低	低
28		取样封样不规范	极低	低
29	（施工承包商）不合格物资用于工程	现场检验结果出具滞后	极低	低
30		出库操作不合理	极低	低
31	（工地试验检测中心）现场检验不准	仪器问题	极低	低
32		人员操作问题	极低	低
33		取样封样不规范	极低	低

图 3-6 影响水泥质量的风险评价输入界面

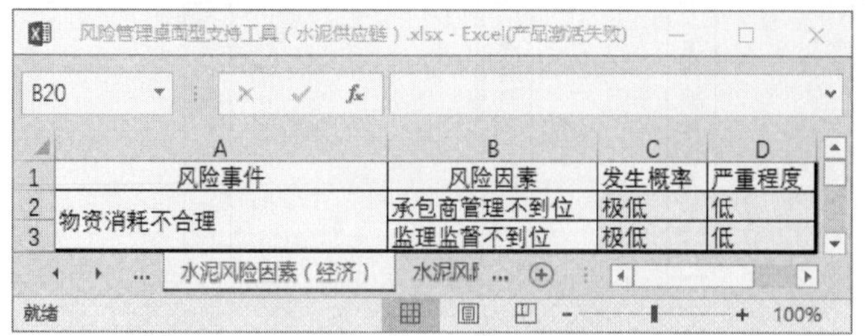

	A	B	C	D
1	风险事件	风险因素	发生概率	严重程度
2	物资消耗不合理	承包商管理不到位	极低	低
3		监理监督不到位	极低	低

图 3-7 影响水泥经济的风险评价输入界面

风险评价决策支持工具的输出结果展示界面如下。其中，图 3-8 和图 3-9 分别是影响水泥供应的风险事件发生概率与风险额评价结果表展示界面以及影响水泥供应的风险事件风险额饼图展示界面。图 3-8 中，第一列是整个雅砻江流域水电工程物资供应链风险管理中会影响水泥供应的所有风险事件，第二列与第三列则是根据相应的计算逻辑从风险因素层面对风险事件发生概率与风险额进行评价的结果，管理人员可以对该结果表单进行排序、筛选等操作获得自己想要得到的数据结论。更加直观的方案是将其绘制成如图 3-9 所示的饼图，饼图中占据比例大的几个部分就是现阶段影响水泥供应的主要风险，必须加强重视。类似的，图 3-10 与图 3-11 分别是影响水泥质量的风险事件发生概率与风险额评价结果表展示界面以及影响水泥质量的风险事件风险额饼图展示界面。而由于在雅砻江流域水电工程物资供应链风险管理中，直接影响水泥经济的风险事件仅有“物资消耗不合理”这一个，因此没有必要绘制相应的饼图，只是通过如图 3-12

	A	B	C
1	风险事件	发生概率	风险额
2	生产暂停或推迟	0.3439	0.03439
3	发货滞后	0.3439	0.03439
4	采购计划不合理	0	0
5	供应决策错误	0.1	0.01
6	运输用时延长	0.19	0.019
7	运输中断	0.1	0.01
8	（中转仓储管理单位）库存信息不准	0.19	0.019
9	卸货滞后	0.271	0.0271
10	现场物资断货	0.19	0.019
11	材料丢失	0.1	0.01
12	（施工承包商）库存信息不准确	0	0

图 3-8　影响水泥供应的风险事件发生概率与风险额评价结果表展示界面

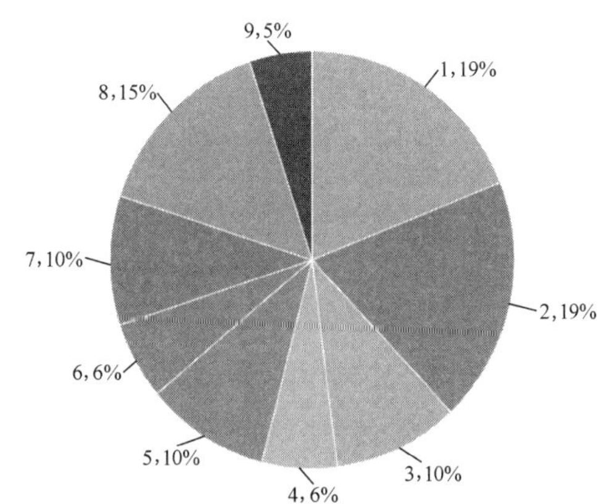

图 3-9　影响水泥供应的风险事件风险额饼图展示界面

1—生产暂停或推迟；2—发货滞后；3- 采购计划不合理；4—供应决策错误；5—运输用时延长；6—运输中断；7—库存信息不准确；8—卸货滞后；9—材料丢失

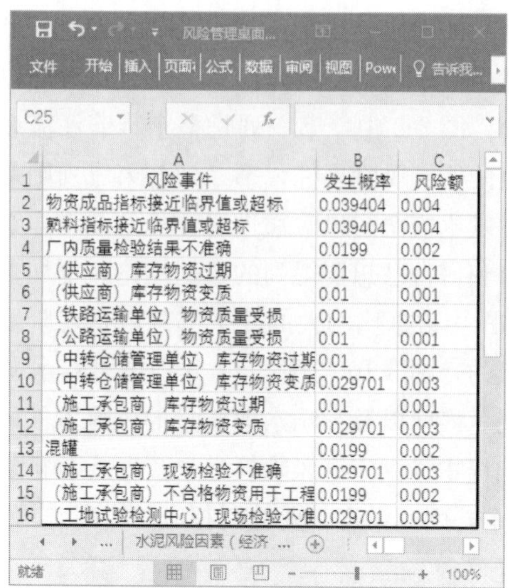

	A	B	C
1	风险事件	发生概率	风险额
2	物资成品指标接近临界值或超标	0.039404	0.004
3	熟料指标接近临界值或超标	0.039404	0.004
4	厂内质量检验结果不准确	0.0199	0.002
5	（供应商）库存物资过期	0.01	0.001
6	（供应商）库存物资变质	0.01	0.001
7	（铁路运输单位）物资质量受损	0.01	0.001
8	（公路运输单位）物资质量受损	0.01	0.001
9	（中转仓储管理单位）库存物资过期	0.01	0.001
10	（中转仓储管理单位）库存物资变质	0.029701	0.003
11	（施工承包商）库存物资过期	0.01	0.001
12	（施工承包商）库存物资变质	0.029701	0.003
13	混罐	0.0199	0.002
14	（施工承包商）现场检验不准确	0.029701	0.003
15	（施工承包商）不合格物资用于工程	0.0199	0.002
16	（工地试验检测中心）现场检验不准	0.029701	0.003

图 3-10　影响水泥质量的风险事件发生概率与风险额评价结果表展示界面

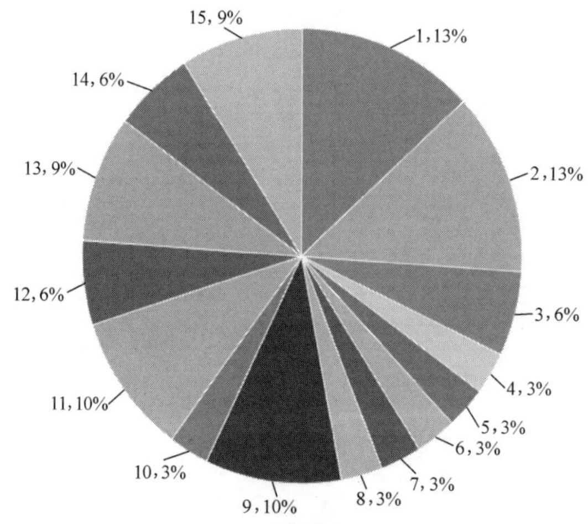

图 3-11　影响水泥质量的风险事件风险额饼图展示界面

1—物资成品指标接近临界值或超标；2—熟料指标接近临界值或超标；3—厂内质量检验结果不准确；
4—(供应商)库存物资过期；5—(供应商)库存物资变质；6—(铁路运输单位)物资质量受损；
7—(公路运输单位)物资质量受损；8—(中转仓储管理单位)库存物资过期；9—(中转仓储管理单位)库存物资变质；
10—(施工承包商)库存物资过期；11—(施工承包商)库存物资变质；12—混罐；
13—(施工承包商)现场检验不准确；14—(施工承包商)不合格物资用于工程；15—(工地试验检测中心)现场检验不准确

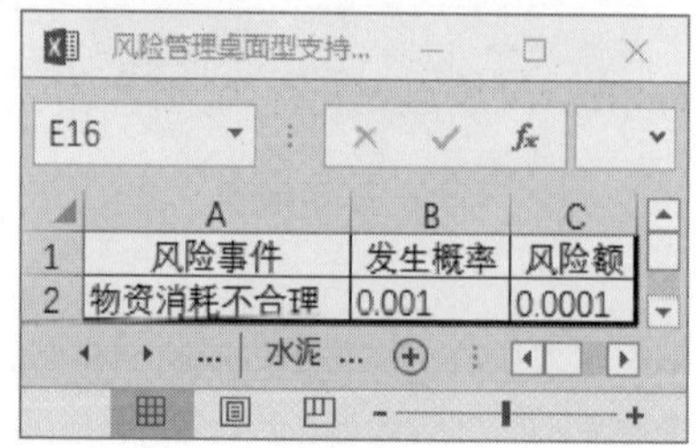

	A	B	C
1	风险事件	发生概率	风险额
2	物资消耗不合理	0.001	0.0001

图 3-12　影响水泥经济的风险事件发生概率与风险额评价结果表展示界面

所示的影响水泥经济的风险事件发生概率与风险额评价结果表展示界面来对现阶段“物资消耗不合理”这一风险事件的发生概率及风险额做单独评价。

3.5　水电工程供应链风险评价——故障树分析法

故障树分析法的关键点是从一个可能的事故开始，自上而下、一层层地寻找顶事件的直接原因和间接原因事件，直到基本原因事件，并把这些事件之间的逻辑关系表达出来[15]。其特点是直观、明了，思路清晰，逻辑性强，可以做定性分析，也可以做定量分析。

在具备一定历史数据的条件下，供应链管理者可以借助一定的数理统计知识和工具来评估风险事件。其风险评价结果主要包括风险事件发生概率和风险事件发生造成的损失，因此可参考的历史数据也与二者相关，如以往同类风险事件发生的次数、引发风险事件发生的因素及造成影响的大小等。评价人员可以根据这些数据来评价基于历史数据的风险事件发生概率和造成影响，通常会用风险额（也称为风险值）来综合考虑风险事件的发生概率及其影响（计算方式就是直接将两者相乘），然后根据专家意见对这一结果进行修正，最终得出风险事件的影响程度清单。该操作步骤可以概括如下：

（1）收集历史数据。

（2）对历史数据进行处理，得到风险事件的发生概率及造成损失。

（3）根据风险额计算公式得到风险事件的风险额。

（4）结合风险事件的风险额和专家意见得出风险事件影响程度清单。

若还需要得到风险因素的重要程度清单，则在上述步骤之后还需要执行以下步骤：

（1）绘制风险事件-风险因素对应关系图。

（2）根据历史数据以及专家意见得到风险因素与风险事件的关联程度。

（3）根据关联程度将风险额分配给风险因素。

（4）结合风险因素的风险额和专家意见得出风险因素重要程度清单。

完整的故障树分析法流程图如图 3-13 所示。

3.5.1　收集历史数据

这一步的关键点是要设计好相应的数据规范，以雅砻江流域水电工程物资供应链为例，首先根据风险识别环节所整理出的风险事件的特征，按其发生的地点（环节）将其分为供应商处的风险事件、运输途中的风险事件和现场拌和系统的风险事件三类。由此分析，制作出适用于雅砻江流域水电工程物资供应链风险事件记录表（详见附录 D 风险事件记录表），表中的关键信息包括风险事件发生时间、发生地点、风险描述、员工信息、设备信息、物资信息以及相关风险因素等。考虑到对运输途中的风险事件来说，相应的车辆信息和路线信息也是相当有价值的，所以风险事件记录表中也提供了相应的位置来进行填写。设计风险事件记录表是一种较为直观、简便的风险历史数据规范方法，

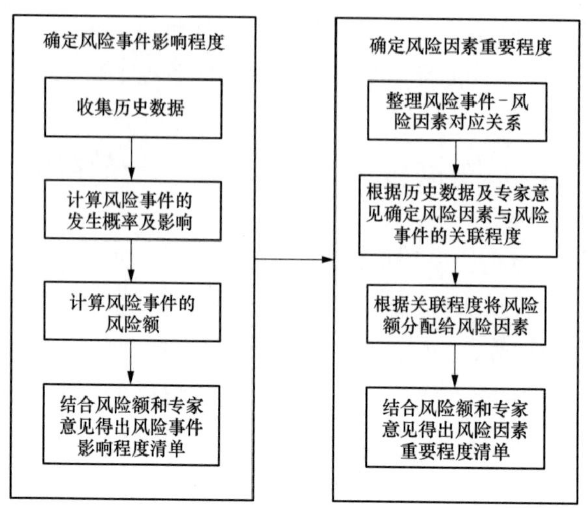

图 3-13　完整的故障树分析法流程图

通过这样的格式限定就能够从所有风险相关历史数据中更加完整、系统地筛选出所需的数据，再进行综合处理。

通过风险事件记录表的形式对风险历史数据进行记录之后，还需要及时将其整理至相应的风险事件汇总表。雅砻江流域水电工程物资供应链风险管理中涉及的物资主要包括水泥、粉煤灰、钢筋三种，因此相应的风险事件也可以分为水泥相关风险事件汇总、粉煤灰相关风险事件汇总、钢筋相关风险事件汇总，其界面分别如图 3-14～图 3-16 所示。

A	B	C	D	E	F	G	H	I
整理时间：			2016年7月			——		
影响供应的风险事件汇总								
风险事件：	生产暂停或推迟							
发生时间：	2016年7月14日	2016年7月29日	2017年1月23日	2017年6月12日	2017年7月20日	2016年10月23日	2017年2月7日	2017年4月10日
财产损失（万元）：								
工期延误（天）：	2	3	4	2	3	2	3	2
相关风险因素1：	水泥磨机故障	水泥磨机故障	水泥磨机故障	水泥磨机故障	水泥磨机故障	水泥磨机计划检修	水泥磨机计划检修	水泥磨机计划检修
相关风险因素2：								
相关风险因素3：								
应对措施1：	关注水泥库存量，	关注水泥库存量，	关注水泥库存量，压	关注水泥库存量，	关注水泥库存量，	提前备好水泥，关	关注水泥库存量，	提前准备充足库存水
应对措施2：	迅速组织力量检修	迅速组织力量检修	迅速组织力量检修，	迅速组织力量检修	迅速组织力量检修	迅速组织力量检修	迅速组织力量检修	迅速组织力量检修，
应对措施3：	1号水泥磨不间断生	2号水泥磨不间断生	2号水泥磨不间断生产	2号水泥磨不间断生	1号水泥磨不间断生		1号水泥磨不间断生	
实施效果1：								
实施效果2：								
实施效果3：								
总发生次数：	21		总财产损失（万元）：			总工期延误（天）：	91	

图 3-14　水泥相关风险事件汇总界面

3.5.2　计算风险事件的风险额

确定风险评价的时间范围之后，根据已经整理统计得到的历史数据通过数理统计方

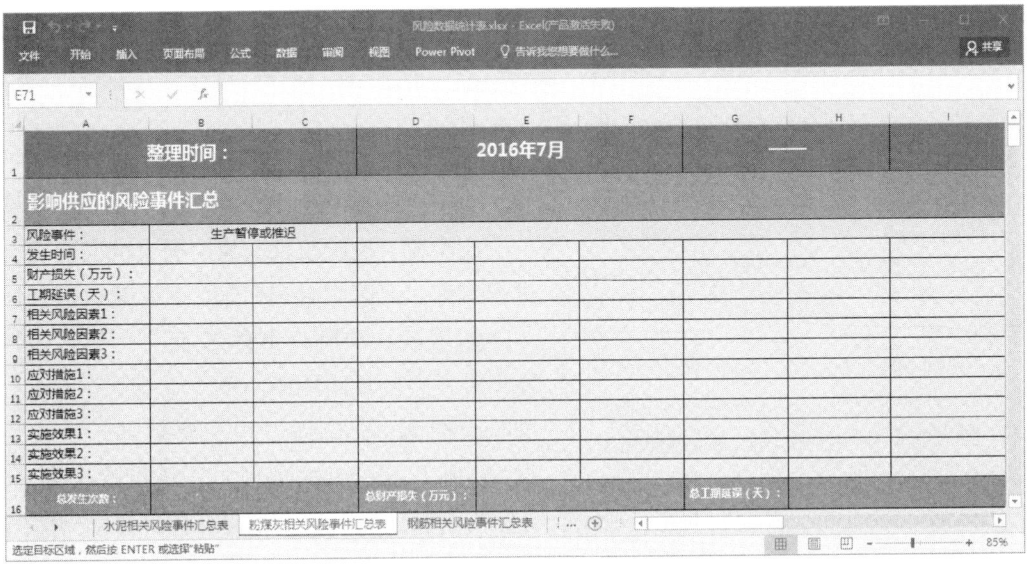

图 3-15　粉煤灰相关风险事件汇总界面

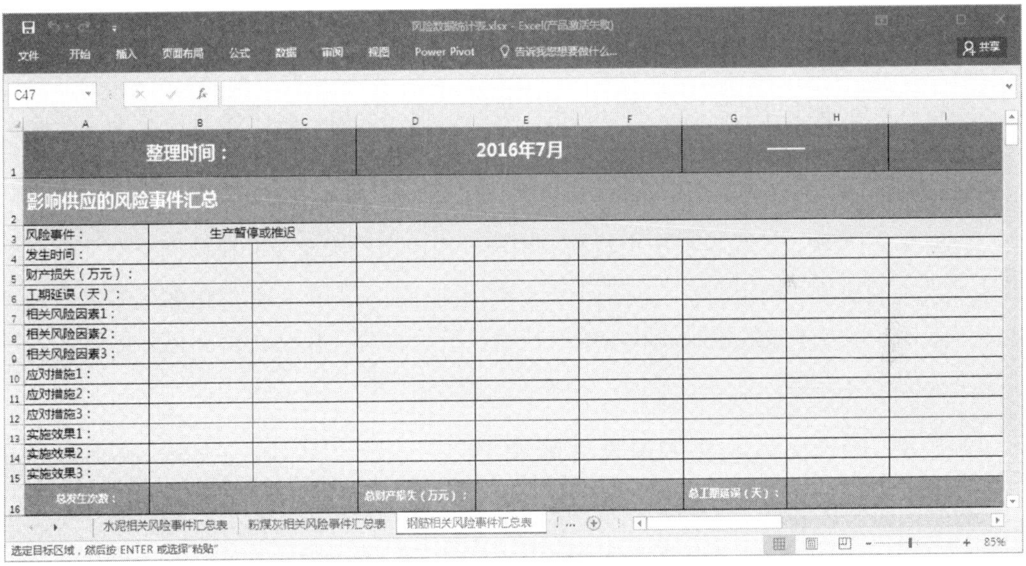

图 3-16　钢筋相关风险事件汇总界面

法来计算风险事件发生的概率及后果。比较简单的，可以根据历史统计资料来画出样本分布的直方图，得到样本的经验分布，从图中看出风险事件发生的概率 P，以及对历史数据中该风险事件发生所造成的损失取平均值，得到风险可能带来的损失大小 L（按照风险对工程项目管理目标的影响将 L 归为五类具体的风险损失，包括成本损失 L_1、工期损失 L_2、质量损失 L_3、安全损失 L_4 和环境损失 L_5。因此，$L=a\times L_1+b\times L_2+c\times L_3+d\times L_4+e\times L_5$，其中 a、b、c、d、e 分别为五类损失的权重，且 $a+b+c+d+e=1$）；然后根据风险大小的计算公式 $R=P\times L$，得到该风险事件的风险额 R。再根据各风险事件的风险额大小以及专家的相应意见，就可以对风险事件的影响程度做出判断，从而为风险管理组织提供决策支持。

3.5.3 绘制风险事件-风险因素故障树图

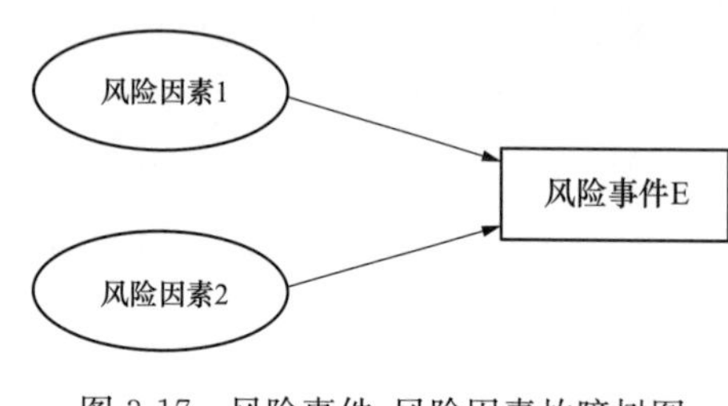

图 3-17 风险事件-风险因素故障树图

为了进一步得到风险因素的重要程度清单，还需要对风险事件与风险因素的对应关系进行梳理。风险事件-风险因素故障树图如图 3-17 所示，对于风险事件 E 而言，导致该风险事件发生的风险因素有两个，即风险因素 1 与风险因素 2。梳理过程主要是基于历史数据，并辅以相应专家的意见。该风险事件-风险因素故障树图可以认为是风险识别环节所得到因果分析图的一部分，因此在实际操作中也可以直接参考风险识别环节的因果分析图或者风险因素表；如需特别注明，可以单独绘制相应的故障树图。

3.5.4 确定各个风险因素的相对关联程度

当所有风险事件与风险因素之间的相互关系梳理完毕后，接下来就需要确定对于某一风险事件而言，相应各个风险因素的关联程度，这一环节内容也同样需要结合历史数据与专家意见。

以图 3-17 为例，首先根据历史数据分别统计出由风险因素 1 和风险因素 2 导致风险事件 E 发生的次数并确定两者之间基于历史数据的相对关联度，然后由相应专家对两个风险因素现在以及未来的相对关联度做出判断，最后将两者相结合得到风险因素 1 与风险因素 2 的相对关联度。

3.5.5 确定风险因素的重要程度清单

根据前面的环节，已经确定了风险事件发生的概率、造成的损失、对应的风险因素关系图以及各个风险因素的相对关联程度。根据这些数据就可以确定风险因素的重要程度清单，为风险规划环节以及风险监测环节提供参考。

同样的，在确定风险因素的重要程度清单之前，也需要对该清单的适用范围进行界定，例如 A 水泥厂生产风险中风险因素的重要程度清单。

以图 3-17 中的风险因素与风险事件为例，根据 3.5.2 条的内容，可以确定风险事件 E 的风险额，然后根据 3.5.4 条所确定的风险因素 1 与风险因素 2 之间的相对关联程度对风险事件 E 的风险额进行分配，即可得到在风险事件 E 中风险因素 1 与风险因素 2 各自的风险额。

最后，通过对限定范围内的所有风险事件与风险因素进行上述操作，并对同一风险因素在不同风险事件中的风险额进行累加，就得到该范围内所有风险因素的风险额大小，再结合相应专家的意见就可以确定风险因素的重要程度清单。

3.5.6　水电工程物资供应链故障树分析法风险评价示例

以下将通过故障树分析法来对雅砻江流域水电工程物资供应链风险评价中根据历史数据及相关专家意见进行风险评价与根据监测数据进行风险评价两部分进行过程展示。

由于进行故障树分析法的前提是要有一定规模的数据基础，因此，本书所参考的数据都来自 A 水泥厂的生产风险历史数据。事实上，这仅仅是整个雅砻江流域水电工程物资供应链风险管理中非常小的一部分，但是麻雀虽小五脏俱全，通过这个例子可以对故障树分析法的实际工作流程以及各注意事项进行全面详细的阐述。当然，随着工程供应链运行数据的不断积累，风险管理者必然需要对整个物资供应链做出基于实际数据的全面风险评价。

1. 根据历史数据及相关专家意见对 A 水泥厂生产风险进行风险评价

首先，按照风险事件记录表对 A 水泥厂生产监造所提供的历史信息进行整理。整理过程中务必全面，对于数据驱动的风险评价方法而言，一般来讲数据量越大评价结果也会越合理。

然后，将收集到的数据信息整理汇总，形成如图 3-18 所示的 A 水泥厂生产风险数据收集汇总。该汇总中需要填写的内容除了风险事件、风险事件发生时间、风险事件造

	A	B	C	D	E	F	G	H
1	A水泥厂生产风险		进度损失权重	财产损失权重				
2	风险事件历史数据分析		0.5	0.5				
3	风险事件	时间	进度损失（天）	财产损失（万元）		相关风险因素		加权损失
4	生产暂停或推迟	2016.07	2	0	水泥磨机故障			1
5	生产暂停或推迟	2016.07	3	0	水泥磨机故障			1.5
6	生产暂停或推迟	2017.01	4	0	水泥磨机故障			2
7	生产暂停或推迟	2017.06	2	0	水泥磨机故障			1
8	生产暂停或推迟	2017.07	3	0	水泥磨机故障			1.5
9	生产暂停或推迟	2016.1	2	0	水泥磨机计划检修			1
10	生产暂停或推迟	2017.02	3	0	水泥磨机计划检修			1.5
11	生产暂停或推迟	2017.04	2	0	水泥磨机计划检修			1
12	生产暂停或推迟	2016.07	5	0	回转窑故障			2.5
13	生产暂停或推迟	2016.1	3	0	回转窑故障			1.5
14	生产暂停或推迟	2016.12	2	0	回转窑故障			1
15	生产暂停或推迟	2017.03	5	0	回转窑故障			2.5
16	生产暂停或推迟	2017.05	2	0	回转窑故障			1
17	生产暂停或推迟	2017.06	3	0	回转窑故障			1.5
18	生产暂停或推迟	2017.07	6	0	回转窑故障			2.5
19	生产暂停或推迟	2016.08	10	0		回转窑轮流停窑		5
20	生产暂停或推迟	2016.09	7	0		回转窑轮流停窑		3.5
21	生产暂停或推迟	2016.1	10	0		回转窑轮流停窑		5
22	生产暂停或推迟	2016.11	5	0		回转窑轮流停窑		2.5
23	生产暂停或推迟	2017.03	5	0		回转窑轮流停窑		2.5
24	生产暂停或推迟	2017.01	10	0		回转窑轮流停窑		5
25	熟料指标超标	2016.08	1	0		人员操作不当	生产参数设置不当	0.5
26	熟料指标超标	2017.07	1	0		人员操作不当	生产参数设置不当	0.5

图 3-18　A 水泥厂生产风险数据收集汇总

成的进度损失及财产损失、导致本次风险事件发生的风险因素外，还需要设置进度损失的权重和财产损失的权重，用于计算风险事件的综合损失，从而便于比较风险事件之间的严重程度关系。

接着，设定时间范围为 1 个月，绘制风险事件每月发生次数的频数分布直方图，生产暂停或推迟每月发生次数的频数分布直方图如图 3-19 所示。由图 3-19 可得，1 个月内生产暂停或推迟发生 1 次的概率为 7/13，1 个月内生产暂停或推迟发生 2 次的概率为 4/13，1 个月内生产暂停或推迟发生 3 次的概率为 2/13。再从历史数据中整理可得，生产暂停或推迟发生时，造成的平均加权损失为 2.214。因此，此风险事件的风险额大小为 3.58。对 A 水泥厂生产风险中其余风险事件重复该步骤，同样可以得到相应的风险事件风险额。

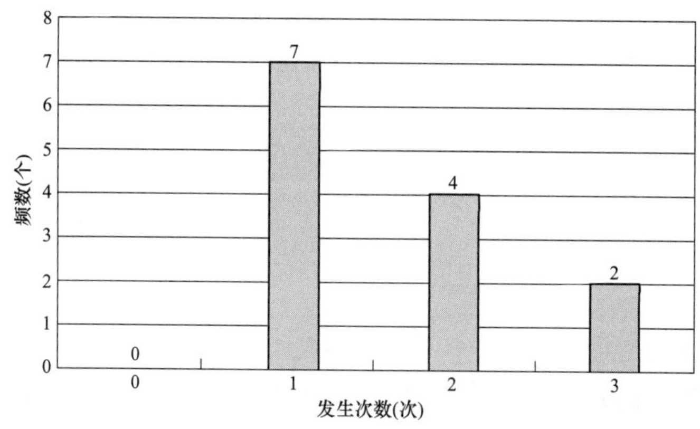

图 3-19　生产暂停或推迟每月发生次数频数分布直方图

最后，就可以获得 A 水泥厂生产风险事件的评价结果，如图 3-20 所示。通过列表的形式表示出风险事件对应的损失合计、发生次数估计（综合考虑风险事件发生 1 次概率、发生 2 次概率、发生 3 次概率等的发生次数估计，即 1×7/13＋2×4/13＋3×2/13＝1.615 384 615）以及根据历史数据所计算出的风险事件风险额。由图 3-20 可知，在 A 水泥厂生产风险中，风险管理人员需要对生产暂停或推迟这一风险事件极其重视，而对于熟料指标超标这一风险事件则可以相对而言适当放松一些。

A水泥厂生产风险			
根据历史数据对风险事件进行评价			
风险事件	损失合计	发生次数估计	风险额
生产暂停或推迟	2.214 285 714	1.615 384 615	3.576 923 077
熟料指标超标	0.5	0.153 846 154	0.076 923 077

图 3-20　A 水泥厂生产风险事件评价结果

若要在风险事件评价结果的基础上进一步获得 A 水泥厂生产风险因素之间的重要程度关系，则还需要进行下述流程。

首先，根据收集到的历史数据，对 A 水泥厂生产风险中出现的风险事件与风险因素进行梳理，可得与生产暂停或推迟相关的风险因素包括水泥磨机故障、水泥磨机计划检修、回转窑故障和回转窑轮流停窑，生产暂停或推迟风险因素关系图如图 3-21 所示；与熟料指标超标相关的风险因素包括人员操作不当和生产参数设置不当，熟料指标超标风险因素关系图如图 3-22 所示。这里的相对关系梳理，是故障树分析法核心理念的体现，也是后续风险因素评价过程的基础。

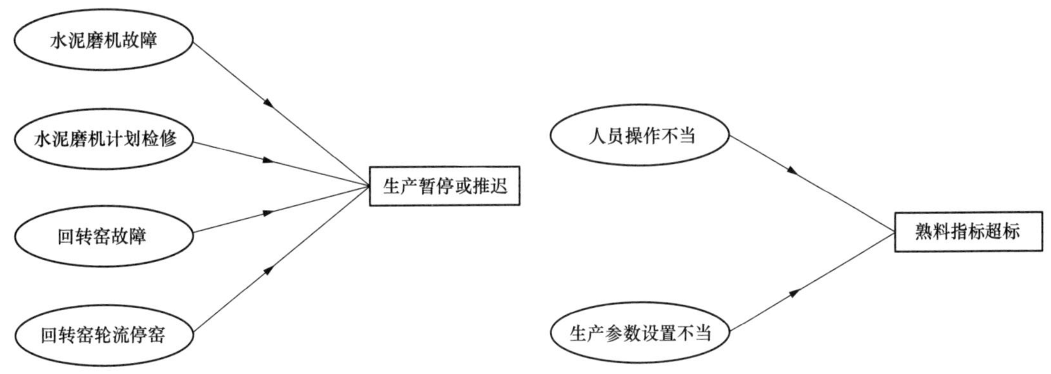

图 3-21　生产暂停或推迟风险因素关系图　　　　图 3-22　熟料指标超标风险因素关系图

然后，将所有数据填入 A 水泥厂生产风险因素历史数据分析表（其页面如图 3-23 所示）。表中需要填写的数据除了风险事件、对应的风险因素、历史数据中该风险因素导致风险事件发生的次数以外，还需要结合相关专家的意见，包括专家意见中风险事件与相应风险因素的相关程度，以及专家意见和历史数据在评价过程中各自所占的权重。综合专家意见以及历史数据，风险管理组织就可以得到风险因素在风险事件中的关联程度，从而可以对风险事件风险额进行分配，计算得到风险因素的相应风险额。

A水泥厂生产风险 风险因素历史数据分析		历史数据权重	专家意见权重			
		0.5	0.5			
风险事件	风险因素	历史数据关联次数	历史数据关联程度	专家意见关联程度	综合关联程度	风险因素风险额
生产暂停或推迟	水泥磨机故障	5	0.238 095 238	0.25	0.244 047 619	0.872 939 56
生产暂停或推迟	水泥磨机计划检修	3	0.142 857 143	0.25	0.196 428 571	0.702 609 89
生产暂停或推迟	回转窑故障	7	0.333 333 333	0.25	0.291 666 667	1.043 269 231
生产暂停或推迟	回转窑轮流停窑	6	0.285 714 286	0.25	0.267 857 143	0.958 104 396
熟料指标超标	人员操作不当	2	0.5	0.5	0.5	0.038 461 538
熟料指标超标	生产参数设置不当	2	0.5	0.5	0.5	0.038 461 538

图 3-23　A 水泥厂生产风险因素历史数据分析表的页面

最后，就可以获得 A 水泥厂生产风险因素的评价结果，如图 3-24 所示。通过列表的形式表示出风险因素根据历史数据所计算出的因素风险额，更直观地表现出哪些风险因素需要重点关注。由图 3-24 可知，在 A 水泥厂生产风险中，风险管理人员需要对回转窑故障、回转窑轮流停窑、水泥磨机故障和水泥磨机计划检修这四个风险因素极其重视，而对于人员操作不当和生产参数设置

A水泥厂生产风险 根据历史数据对风险因素进行评价	
风险因素	风险额合计
水泥磨机故障	0.872 939 56
水泥磨机计划检修	0.702 609 89
回转窑故障	1.043 269 231
回转窑轮流停窑	0.958 104 396
人员操作不当	0.038 461 538
生产参数设置不当	0.038 461 538

图 3-24　A 水泥厂生产风险因素评价结果

不当这两个风险因素则可以相对适当放松一些。

2. 根据监测结果对A水泥厂生产风险进行风险评价

与根据历史数据进行风险评价不同，根据监测结果进行风险评价的过程是从风险因素到风险事件的，这一过程中，对风险管理组织主观意见的依赖会更高。因为，根据风险因素监测结果推算风险事件发生概率、造成影响的过程中，需要设定相应的预警阈值；大部分风险因素与风险事件之间的预警阈值的设定都只能基于风险管理组织的主观意见，这部分内容会在5.5节中详细介绍，此处将直接使用相应的预警结果来进行风险评价。

首先，填写A水泥厂生产风险监测结果数据分析表（其页面如图3-25所示）。表中需要填写的数据除了风险事件、对应风险因素、对应预警指标以外，还需要风险预警结果中预计该风险因素的发生概率以及造成损失，从而计算得到对应风险事件的预计风险额。

根据监测结果进行风险评价					
风险事件	风险因素	预警指标	预计发生概率	预计造成损失	预计风险额
生产暂停或推迟	水泥磨机故障		0.1	1.1	0.11
生产暂停或推迟	水泥磨机计划检修		0.1	1.4	0.14
生产暂停或推迟	回转窑故障		0.2	0.8	0.16
生产暂停或推迟	回转窑轮流停窑		0.15	0.9	0.135
熟料指标超标	人员操作不当		0.05	2.3	0.115
熟料指标超标	生产参数设置不当		0.11	2.5	0.275
成品指标超标	人员操作不当		0.2	0.4	0.08
成品指标超标	生产参数设置不当		0.1	0.3	0.03
质检结果不准确	人员操作不当		0.05	1.1	0.055

图3-25　A水泥厂生产风险监测结果数据分析表的页面

根据监测结果进行风险评价	
风险事件	风险额合计
生产暂停或推迟	0.545
熟料指标超标	0.39
成品指标超标	0.11
质检结果不准确	0.055

图3-26　A水泥厂生产风险评价结果

接下来，就可以获得根据监测结果进行A水泥厂生产风险评价的结果，如图3-26所示。根据风险监测的结果，本阶段A水泥厂生产风险中生产暂停或推迟以及熟料指标超标这两个风险事件需要重点关注并及时进行风险控制，而成品指标超标和质检结果不准确这两个风险事件预计其风险额不大，因此不需要在此时进行风险控制，但仍旧需要进行密切监测，及时把握其发展情况。

3.6 本章小结

本章介绍了风险评价的基本方法，并以其在雅砻江流域水电工程物资供应链中的实际应用为例重点阐述了工程物资供应链风险评价中的模糊综合评价法以及故障树分析法。

在水电工程物资供应链风险管理的过程中，无论是风险识别环节之后还是风险监测结果出具之后，都要及时进行风险评价，并形成阶段性的风险事件、风险因素重要程度清单。

风险评价的结论可以为后续风险管理工作中的风险监测以及风险控制提供数据基础。

参　考　文　献

[1] 王铁铮，任博翰，孙畅，等．电力物资供应链风险评估及应对研究［J］．科技创新与应用，2016，6（34）：156.

[2] 张晓乐．供应链风险管理概述［J］．对外经贸，2014，21（7）：128-129.

[3] Wang X J，Chan H K. A two-stage fuzzy-AHP model for risk assessment of implementing green initiatives in the fashion supply chain［J］. International Journal of Production Economics，2012，135（2）：595-606.

[4] 耿殿明，刘佳翔．供应链风险的系统识别与评价模型研究［J］．物流技术，2011，30（5）：157-160.

[5] Rajesh R，Ravi V. Modeling enablers of supply chain risk mitigation in electronic supply chains：a grey-dematel approach［J］. Computers & Industrial Engineering，2015，87：126-139.

[6] 关艳萍．基于物元分析法的供应链风险评价［J］．物流技术，2014，33（7）：361-363.

[7] Aqlan F，Lam S S. A fuzzy-based integrated framework for supply chain risk assessment［J］. International Journal of Production Economics，2015，161：54-63.

[8] 周刚，赵艳超．基于隶属度的供应链风险评估模型研究［J］．标准科学，2013，49（10）：80-83.

[9] 刘振元，陈云华，张肇刚．工程供应链管理与物流调度［M］．郑州：黄河水利出版社，2016.

[10] 张显，王锡凡，王秀丽，等．水电厂电量不确定性风险的管理［J］．中国电机工程学报，2006，26（2）：93-100.

[11] Feng S，Xu L D. Decision support for fuzzy comprehensive evaluation of urban development［J］. Fuzzy Sets & Systems，1999，105（1）：1-12.

[12] Saaty T L. Decision-making with the AHP：Why is the principal eigenvector necessary［J］. European Journal of Operational Research，2003，145（1）：85-91.

[13] 穆尼，Christopher Z，贺光烨．蒙特卡罗模拟［M］．上海：上海人民出版社，2018.

[14] 王金凤．现代风险导向审计下风险评估的SWOT分析法［J］．财会月刊，2006，27（9）：58-59.

[15] Tanaka H，Fan L，Lai F S，et al. Fault-Tree analysis by fuzzy probability［J］. IEEE Transactions on Reliability，1983，32（5）：453-457.

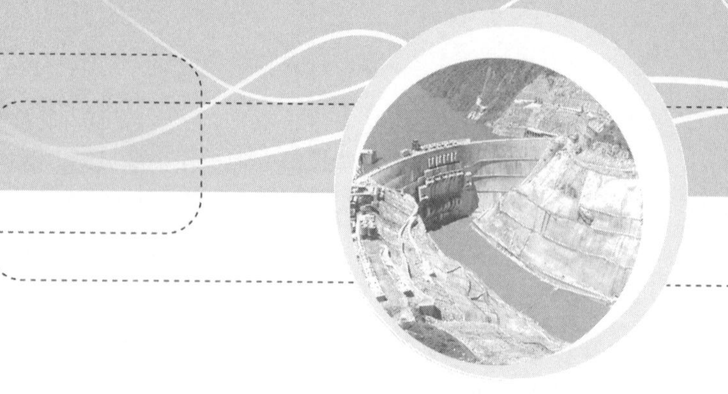

第 4 章　水电工程物资供应链风险应对规划

4.1 引　　言

风险应对（也可称为风险反应、风险对策、风险处理或风险处置等）是指在风险评估、风险预警的基础上，根据一个组织风险管理的总体要求、自身条件和外部环境，选择应对策略的过程，是风险管理的主要环节[1]。对风险进行评估和预警之后，需要针对不同的风险选择不同的应对策略，以有效地控制各种风险发生的概率或者发生后的损失[2]。风险管理组织需要在进行风险控制活动之前就将大部分的应对策略都整理出来，即为风险应对规划[3]。

现今，对于供应链风险应对的研究仍相对较少，总体上还未形成完整有效的体系。谭凌波等对供应链伙伴间组织风险所包括的风险因素进行了详细阐述，并提出了应对组织风险的几种措施[4]。随着信息技术的不断发展，供应链中的信息交互也得到了相当的关注[5,6]。杨红芬等从"委托—代理"机制和牛鞭效应两个角度出发，分析了供应链管理中存在的信息风险，并通过利益分成及风险分担机制的建立来有效地应对这种风险[7]。徐兵等为应对供应链需求波动风险提出了基于二次订货与退货合同，并通过数值算例验证了其有效性[8]。神龙汽车有限公司对供应链中长、中、短三类风险分别进行了合理的风险应对[9]。

本章首先简单介绍一些常见的供应链风险应对措施及其梳理方式，然后根据具体措施的施行相对于风险事件发生的时间先后，将所有的应对措施分为风险事件发生前的预防措施、风险事件发生中的应急措施和风险事件发生后的改进措施。风险应对规划环节的工作就是对供应链运行过程中所有风险事件（已发生过以及还未发生但可能发生）的预防措施、应急措施和改进措施进行整理和评价，结合水电工程物资供应链风险管理背景，最终形成一份完整的风险应对指导方案。

4.2 常见的供应链风险应对措施

许多关于供应链风险管理的研究都针对某一特定的供应链风险类型，提出一些风险应对措施。这里简要介绍比较常见的供应链风险应对措施，如图 4-1 所示。

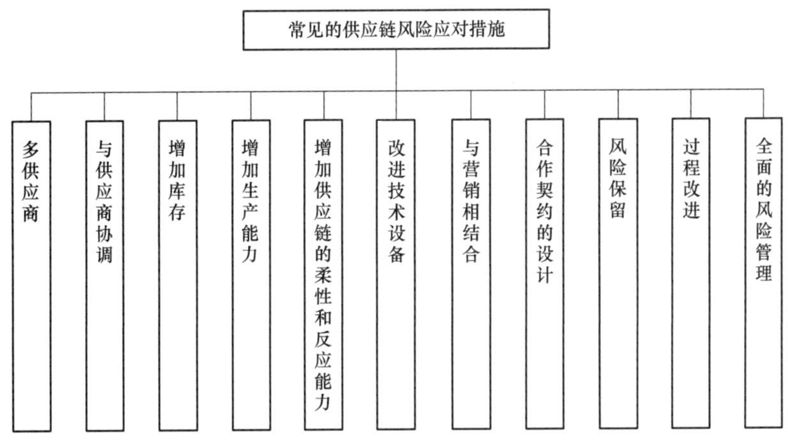

图 4-1　常见的供应链风险应对措施

1. 多供应商

供应风险往往是供应链风险管理中最受关注的风险。若企业为了获得价格折扣或者出于战略联盟的考虑，将主要原材料从单一供应商处采购，一旦该供应商受到内部或外部因素影响而不能正常供应原材料时，势必造成供应链断裂，影响供应链的正常运行。为了消除这类供应商原因造成的风险，首先要选择风险可能性低的优秀供应商；其次可采用多供应商策略，甚至设置备用的供应商，目的是一旦主要供应商不能正常供货时，可以紧急调整供应安排，以此减少对单一供应商的过度依赖。采购方也可以利用自身的市场优势，促进供应商提高服务质量，增加采购方的收益。而且选择地处不同地区甚至不同国家的多个供应商，还可以避免因自然灾害、社会动乱、汇率变化、军事冲突等的影响而导致的风险。然而，需要注意的是，如果同一种商品的供应商过多，往往会导致供应链网络的复杂化，造成供应链管理成本的增加。

2. 与供应商协调

建立供应链的初衷就是为了适应市场与经营环境的变化，充分利用供应链中各企业的优势，与供应链伙伴一起应对市场竞争，共享收益，分担风险。因此，防范风险同样需要加强与供应链合作伙伴的密切合作，从组织机构、信息连接渠道、激励措施等方面建立全面的协调机制，与供应商一起制订风险规避计划和应急计划，在扩大赢利空间的同时，共同克服风险因素的影响，分担各自的风险责任。也就是说，企业有必要对重要供应商的经营情况进行有针对性的跟踪监视，监视供应商的重大变化与调整、供应商完成任务情况的表现、自然灾害等外部重大事件对供应商经营环境的影响等，甚至监视供应商的反常举动。

3. 增加库存

在供应出现波动时保证供给以防范风险，是设置库存的目的之一。适当增加安全库存水平，利用库存的缓冲、调节、平衡的作用，在供应市场波动甚至出现供应短缺时能够保证供给，一定程度上可以削减到货时间延误等供应时间风险的影响，保证供应链连续稳定地运行。增加库存仍是国内外许多企业防止出现供应短缺的主要措施，但是高库存会增加供应链的运行成本。

4. 增加生产能力

同样的，在生产环节的设计过程中，保留一定的负荷余量，从而增加供应链系统的安全系数，遇到供应、销售市场的不正常变化、内部系统运行的故障等风险时，供应链有一定的备用生产资源可以使用，以保证供应链的可靠与稳定。

5. 增加供应链的柔性和反应能力

所谓供应链的柔性，是指供应链的弹性，即灵活性，也就是指供应链适应市场需求变化的能力。当今市场需求多样化、服务个性化、运作全球化、配送及时化等特征越来越明显，市场需求的不确定性大大增加，而不确定性正是风险形成的基本原因。只有充满柔性的供应链，才能对急剧变化的市场需求做出及时、快速的反应，防止供需不能匹配形成的风险。建立快速反应机制，增强供应链响应市场变化的能力，是使供应链具有柔性的关键。供应链的柔性体现在供应链系统设计的柔性、生产设备的柔性、人力资源的柔性、信息系统的柔性、运营管理方式的柔性以及柔性化的企业文化氛围。

6. 改进技术设备

这里的技术设备主要是指信息系统。完善改进供应链的信息系统，发挥信息系统在风险监视、事件管理、需求预测、辅助决策等方面的作用，推动供应链合作伙伴之间的信息系统集成来实现信息共享，引入供应链风险管理的专业应用系统。信息系统保证供应链运营信息的及时采集与传递，使管理人员先知先觉、快速反应、正确决策，在风险的事先预防、事中紧急处置、事后补救等方面发挥着不可替代的作用。提高生产、物流设备等方面的技术水平、改进管理与经营的技术转型，也是提高供应链可靠性的有效手段。

7. 与营销相结合

对于产品销售市场的不确定性，一般的研究总是假设需求是服从一定分布的、不可改变的。而市场需求其实可以通过促销等手段来改变。供应链管理必须和市场营销的行动紧密结合，把不可控的市场需求变为可以控制的需求，以降低市场变化带来的风险。

8. 合作契约的设计

供应链核心企业与合作伙伴之间的关系本身就是契约关系。设计规范的合作契约，明确各方的权利与义务，作为追究风险责任的依据，是市场经济条件下企业合作的常规行为。

9. 风险保留

风险保留指有能力承担风险的一方主动把风险承担起来，以减轻合作伙伴的负担、取得合作伙伴的信任。例如，批发商允许下游销售商无条件退货等。

10. 过程改进

通过推进供应链流程再造，使供应链系统的流程设计更加合理，发现并消除供应链中不可靠的结构和不可靠的通道，使供应链具有比较强的鲁棒性。

11. 全面的风险管理

在风险事件的事先预防、事中控制到事后改进过程中，均借鉴全面质量管理的理念和管理方法，开展全过程的、全员参与的供应链风险管理。

4.3　供应链风险应对措施梳理方式

对供应链风险管理的研究，仅仅针对有限的风险类型提出风险应对措施远远不够；但是如果每个研究者都提出几条风险应对措施，无限制地发展，势必造成应对措施泛滥，让从事实际风险管理工作的人员无所适从，而且企业面对的供应链风险管理形势各不相同，还可能不断出现新的情况和问题，必须从实践中探索新的风险管理措施。因此，必须提供一种思路和理念，让管理人员可以沿着这个思路去找出适合自己企业特点和风险特征的风险管理措施。同时，也能够将现有的风险应对措施整理到同一个框架之中，避免在风险应对措施上顾此失彼。从减小风险发生的概率、改变风险后果的性质、减少风险后果的影响等方面入手，参照工程风险管理的思想方法，全面的风险应对措施可以按照预防风险、减轻风险、转移风险、回避风险、自留风险、后备措施等的思路来制订。供应链风险应对措施寻找途径如图 4-2 所示。

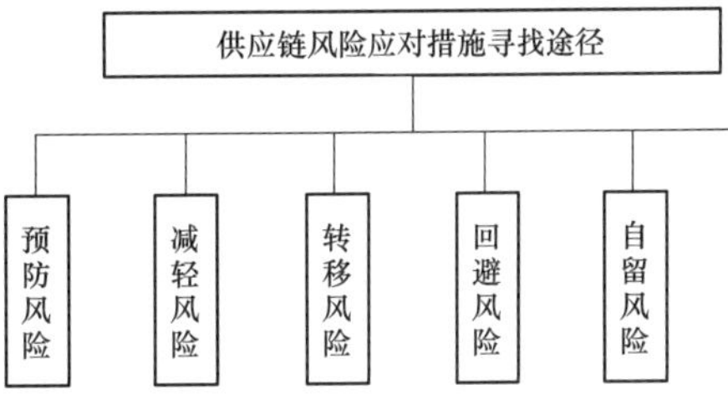

供应链风险应对措施寻找途径
预防风险
减轻风险
转移风险
回避风险
自留风险
后备措施

图 4-2　供应链风险应对措施寻找途径

1. 预防风险

预防风险的实质是防患于未然，从可能造成风险事件发生的风险因素入手，减少风险发生的概率。回顾可能造成供应链风险事件的各种因素，有来自供应链外部的，也有来自供应链内部的，如供应链结构不合理、供应链参与主体行为失当、各主体之间协调失误、产品本身的问题等。由供应链参与主体原因造成的风险，可能是因为合作伙伴恶意违约造成的，也可能因为参与主体企业内部员工素质不高、管理措施不完善、操作处理方法不对、设备运行失常和故障等。针对各种可能造成风险的因素，扎实做好供应链管理的基础工作，利用一切可以利用的手段，充分减小风险因素发生的概率，是供应链风险控制优先考虑的策略。供应链预防风险的相关措施如图 4-3 所示。

（1）建立和执行完善合理的规章制度。供应链管理的规章制度是供应链管理理论、供应链运行的实际经验与企业现状相结合的产物。建立供应链管理的规章制度并严格执行，是供应链管理的重要基础工作，也是控制供应链风险的重要基础。完善合理的规章制度能保障供应链的正常运行，而不适当的规章制度会制约和妨碍供应链效率的提高。

（2）完善供应链管理信息系统与数据管理。现代供应链管理必须建立在信息系统可

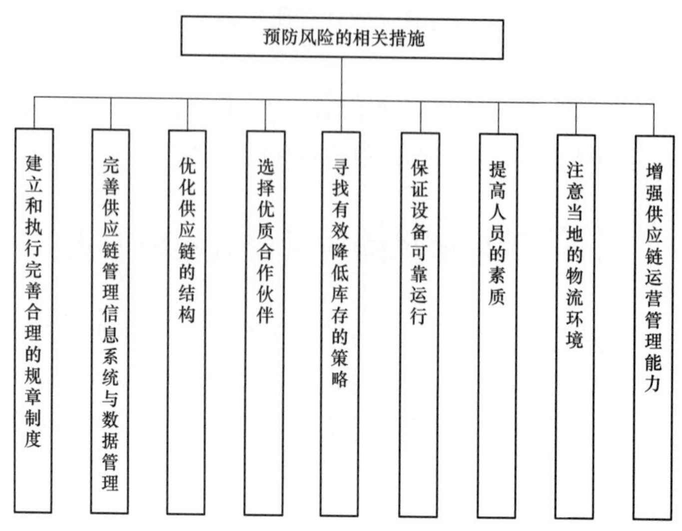

图 4-3　供应链预防风险的相关措施

靠运行的基础之上，信息系统运行积累的宝贵数据是供应链风险分析的基础资料。对于供应链风险管理，信息系统是风险识别的工具、风险监测的手段、风险控制的助手。完善供应链信息系统，与合作伙伴的系统集成与信息共享是关键。

（3）优化供应链的结构。供应链结构的优化，通常会在考虑提高供应链运行效率的同时，也考虑提高系统可靠性、控制风险发生、减小风险后果。从预防风险的角度，可以考虑三种措施来优化供应链结构：①多采用并联结构，让同类型环节的能力互相补充，增加供应链的柔性；②采用中和风险的结构；③保证供应链各部分资源和能力与需求的均衡，既避免能力严重过剩造成资源浪费、成本风险增加，又防止局部能力不足导致的供应短缺。

（4）选择优质合作伙伴。供应链合作伙伴包括供应商、物流服务和其他服务提供商、代理批发零售商。选择优质合作伙伴、建立良好的合作关系一直是供应链管理的一个基本问题。当供应链受到风险因素干扰时，优质的合作伙伴往往能够尽力减小风险的影响，避免形成风险事件。

（5）寻找有效降低库存的策略。供应链环境下库存的作用一般体现在两个方面：①在采购周期内保证供给，体现时间价值；②对需求不确定的风险形成缓冲。在保证服务水平的前提下降低库存成本，是供应链管理中永恒的话题。常见的降低库存的策略：定期检查库存，及时识别流动缓慢和过时的产品，调整对应的订货批量；严格控制流动速度、提前期和安全库存；基于 ABC 分类法对不同物品分类管理等。

（6）保证设备可靠运行。设备故障或能力不足是发生风险的主要因素之一。合理配置供应链中设备的能力，精心养护、正确操作，提高设备的可靠性，充分发挥设备的作用，可以有效降低故障率。

(7) 提高人员的素质。供应链各环节的工作人员是风险控制的各种因素中最具主动性、能动性的关键因素。通过培训、激励等手段，提高员工的业务能力和风险防范意识、风险控制能力，无疑是预防风险的基础工作之一。

(8) 注意当地的物流环境。供应链上的供应商、采购转运中心、制造商、批发中心等所在地区的物流环境对供应链风险的控制能力有很大影响。身处于物流设施完善、资源丰富、信息畅通、管理规范的地区，能够享受因物流产业总体水平提高带来的物流服务高水平和规模效益造成的低价格，自然而然地因物流环节引发的风险会减少，同时应对意外风险事件的物流能力也较强。

(9) 增强供应链运营管理能力。提高供应链运行效率、匹配供应与需求是供应链管理中永恒的挑战。增强供应链运营管理能力，预防供应链风险，首先应该努力减少失误；其次，供应链管理部门应做好与计划、销售、财务、技术、质保等部门的协同配合；然后，应提高对供应和销售市场走向与变动的预测与把握能力；最后，应强化与供应链合作伙伴的协调。

2. 减轻风险

预防风险的措施并没有针对具体的风险，而是从夯实供应链管理的基础入手，力图为风险控制建立良好基础。而减轻风险的策略一般针对已知风险和可预测风险，采取相应措施降低风险发生的可能性，减小后果的不利影响；而对于不可预测风险，通过信息收集、研究、监视等手段尽早把不可预测风险变成可预测或已知的风险，一旦风险事件发生，及时采取应急措施。例如，一家供应商因为自然灾害或内部重大事故而无法正常供货，可及时和其他供应商协商增加供应量；预计一种原材料可能会出现货源紧张，提前安排采购；企业将采用新型技术，但不知道其实际使用效果，先进行小批量试验，化未知为已知。根据帕累托“二八原理”，所有的风险中小部分的风险造成大部分的损失，因此，减轻风险措施要抓住对供应链影响最大的关键少数风险。

3. 转移风险

转移风险是根据合同或法律，将损失的一部分或全部向供应链合作伙伴或供应链以外的单位或个人转移的措施。实行转移风险措施的原则是让主动承担风险者得到相应的利益，谁有能力控制风险就让谁承担；让有过错的一方承担相应的风险责任。转移风险主要有出售、外包、责任合同、保险与担保、诉讼等几种形式。转移风险的相关措施如图 4-4 所示。

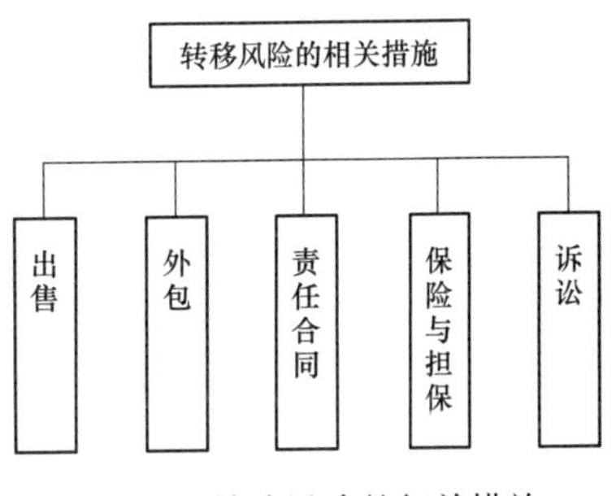

图 4-4　转移风险的相关措施

(1) 出售。企业自己投资建设的原材料基地、运输车队、仓库等，自身经营效益不高，占用资金较多，成本风险比较大；而服务水平又不高，时间风险和质量风险较大；与此同时，社会物流环境和原材料采购的行情改变，可以较容易地以合理的成本获得优质的物流服务与原材料。此时可以考虑将原材料基地、车队、仓库等出售和部分出售。

（2）外包。外包是供应链管理的一个基本策略。把企业非核心业务外包给专业公司去做，除了取得服务水平的优势外，可以减少直接投资和运营资产占用导致的成本风险，把质量风险、时间风险的责任也外包给更有能力管理的公司。而外包潜在的风险是可能使企业的业务能力丧失、关键信息外泄。

（3）责任合同。参与供应链活动的行为主体是靠合同关系联系起来的。与合作伙伴签订规范的合同文本，明确合同各方在风险控制方面的责任，明确发生风险事故后各方分担风险的具体条款。一旦风险事件发生，严格执行合同，转移风险。

（4）保险与担保。

1）保险是转移风险的常用方法。各财产保险公司也积极设计推销与供应链相关的险种。只要在保险公司购买了相应的保险，一旦风险事件发生，可以按照保险条款从保险公司获得补偿，从而把风险损失转移给保险公司。

2）担保是另外一种转移风险的方式。与供应商或批发商签订了合同，如果对方得到预付货款或货物后不履行合同，公司将蒙受损失。通过担保的方式，在与信用状况尚不清楚的合作伙伴签订合同的同时，与担保方同时签订担保合同，把合作方违约的风险转移给担保方。

（5）诉讼。由于合作伙伴失误或不作为，或由于社会其他方面的人为原因导致的供应链风险损失，应该请求对方承担相应的责任。协商解决不成，当依法诉讼。

4. 回避风险

回避风险是指当供应链运行的某些方案和做法出现风险的可能性较大，不利后果也比较严重，又没有切实有效的手段控制风险，此时主动改变行动方案，甚至放弃一些业务，选择风险比较小的行动方案。例如，在社会信用堪忧的现实情形下，许多企业采取款到发货甚至现金交易方式，甚至中断同一些客户的业务往来，这样可能会损失一些销售额，但回避了风险。回避风险的例子还有放弃某些经营风险比较大的产品、出于风险考虑将产品从某些国家或地区撤出、中断同不可靠供应商的业务联系等。

5. 自留风险

自留风险是指在有些情况下把风险事件造成的损失作为正常的费用自己主动承担。自留风险是最省事的风险规避措施，常见于以下两种情况：

（1）为了获得更大的收益主动自留风险，例如鼓励零售商多进货、多销售，允许零售商把多余的或有质量缺陷的产品无条件退回，打消下游零售商货物积压、占用资金的顾虑，可在一定程度上调动零售商的积极性，有效降低零售店的缺货率，增加产品销售额。

（2）权衡风险造成的损失和处理风险需要花费的成本，在采取其他风险规避措施的费用超过风险造成的损失时，采取自留风险。

6. 后备措施

事先制订规避风险的后备措施，储备适量的资源和能力，一旦风险因素出现或风险事件发生，即启用后备措施。后备措施与减轻风险策略的不同之处在于，减轻风险的策略在制订时是有针对性的，后备措施一般并不针对具体的可能风险，只是为风险控制预留必要的资源、能力和措施。例如，为了应对可能出现的风险事件，适当准备一定数量的人力资源、物质储备、流动资金、关键设备等，增加供应链系统的柔性和能力裕量，以备不时之需。

虚拟库存也是一种很有效而且低成本的后备措施：企业除保持一定水平的实体库存外，通过信息网络还掌握其他企业拥有的但可以利用的库存信息，平常不因虚拟库存发生费用，供应紧张时紧急调用，只是可能会支付高一些的价格。

4.4　供应链风险应对规划

对于整个风险管理体系而言，风险应对规划环节的最终目标是形成一份风险应对指导方案，仅仅按照预防、减轻、转移、回避、自留、后备措施等的思路罗列出风险应对措施往往不够，关键是对这些措施的梳理规划，在供应链风险事件预防阶段或发生阶段，为风险管理人员提供决策支持。

显然，风险应对措施都是针对某个风险事件来制订的，也就是说风险应对措施的实施时间相对于风险事件的发生时间必然存在时序上的联系。因此，风险管理人员可以根据具体风险应对措施的施行相对于风险事件发生的时间先后，将其分类为风险事件发生前的预防措施[10]、风险事件发生中的应急措施[11]和风险事件发生后的改进措施，具体内容如图 4-5 所示。通过这样的分类方式对风险应对措施进行梳理，也使风险管理组织在应对风险事件时能够更明确地对风险应对措施进行筛选与决策，同时整个风险应对指导方案也会更便于风险管理人员的实际使用。

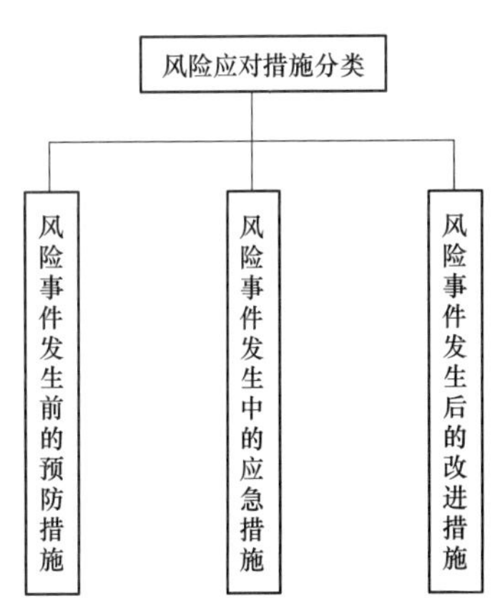

图 4-5　风险应对措施分类

另外，风险应对措施与风险事件的这种对应关系也使得水电工程物资供应链相关的风险应对措施整理工作变得有章可循。当然，前提是在风险识别环节必须做到对风险事件与风险因素的全面识别及完整梳理。对于水电工程物资供应链风险管理而言，本书第 2 章已经提出了按照物资品类—供应链环节—因果分析法的思路来进行风险识别，同时也给出了明确的水电工程物资供应链风险管理中风险事件及风险因素的定义与判别方式。那么，同样的，基于已经整理出的风险事件、风险因素表单，水电工程物资供应链风险管理组织就可以基于风险事件—风险因素—应对措施的基本思路对风险事件、风险因素一一考虑其相关可采取措施，并结合供应链风险应对措施的寻找途径来全面整理出所有的水电工程物资供应链风险应对措施。以风险识别环节获得的水泥需求保障风险因素表为例，根据第 2 章中对水电工程物资供应链风险事件、风险因素的定义，表中的二级风险为风险事件，相应的三级风险或四级风险为风险因素。接下来，风险管理组织就可以根据相应的风险事件—风险因素组合分别考虑可采取的风险应对措施。这样一来，只要风险识别的结果是全面且准确的，那么风险应对措施也就不可能存在遗漏的情况。

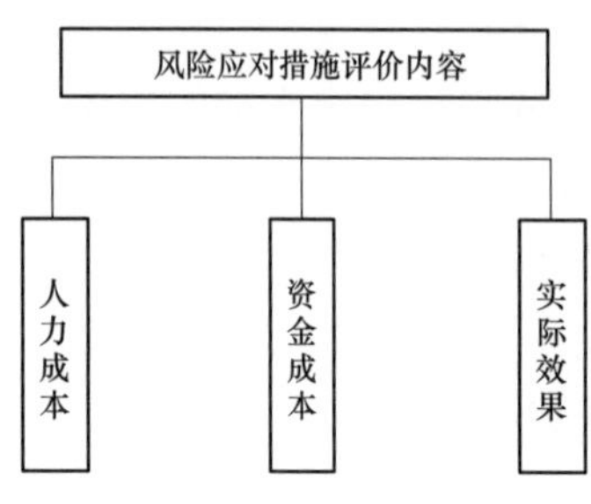

图 4-6　风险应对措施评价内容

在整理得到所有的水电工程物资供应链风险应对措施之后，还需要对所有的措施进行合理性评价及综合评价：合理性评价指的是对于单个风险应对措施进行评价，综合评价指的是对于同一风险事件相关所有风险应对措施之间的横向评价。这部分工作实际上已经是在对整理出来的风险应对措施进行初步成本效益分析。风险应对措施评价内容如图 4-6 所示，对于水电工程物资供应链而言，最为关键的就是实施风险应对措施所需要的人力成本、资金成本以及能够获得的实际效果；因此，风险管理组织可以从这几个方面对风险应对措施进行对比分析，为风险管理组织实施何种措施、何时实施措施提供决策支持。风险应对措施的合理性评价及综合评价还可以基于仿真手段来进行。本书第 6 章基于风险的供应链网络规划是通过仿真对风险应对措施进行综合评价的实例，而本书第 7 章基于风险的水电工程物资供应链调价决策也是通过仿真对单一风险应对措施进行合理性评价。

4.4.1　水电工程物资供应链风险事前应对规划

根据风险评价以及风险监测的结果，风险管理组织往往需要在相关风险事件实际发生之前，针对发生概率或造成损失较大的风险事件及处于警戒值的风险因素事先采取一定的风险应对措施，这些事前采取的措施称为预防措施。风险事前应对措施历来是各种风险应对措施中最为提倡的应对措施，防患于未然，往往收效不仅表现在风险控制的单一方面，甚至能惠及供应链管理全局。

风险管理组织在对水电工程物资供应链风险事前应对措施进行梳理时，首先要对某一风险事件从降低风险事件发生概率和降低风险事件影响程度这两个方面分别考虑，然后再根据相应的风险因素，按照预防、减轻、转移、回避等思路一一列举出所有适用于风险管理组织实际情况的预防措施，最后还需要评价单一预防措施的人力成本、资金成本及实施效果。此外，风险管理组织还可以对能够减轻该风险事件发生概率或者降低该风险事件影响程度的预防措施分别进行评价。对单一措施进行评价往往不足以支持风险管理组织的实际决策，而同一类型预防措施的对比评价不仅直观，而且便于操作。

下面以雅砻江流域水电工程物资供应链风险事前应对规划（如图 4-7 所示）为例进行说明。

首先，需要说明本次物资供应链风险事前应对规划的整理时间，由于风险应对指导方

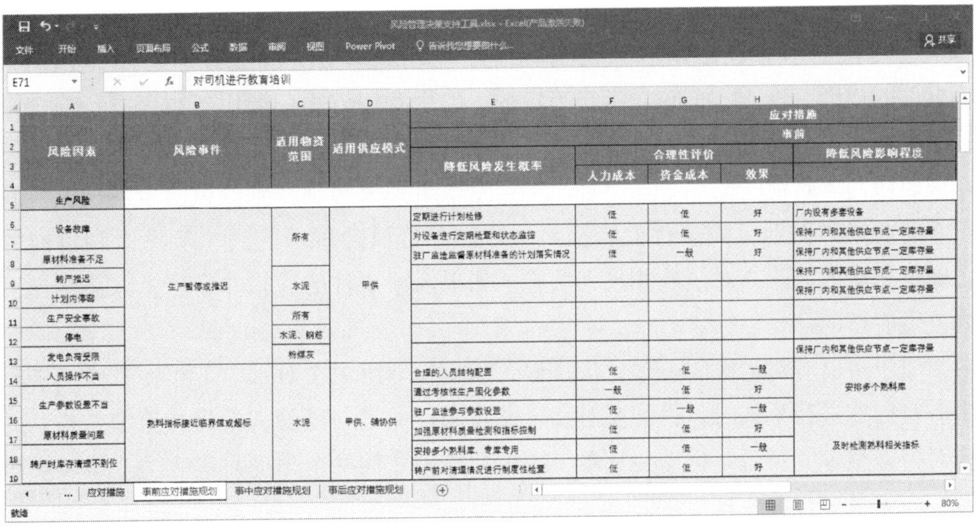

风险因素	风险事件	适用物资范围	适用供应模式	应对措施 事前 降低风险发生概率	合理性评价 人力成本	合理性评价 资金成本	合理性评价 效果	降低风险影响程度
生产风险								
设备故障	生产暂停或推迟	所有	甲供	定期进行计划检修	低	低	好	厂内设有多套设备
				对设备进行定期检查和状态监控	低	低	好	保持厂内和其他供应节点一定库存量
原材料准备不足				驻厂监造监督原材料准备的计划落实情况	低	一般	好	保持厂内和其他供应节点一定库存量
转产推迟		水泥						保持厂内和其他供应节点一定库存量
计划内停窑								保持厂内和其他供应节点一定库存量
生产安全事故		所有						
停电		水泥、钢筋						
发电负荷受限		粉煤灰						保持厂内和其他供应节点一定库存量
人员操作不当	熟料指标接近临界值或超标	水泥	甲供、辅协供	合理的人员结构配置	低	低	一般	安排多个熟料库
生产参数设置不当				通过考核性生产固化参数	一般	低	好	
				驻厂监造参与参数设置	低	一般	一般	
原材料质量问题				加强原材料质量检测和指标控制	低	低	好	及时检测熟料相关指标
转产时库存清理不到位				安排多个熟料库、专库专用	低	低	一般	
				转产前对清理情况进行制度性检查	低	低	好	

图 4-7　雅砻江流域水电工程物资供应链风险事前应对规划

案也存在其时效性，随着时间的推移以及技术的进步，部分风险应对措施将被淘汰，而某些新型风险应对措施也将被试用；而且，风险应对措施的合理性评价结果也会随之变化。然后，较为特殊的是，这里不仅从物资品类、风险事件、风险因素层面对风险事件的预防措施进行区分，还特别指出其供应模式的特点；在雅砻江流域水电工程物资供应链风险应对过程中，供应模式的不同也将对其风险应对措施的整理与评价产生巨大影响。另外，这里还从降低风险发生概率以及减少风险事件影响程度两个方面分别考虑风险事前应对措施。例如，对于甲供水泥中因设备故障而导致的生产暂停或推迟风险事件而言：

（1）能够降低风险发生概率的预防措施包括定期对设备进行检查以及对设备进行状态监测。其中，定期对设备进行检查需要的人力成本较少，资金成本低，效果较好；而对设备进行状态监测需要的人力成本和资金成本均较高，效果也不错。对两者进行综合评价：当供应链信息系统已经较为完善且供应链运行所用资金较为充裕的情况下，应选择对设备进行状态监测，以最大限度地减小由设备故障引发的生产暂停或推迟的发生概率；反之，应定期对设备进行检查，在尽量节省资金的情况下获得较好的预防效果。

（2）能够降低风险事件影响程度的预防措施包括在厂内设置多套设备以及保持厂内和其他供应节点一定的库存量。其中，在厂内设置多套设备所需的人力成本低，资金成本高，效果好；而保持厂内和其他供应节点一定的库存量所需的人力成本较低，资金成本较低，效果同样不错。显然，当厂家资金充裕且有扩充的打算时应选择第一种预防措施，而其余情况下则应该适当提高库存量来降低生产暂停或推迟所带来的影响。

4.4.2　水电工程物资供应链风险事中应对规划

通过对供应链系统运行的密切监视，一旦风险事件发生，风险管理组织需要及时通知可能受到影响的各个方面，并立即采取相关的应对措施，努力减轻风险事件所造成的影响，这类事件中所采取的风险应对措施称为应急措施。比较常见的应急措施包括根据风险事件的成因、性质、分布、影响等特征，启用备用方案，调用备用资源；综合采用行政组织措施、经济措施、技术措施、合同法律措施；与合作伙伴及相关各方密切协作，采取协商、督促、监控等。但是，一旦发生事先未曾预料到的风险事件，风险管理组织就需要紧急识别风险事件的特征，估计和评价风险事件的进一步发展和可能的后果，确定相应的风险应对措施并投入实施。如果风险事件的后果非常严重，甚至还可能要修改供应链的计划目标。

类似于事前应对措施的整理评价过程，风险管理组织在对水电工程物资供应链风险事中应对措施进行整理时，也需要对特定风险事件的某一风险因素进行单独考虑，并且在应对措施整理完善后，也需要从单一措施和措施之间两个角度对其人力成本、资金成本及实施效果进行综合评价。

以雅砻江流域水电工程物资供应链风险事中应对规划（如图 4-8 所示）为例进行说明。

风险因素	风险事件	适用物资范围	适用供应模式	应对措施			
				事中	合理性评价		
					人力成本	资金成本	效果
生产风险							
设备故障	生产暂停或推迟	所有	甲供	修复故障或更换设备	低	低	好
				消耗库存	低	低	好
原材料准备不足				落实原材料备货工作	低	低	好
转产推迟		水泥					
计划内停窑							
生产安全事故		所有					
停电		水泥、钢筋					
发电负荷受限		粉煤灰					
人员操作不当	熟料指标接近临界值或超标	水泥	甲供、辅协供	将接近临界值或超标的熟料单独存放	低	低	好
生产参数设置不当							
原材料质量问题							
转产时库存清理不到位							

图 4-8　雅砻江流域水电工程物资供应链风险事中应对规划

首先，同样需要说明本次物资供应链事中应对规划的整理时间。然后，再从物资品类、风险事件、风险因素以及供应模式对风险事中应对措施进行梳理。最后，对整理出来的事中应对措施一一进行合理性评价以及综合评价。与事前应对规划不同的是，对于已经发生的风险事件而言，不存在降低其发生概率的可能；因此，事中应对措施就只需考虑如何来降低风险影响程度，相应的合理性评价也要与之统一。

例如，对于甲供水泥中因设备故障而导致的生产暂停或推迟风险事件而言，事中可采取的应急措施包括修复故障或更换设备以及消耗库存，这两种措施都能在消耗较低的人力成本、资金成本的前提下带来比较理想的效果。因此，风险管理组织可以选择其中之一或者同时采用这两种应急方式来减轻生产暂停或推迟所带来的影响。

4.4.3　水电工程物资供应链风险事后应对规划

在风险事件已被处理之后，风险管理组织还需要进行善后工作，这一阶段所采用的风险应对措施称为改进措施。较为常见的改进措施包括根据合同约定、法律规定和企业内部的管理规章制度，向有关责任方或责任人追究责任；如果是合作伙伴违约造成的供应链风险（如质量问题、交货延期等），则按照合同追究合作伙伴的合同责任；如果是自然灾害造成的风险，按照保险合同请求保险公司按约定条款赔偿；如果是内部职工玩忽职守造成的人为事故，则追究当事人的责任等。此外，如果通过风险事件的发生情况发现供应链配置有问题或者供应链管理存在薄弱环节，应当亡羊补牢，有针对性地改进供应链，并且总结分析风险管理中的得失和改进的方向，以及整理风险处理过程中积累的资料，作为以后风险管理的预案、风险分析的积累。

同样的，风险管理组织在对水电工程物资供应链风险事后应对措施进行整理评价时，需要根据具体的风险事件、风险因素做具体梳理，并且在应对措施整理工作结束后，还需要对单一措施及措施之间进行综合评价。

以雅砻江流域水电工程物资供应链风险事后应对规划（如图 4-9 所示）为例进行说明。

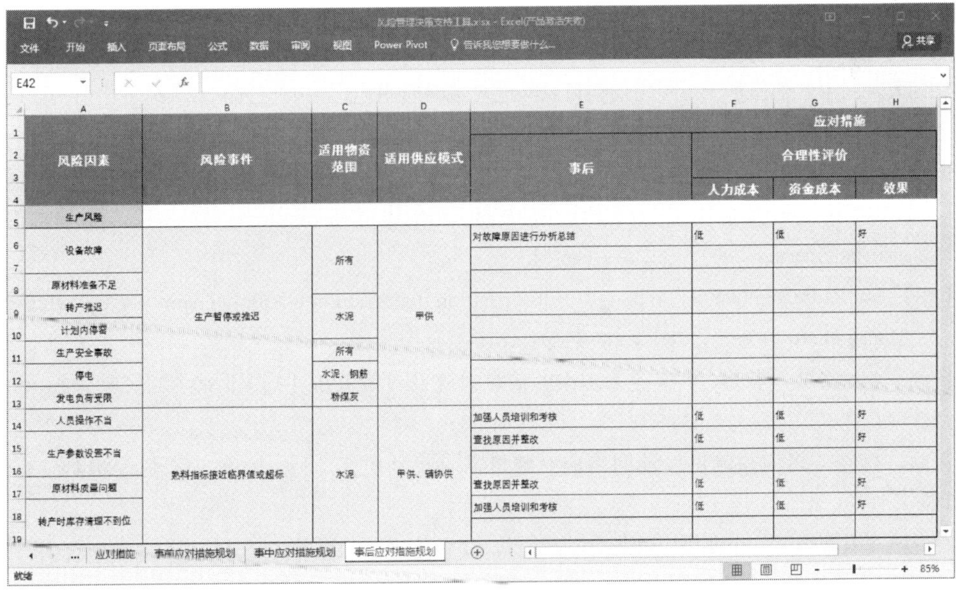

风险因素	风险事件	适用物资范围	适用供应模式	应对措施 事后			
					合理性评价		
					人力成本	资金成本	效果
生产风险							
设备故障	生产暂停或推迟	所有	甲供	对故障原因进行分析总结	低	低	好
原材料准备不足							
转产推迟		水泥					
计划内停窑							
生产安全事故		所有					
停电		水泥、钢筋					
发电负荷受限		粉煤灰					
人员操作不当	熟料指标接近临界值或超标	水泥	甲供、辅协供	加强人员培训和考核	低	低	好
生产参数设置不当				查找原因并整改	低	低	好
原材料质量问题				查找原因并整改	低	低	好
转产时库存清理不到位				加强人员培训和考核	低	低	好

图 4-9　雅砻江流域水电工程物资供应链风险事后应对规划

首先，同样需要说明本次物资供应链事后应对规划的整理时间。然后，再从物资品类、风险事件、风险因素以及供应模式对风险事后应对措施进行梳理。最后，对整理出来的事后应对措施一一进行合理性评价以及综合评价。事后应对规划一方面会与风险事件造成的损失直接相关（如退货、追究责任方相应责任等），另一方面则是对当前风险管理体系的进一步优化，因此，风险管理组织往往需要将所有事后应对措施都进行落实。

例如，对于甲供水泥中因设备故障而导致的生产暂停或推迟风险事件而言，在风险事件处理结束后需要对故障原因进行分析总结；对于甲供水泥中因信息传递不及时导致的供应决策措施风险事件而言，在风险事件处理结束后，就需要对供应链上的成员重新进行考核分析。

4.5 本章小结

风险应对规划是风险管理组织在进行风险控制活动中的重要环节，最终整理获得的雅砻江流域水电工程物资供应链应对措施规划表见附录E。与其他环节相比而言，水电工程物资供应链风险应对规划环节更加需要相关专家主观经验上的帮助。而且，风险应对规划环节最终形成的指导方案并非一成不变，随着供应链结构的逐渐演化、先进技术的逐渐普及，无论是应对措施的梳理还是应对措施之间的评价都需要与时俱进。一份优秀的风险应对指导方案是风险控制过程的重要基础，也是整个风险管理工作中最直观的工作成果之一。

参考文献

[1] 李炳香．浅谈企业风险应对策略［J］．经营管理者，2014，30（29）：111.

[2] 袁剑波，刘苇，刘伟军．工程建设项目风险应对策略应用［J］．中外公路，2006，26（1）：14-16.

[3] 田润娴．供应链管理风险应对［J］．甘肃广播电视大学学报，2010，20（3）：42-44.

[4] 谭凌波，张侨．供应链中的组织风险及其应对措施［J］．科技和产业，2005，5（1）：50-51.

[5] Lee H L，So K C，Tang C S，et al. The value of information sharing in a two-level supply chain［J］. Management Science，2000，46（5）：626-643.

[6] Lee H L，Padmanabhan V，Whang S J. Information distortion in a supply chain：the bullwhip effect［J］. Management Science，2004，50（12）：1875-1886.

[7] 杨红芬，吕安洪，李琪．供应链管理中的信息风险及对策分析［J］．北京工商大学学报，2002，17（2）：32-35.

[8] 徐兵，蒋昆．多商品流供应链网络应对随机需求扰动研究［J］．运筹与管理，2014，23（6）：144-151.

[9] 神龙汽车有限公司．企业供应链风险管理［J］．企业管理，2015，36（6）：55-59.

[10] 温翔．供应链风险种类及预防措施的探讨［J］．铁道货运，2007，25（4）：9-11.

[11] 姚丽霞．供应链突发风险识别及应急策略研究［J］．物流工程与管理，2011，33（12）：83-85.

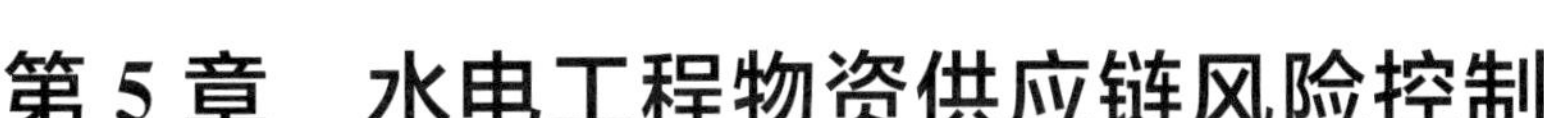

第5章　水电工程物资供应链风险控制

5.1　引　言

供应链风险控制阶段需要监测供应链的运行状态，并及时实施风险规划阶段所制订的风险应对策略[1]。虽然经过对供应链风险的识别、评价、规划过程，已经对供应链风险有了系统的、比较深入的认识，但由于供应链风险固有的不确定性和供应链本身的复杂性，供应链运行过程中必定会遇到事前未曾预料到的风险，或实际发生的风险与事前估计的不同，重新进行风险分析并制订新的风险应对措施成为必需。也就是说，除了风险管理计划中预定的风险控制手段之外，还要根据实际情况确定行之有效的应变措施，维护供应链的正常运行，努力实现供应链风险管理的目标。因此，风险控制阶段的关键是基于当前形势的研判，采取措施应对可能出现的风险事件或处理已经发生的风险事件[2]。

随着供应链风险管理越来越受关注，供应链风险控制的相关研究也越来越丰富。部分研究在获得风险事件与风险因素对应关系以及风险评价结果后通过6σ管理方法进行风险控制活动[3~5]。在姜艳的工作中，首先根据风险来源将供应链风险分解为外部风险、内部风险以及资源流风险，然后从供应链柔性的角度进行风险管理[6]。Marco等针对分散式供应链结构，分别构建供应商、制造商、装配商、运输商的风险控制优化模型，最后给出了优化模型的求解算法[7]。吴军等介绍了风险控制的主要模型，包括典型Markowitz投资组合风险控制模型、建立在Black-Scholes模型上的衍生工具风险控制模型[8]。郭夙昌和黄洪钟通过蒙特卡罗法对制造过程中的风险进行鲁棒性分析，从而研究其中的供应链风险控制[9]。但目前来看，在水电工程供应链管理领域风险控制的研究仍相对不足。

本章将从水电工程物资供应链风险监测、水电工程物资供应链风险预警机制和水电工程物资供应链风险控制成本效益分析三个方面讨论水电工程物资供应链风险控制的原理和方法。其中，水电工程物资供应链风险控制成本效益分析不仅包括风险应对措施成本效益分析、风险监测成本效益分析，还包括水电工程物资供应链风险应对决策。

5.2 风险控制原理

风险控制存在不同的称谓，有称控制活动，也有称风险管理解决方案，目的是保障风险应对措施的合理落实。风险控制是指确保风险应对措施得到正确执行的相关措施、具体途径。风险控制和风险应对措施是联系在一起的，确定了风险应对措施，企业就要根据不同的应对措施采取必要的行动以应对影响企业管理目标实现的风险。企业通过采取适当的针对性措施控制风险，确保将风险控制在可接受水平之内。另外，风险控制通常也被称为风险监控，因为风险控制的过程中往往也包含了对企业状态的监测，风险管理组织通过风险监测才能更及时地开展风险分析，并采取风险应对措施。

风险控制是针对不同的风险，确保适当、有效的风险应对措施得到及时实施的有关政策和程序，因而风险控制表现为综合性和灵活性两大特点。一方面，风险控制的应用范围不仅仅是针对个别风险，还包括了分类的风险和关联的风险组合；同时，其政策和程序涵盖了组织职能的设置、内部控制和风险管理信息系统等各个风险管理的专业领域，具有综合性的特点。另一方面，风险控制的政策和程序来自企业实践，没有标准的模式；企业可以根据需求灵活地选择和组合，形成符合自身特点的风险控制措施。需要指出，在风险控制具体政策和程序制订过程中，一定要注意最好的风险控制政策和程序并不一定是最好的方案，高成本也同时会使企业担负不起。风险管理目标是以尽可能低的风险成本，实现经济效益和社会效益的最大化。

风险控制是确保风险应对措施得以恰当实施的，因而，风险控制的方法就体现在保证风险应对措施得以恰当实施的具体做法上。在实际风险管理工作中，比较典型的风险控制方法包括风险监测、风险预警、风险控制成本效益分析三个方面。其中，风险监测和风险预警将支持风险管理组织何时实施风险应对措施，而风险控制成本效益分析既包括对风险应对措施与风险监测的评价分析，也包括具体哪种措施需要施行的决策过程。

5.3 水电工程物资供应链风险控制过程

典型的供应链风险控制过程如图 5-1 所示。供应链风险控制过程与一般目标管理的控制过程不同：目标管理控制的依据是事先给定的目标，监测被控对象实际运行效果与控制目标的差距，采取措施消除偏差；而供应链风险控制监测的是来自外部环境和供应链系统内部的风险因素与风险事件，设法减少风险事件发生的可能或者减轻风险事件造成的影响，及时恢复到供应链的正常运行状态。

根据风险控制活动相对于风险事件发生的时间先后，把风险控制分为事前控制、事中控制和事后控制。

（1）事前控制也称事前控制、主动控制或前馈控制，指的是根据风险识别和风险评

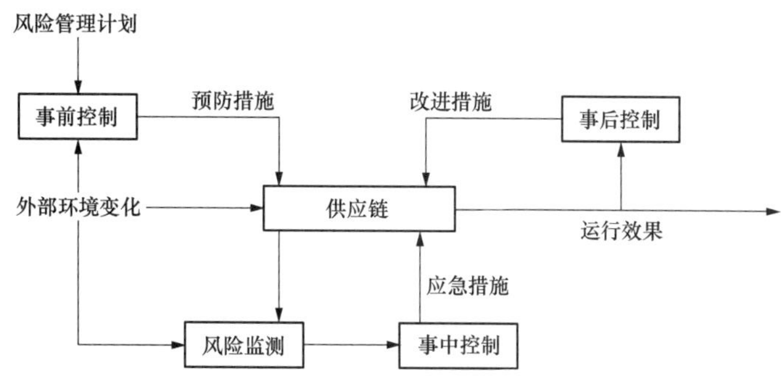

图 5-1　典型的供应链风险控制过程

价的结果，事前采取措施减少风险事件的发生概率或降低风险事件所造成的影响。事前控制所采取的措施对应于风险应对措施中的预防措施。

（2）事中控制也称被动控制或保护性控制，是指密切监测供应链系统的运行，风险事件发生以后，及时通知可能受到影响的各个方面，立即采取措施，努力减轻风险造成的影响。事中控制所采取的措施对应于风险应对措施中的应急措施。

（3）事后控制指的是风险过后的善后工作，所采取的措施对应于风险应对措施中的改进措施。

水电工程物资供应链风险控制过程与一般的供应链风险控制过程类似，同样是根据风险识别及风险评价的结论进行事前控制，通过对外部环境、供应链运行状态的监测和预警及时采取应急措施进行事中控制，根据风险事件成功应对后供应链的整体运行状态通过改进措施进行事后控制。

而水电工程物资供应链风险控制与一般供应链风险控制的不同之处在于，水电工程物资供应链风险控制中应对措施、风险监测、风险预警机制和成本效益分析等具体环节的独特之处。其中，本书第 4 章中已对水电工程物资供应链风险应对措施进行了完整梳理以及评价，而对于水电工程物资供应链风险监测、水电工程物资供应链风险预警机制及水电工程物资供应链风险控制成本效益分析则将在本章接下来部分分别讨论，并给出相应的雅砻江流域水电工程物资供应链风险管理实例。

5.4　水电工程物资供应链风险监测

供应链运行风险监测阶段是对供应链运行过程中的各类风险因素、各业务过程、各成员运行状态等进行监测，及时捕捉风险事件的发生、发展信息，发现实际运行过程与既定运行目标之间的差异[10]。

5.4.1　水电工程物资供应链风险监测的目的

水电工程物资供应链风险监测的目的（见图 5-2）与一般地供应链风险监测类似，

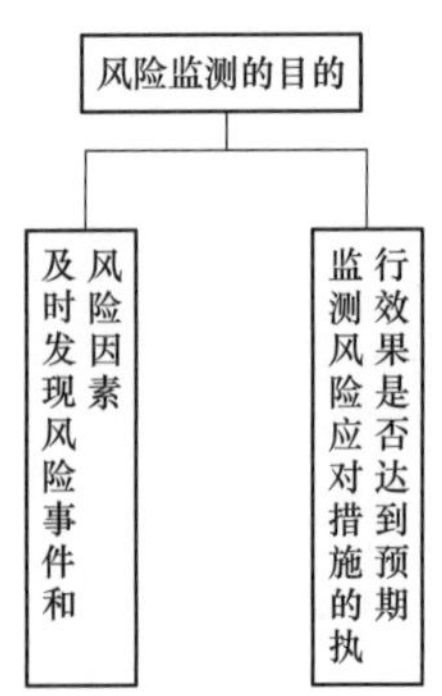

图 5-2　水电工程物资供应链风险监测的目的

主要包括两个方面：①监测供应链的运行，及时发现风险事件和风险因素，预测其对供应链的影响，并通知受到影响的相关各方，启动相应的风险应对措施，从而减少风险发生的可能和减轻风险损失，恢复供应链的正常运作状态；②监测风险应对措施的执行效果是否达到预期，获得相关的反馈信息，以便未来的风险控制更符合实际、更有成效。

在供应链运行过程中，随着时间的推移，风险的不确定性会逐渐减小，各种风险因素的真实面目会逐渐展示出来。有些在供应链风险分析阶段由可能性描述的风险逐渐变成确定的现实，一些曾经估计到的风险如期而至，一些严重风险出人意料地不请自来；而有些悉心预防的风险却销声匿迹，一些预料的严重后果没有出现。在与风险相关的信息资料越来越充分，风险应对措施的可行性也越来越清晰的情况下，通过风险监测，完全可以对发现有错误的风险应对措施及时纠正。当然，对于正确的风险应对措施，尽管可能一开始效果并不一定理想，也须继续坚持，以免相关人员无所适而造成不必要的混乱，也避免造成应急后备资源的浪费。

供应链风险监测过程能够系统地追踪和评估风险应对措施的效力，而监测结果可以为改进风险管理策略、完善风险识别和评估方法、制订其他的风险应对措施和鉴别新的风险提供可靠的依据。供应链风险监测的关键是建立完整的供应链运行监测系统，监测系统应被设计成能够对潜在的供应链风险提供早期预警。

5.4.2　水电工程物资供应链风险监测的内容

供应链风险监测的内容取决于供应链风险监测的目的。为了实现前述两个目的，供应链风险监测的内容应该包括以下两个方面。

1. 供应链外部环境

供应链外部环境的变化在很多情况下会直接或间接地影响供应链的生存与发展。反映供应链外部环境的信息包括政治法律信息、经济社会信息、技术信息、自然灾害与环境保护信息等，尤其重要的是物流环境信息、采购市场与销售市场行情信息等企业供应链运行的具体环境。供应链风险监测阶段收集的外部环境信息与风险识别阶段收集的外部信息基本相同，不同的是风险识别阶段更倾向于综合的、趋势性的、概括的信息，风险监测阶段需要的是实时的、具体的、特定的信息，目的是要捕捉外部环境中的具体变化给供应链造成的现实影响。

对外部环境信息适度地敏感、合理地筛选、准确地把握、正确地处理，反映了供应链风险管理组织的工作能力。外部环境信息的收集渠道主要是公开发行的公共媒体和合作伙伴提供的相关资料，也可以通过定向咨询、邀约演讲、参加相关的会议来收集，而有的则需要通过系统的调研来收集。

2. 供应链运行状态

供应链是一个由相互依赖的组织和过程构建的复杂系统。这里的过程不仅包括企业内部的活动过程，而且还包括企业组织之间的互动过程。工程、销售、制造、采购和物流在创造产品和向客户交付产品的过程中都扮演着重要的角色。因此，对供应链运行状态的监测主要体现为对质量、成本、服务、可靠性、订货提前期等方面的监测和工作状态异常的监控。供应链运营参考模型（SCORM）中推荐了 13 个供应链绩效关键评价指标（KPI），如图 5-3 所示。这些指标从供应链交货的可靠性、供应链的响应性、供应链的柔性、供应链的成本和供应链的资产管理效率五个方面共同构成了供应链运营绩效的评价指标体系。从风险管理的角度来说，这些指标在一定程度上也可以用于反映供应链运行状态；当这些指标中的一个或多个偏离目标一定程度时，也就意味着出现了供应链风险事件，应当采取相应的应对措施进行处理。

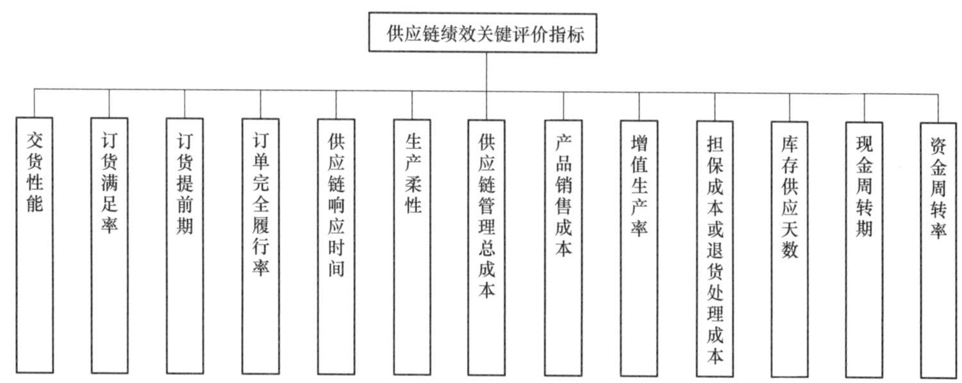

图 5-3　供应链绩效关键评价指标

（1）交货性能：准时足额发货的订单数量与全部订单总数的百分比。

（2）订货满足率：在收到订单的 24h 内用库存发货的订单总数与收到订单总数的百分比。

（3）订货提前期：从客户发出订单到收到订货实际所需的平均时间，即所有订单运转的实际提前期/运送订单的总数。

（4）订单完全履行率：满足全部交货要求的订单总数与全部订单总数的百分比，即（准时足额发货的订单数量－文档资料有错误的订单－有运送损坏的订单）×100%/全部订单总数。

（5）供应链响应时间：供应链系统对需求的非正常或显著变化的响应时间，即订单履行提前期＋原材料周转时间。

（6）生产柔性：对上游企业，在无事前计划下增产 20%所需要的天数。对下游企业，在没有存货或成本损失的情况下能够承受 30 天的提前运送订单减少的百分比。

（7）供应链管理总成本：供应链管理相关成本总和，包括管理信息系统、财务、计划、存货、物料采购和订单管理等成本，即管理信息系统成本＋财务和计划成本＋库存成本＋材料采购成本＋订单管理成本。

(8) 产品销售成本：购买原材料和加工制造成本，包括直接成本和间接成本，即期初库存成本＋产品的生产成本－期末库存成本。

(9) 增值生产率：人均增值率，产品销售总额减去物料采购总成本除以用工总人数，即（产品销售总额－总材料采购成本）/用工人数。

(10) 担保成本或退货处理成本：物料、劳动力和产品缺陷的问题诊断成本，或退货处理成本。

(11) 库存供应天数：以计提超储和过期损失之前的标准成本计算的存货总值为基础计算的供货天数，即（原材料和在制品价值＋企业内制成品价值＋企业外制成品和样品价值＋其他）×365 天/产品销售成本。

(12) 现金周转期：库存供应天数加上销货未收款天数，再减去采购原料的平均付款天数，即库存供应天数＋应收销货款账龄－应付购货款账龄。

(13) 资产周转率：产品销售总额除以净资产总额，或者产品销售总额除以流动资金总额。

需要指出，风险监测不仅从结果上监测预定指标是否达标，还要深入到过程之中，密切关注供应链运行状态异常情况，包括企业自身和合作伙伴的设备故障、操作事故、供电中断、新技术与新工艺的引入、人员变动和士气、管理变革、供应商突然遭遇财务危机、企业运行指标的异常变动等，这些也是需要警惕的风险因素。

从以上论述可以看出，对于水电工程物资供应链风险管理而言，风险监测需要监测的内容实在太多。对所有的内容同样对待、严格监测，成本太高，也没有必要，合适的做法是有重点地选择监测内容，有的要重点监测，有的一般监测，有的甚至可以不监测。一般可以从以下几个方面来选择重点监视的内容：风险事件发生概率大、造成损失严重的内容；控制风险需要花费的成本和取得的效益相比，效益明显的内容；与新产品、新工艺、新设备、新的合作伙伴、新市场相关的内容。重点监测内容往往会随着供应链的运行而不断变化。

以雅砻江流域水电工程物资供应链风险监测为例，除了需要监测一些常见供应链运行状态指标，例如库存量、到货质量、订货提前期等，以及与新产品、新工艺、新设备、新的合作伙伴、新市场相关的内容之外，还需要对雅砻江流域水电工程物资供应链中涉及的所有的风险事件和风险因素进行有重点的监测。这部分内容可以直接参考第 3 章中提到的雅砻江流域水电工程物资供应链风险评价结果。例如，根据历史数据对 A 水泥厂的生产风险进行评价后，风险管理组织可以获得如图 3-24 所示的风险因素评价结果，从评价结果中可以直观地看出，回转窑故障、回转窑轮流停窑、水泥磨机故障、水泥磨机计划检修四个监测因素的监测优先级要远高于其他因素，而相关应对措施的具体实施效果也将是该部分风险监测的重要内容。

总而言之，风险管理组织可以根据风险评价环节获得的风险因素重要程度清单来选择部分风险因素进行重点监测，而对于其他的风险因素可以选择一般监测，也可以选择不监测。对于水电工程物资供应链而言，监测内容一般来说可以分为风险事件监测内容、风险因素监测内容以及风险应对措施监测内容三部分。

5.4.3　水电工程物资供应链风险监测方式

水电工程物资供应链风险监测方式与一般的供应链风险的监测方式类似，是计算机管理信息系统、传统管理手段与管理人员亲自观察的有机结合。风险监测需要的信息来源很广，有的需要直接从新闻媒体收集，有的来自企业的商业情报部分，有的来自合作伙伴，有的则是供应链运行的数据。风险监测与企业管理信息系统的大多数子系统相关，如使用供应链计划子系统监测计划目标的偏差，使用合同管理子系统监测合作伙伴是否诚信履约，通过财务管理子系统查询应收/应付是否正常执行，使用营销管理子系统统计缺货与退货等。完善的计算机管理信息系统无疑是强有力的风险监测工具，尤其是对质量、时间、成本目标的监测和工作状态异常的监测，专门设计的风险监测子系统必须和其他的管理子系统紧密集成才能发挥作用。

水电工程物资供应链风险监测方式的确定，更多地需要考虑效益与成本是否匹配，该部分内容将在 5.6.2 条进一步讨论。

5.4.4　水电工程物资供应链风险监测示例

以下将详细阐述雅砻江流域水电工程物资供应链风险管理中风险监测内容的确定过程。

（1）根据监测目的的不同，将整个雅砻江流域水电工程物资供应链风险监测内容分成风险事件相关的监测内容、风险因素相关的监测内容以及应对措施相关的监测内容，具体如图 5-4 所示。

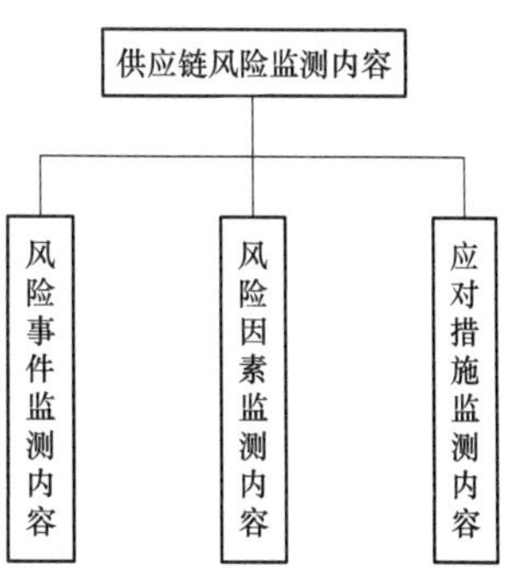

图 5-4　雅砻江流域水电工程物资供应链风险监测内容分类

1）对风险事件进行监测的目的为密切关注风险事件的发展走向，避免微不足道的小事件发展成大事件，也关注应对中的风险事件是否逐渐平息。

2）对风险因素进行监测的目的主要是对现阶段供应链风险状态进行评价以及预警风险事件的发生，风险预警这部分内容具体在 5.5 节讨论。

3）对应对措施进行监测的目的是时刻关注应对措施是否能够随时安排，毕竟一旦风险事件实际发生了，相应的应对措施是风险管理最后的保障手段，风险管理组织必须时刻保证所有应对措施能够随时实施。

（2）依次对风险事件监测内容、风险因素监测内容以及应对措施监测内容进行详细梳理。

1）图 5-5 为风险事件监测内容，需要填写的内容包括物资品类、风险事件发生时间、风险事件发生原因、风险事件发生时长、监测责任单位/部门、信息来源、监测频率以及对监测指标的具体描述。风险事件监测内容表见附录 F。

监测内容	指标	监测责任单位/部门	信息来源	监测频率	指标具体描述
生产暂停或推迟	发生原因	机电物资管理部	驻厂监造/供应商	即时	由哪（几）种风险因素导致
	发生时间	机电物资管理部	驻厂监造/供应商	即时	精确到日期
	持续时长	机电物资管理部	驻厂监造/供应商	即时	2天以内精确到小时，超过2天精确到天
熟料指标接近临界值或超标	发生原因	机电物资管理部	驻厂监造/供应商	即时	由哪（几）种风险因素导致
	发生时间	机电物资管理部	驻厂监造/供应商	即时	精确到日期
	发生次数	机电物资管理部	驻厂监造/供应商	即时	若一天内发生2次以上则进行统计
水泥指标接近临界值或超标	发生原因	机电物资管理部	驻厂监造/供应商	即时	
	发生时间	机电物资管理部	驻厂监造/供应商	即时	精确到日期
	影响数量	机电物资管理部	驻厂监造/供应商	即时	受影响的水泥数量
不合格产品发货	发生原因	机电物资管理部	驻厂监造/供应商	即时	由哪（几）种风险因素导致
	发生时间	机电物资管理部	驻厂监造/供应商	即时	精确到日期
	涉及数量	机电物资管理部	驻厂监造/供应商	即时	
供应中断	发生原因	机电物资管理部	供应商	即时	由哪（几）种风险因素导致
	发生时间	机电物资管理部	供应商	即时	精确到日期
	持续时长	机电物资管理部	供应商	即时	2天以内精确到小时，超过2天精确到天
	涉及供应商	机电物资管理部	供应商	即时	

图 5-5　风险事件监测内容

2）图 5-6 为风险因素监测内容，需要填写的内容包括物资品类、监测责任单位/部门、信息来源、监测频率、对监测指标的具体描述以及相关的监测指标。风险因素的监测指标往往需要具体分析，例如设备故障的监测指标为发生时间、生产厂、发生部位、

监测内容	指标	监测责任单位/部门	信息来源	监测频率	指标具体描述
设备自然故障	发生时间	机电物资管理部	驻厂监造/供应商	即时	精确到日期
	生产厂	机电物资管理部	驻厂监造/供应商	即时	
	发生部位	机电物资管理部	驻厂监造/供应商	即时	
	发生原因	机电物资管理部	驻厂监造/供应商	即时	
	持续时长	机电物资管理部	驻厂监造/供应商	即时	2天以内精确到小时，超过2天精确到天
计划内停窑	发生时间	机电物资管理部	驻厂监造/供应商	即时	精确到日期
	影响范围	机电物资管理部	驻厂监造/供应商	即时	
	持续时间	机电物资管理部	驻厂监造/供应商	即时	精确到天
停电	发生原因	机电物资管理部	驻厂监造/供应商	即时	
	发生时间	机电物资管理部	驻厂监造/供应商	即时	精确到日期
	持续时长	机电物资管理部	驻厂监造/供应商	即时	2天以内精确到小时，超过2天精确到天
原材料备货情况	品种	机电物资管理部	驻厂监造/供应商	即时	
	备货数量	机电物资管理部	驻厂监造/供应商	即时	是否满足生产需求
施工进度变化及对应物资需求变化	施工进度变化情况	管理局	承包商/监理单位	即时	施工进度与计划相比的偏差程度
	物资需求变化情况	管理局	承包商/监理单位	即时	物资实际消耗进度与计划相比的偏差程度
需求计划编制疏漏	责任方	管理局	管理局	即时	

图 5-6　风险因素监测内容

发生原因、持续时长等；计划内停窑的监测指标为发生时间、影响范围、持续时间等。风险因素监测内容表见附录 G。

3）图 5-7 为应对措施监测内容，需要填写的内容包括物资品类、监测责任单位/部门、信息来源、监测频率、对监测指标的具体描述以及相关的监测指标。应对措施的监测指标也需要具体分析，而且必须足够细致（可以参考第 4 章所列举的风险应对措施），例如，对于库存类的应对措施，其相应监测指标为物资品种、物资品牌、规格型号、批号、入库时间、数量等；对于指标类的应对措施，相应监测指标为检测时间、对应供应商、相关技术指标等。应对措施监测内容表见附录 H。

应对措施	监测内容	指标	监测责任单位/部门	信息来源	监测频率	指标具体描述
保持厂内和其他供应节点一定库存量	厂内库存	物资品种	机电物资管理部	驻厂监造/供应商	每天一次	
		物资品牌	机电物资管理部	驻厂监造/供应商	每天一次	包括物资生产厂信息
		规格型号	机电物资管理部	驻厂监造/供应商	每天一次	
		批号	机电物资管理部	驻厂监造/供应商	每天一次	库存物资的批号信息
		入库时间	机电物资管理部	驻厂监造/供应商	每天一次	每一批号入库日期
		数量	机电物资管理部	驻厂监造/供应商	每天一次	
1.保持厂内和其他供应节点一定库存量 2.完善出入库登记制度 3.定期对出入库信息进行检查	中转库存	物资品种	机电物资管理部	转运站/供应商	每天一次	
		物资品牌	机电物资管理部	转运站/供应商	每天一次	包括物资生产厂信息
		规格型号	机电物资管理部	转运站/供应商	每天一次	
		批号	机电物资管理部	转运站/供应商	每天一次	库存物资的批号信息
		入库时间	机电物资管理部	转运站/供应商	每天一次	每一批号入库日期
		数量	机电物资管理部	转运站/供应商	每天一次	
1.保持厂内和其他供应节点一定库存量 2.保持现场一定库存量 3.完善出入库登记制度 4.定期对出入库信息进行检查	现场库存	物资品种	管理局	承包商/监理单位	每天一次	
		物资品牌	管理局	承包商/监理单位	每天一次	包括物资生产厂信息
		规格型号	管理局	承包商/监理单位	每天一次	
		批号	管理局	承包商/监理单位	每天一次	库存物资的批号信息
		入库时间	管理局	承包商/监理单位	每天一次	每一批号入库日期
		数量	管理局	承包商/监理单位	每天一次	

图 5-7　应对措施监测内容

（3）最后，还需要对确定下来的监测内容进行成本效益分析，这部分内容会在 5.6.2 条详细介绍。

5.5　水电工程物资供应链风险预警机制

5.5.1　供应链风险预警

供应链风险预警是根据供应链风险监测的结果对供应链可能或者将要面临的各种风险进行预先警报，集预测、警示、警报等功能于一身。首先需要预测到可能的风险事件，然后将其以特别的方式警示利益相关者，并提供具体的建议，帮助他们规避风险[11]。因此，供应链风险预警实质上是对供应链风险监测结果的深化利用，供应链风险预警更侧重于风险的感知层面，风险管理部门要根据风险预警部门提供的风险预警报告，选择相应的风险应对措施对风险进行处理。

风险预警体系就像是供应链风险控制的一个“感应器”，实时感应供应链面临的各种风险，并传递给风险管理部门，使得风险管理部门能够及时做出决策，采取相应的风险处理措施。这个“感应器”使得整个供应链对风险的感知在时间上大为提前，从而使整个供应链有充裕的时间做出应对，而不必等到风险进一步显现和暴露、对整个供应链造成更大的损失时才采取措施。

5.5.2 水电工程物资供应链风险预警体系

完整的水电工程物资供应链风险预警体系应包括风险因素预警体系以及风险事件预警体系两个部分。

1. 风险因素预警体系

构建水电工程物资供应链风险因素预警体系，首先要解决的是如何根据风险因素的监测结果判断是否需要实施相应的应对措施，即需要给每一个风险因素监测内容设定对应的阈值；当监测内容已达到或超过这一阈值时，风险管理组织就必须及时采取相应的应对措施，避免其演变成风险事件造成实际损失。根据风险监测的内容来看，风险因素的阈值应该分为以下两类。

（1）供应链外部环境及供应链运行绩效评价指标。这一类风险因素的阈值往往是一个事前确定的警戒线，而这一警戒线的确定则需要结合历史数据与专家的相应意见。若管理人员监测到风险因素已经达到这一警戒线或者预计即将达到这一警戒线，就需要启动相应的风险规划措施，并且持续观察这一风险因素，直至其恢复到正常状态。例如，雅砻江流域水电工程物资供应链中的施工现场合理库存水平。

（2）供应链运行异常状态。这一类风险因素往往只有发生和未发生这两种状态，因此其阈值可以认为是一段时间内其发生的次数；一旦近期内该风险因素发生的次数超过相应阈值，则必须采用对应的风险应对措施来避免相关风险事件的发生。例如，雅砻江流域水电工程物资供应链中的生产环节设备故障。

2. 风险事件预警体系

若要构建水电工程物资供应链风险事件预警体系，则还需要设定相应风险因素到达一定阈值时对应风险事件的发生概率及可能造成的损失，这可以是定性的也可以是定量的，但是必须保证相互之间的统一。只有这样，才能根据风险事件的发生概率及可能造成的损失获得风险事件的风险额，并在风险事件之间做相互比较，从而对风险额相对高的风险事件做出预警，及时通知到供应链上的各成员单位采取相关的应对措施。在此项工作中，可以结合第 3 章中的风险评价方法对监测内容进行模糊综合评价或者故障树分析。

5.5.3 水电工程物资供应链风险预警示例

以下将详细介绍雅砻江流域水电工程物资供应链风险预警体系的确定过程。

（1）首先必须明确一点，风险预警是通过风险监测环节监测到的风险因素指标实况来对风险事件进行预警，因此，风险预警环节的关键就是风险因素到风险事件的转化。

（2）对风险因素预警阈值的确定。对于历史数据较为充裕的风险因素与风险事件对而言，可以通过数理统计方法或者仿真技术找到合理的预警阈值。但是，一般情况下预警阈值的确定主要参考风险管理专家的主观意见。在这种情况下，风险管理组织能够通过细化风险因素与风险事件、设置多个预警阈值等方法来保证这些预警阈值的设定尽量合理。水泥供应风险监测指标预警阈值表的页面如图 5-8 所示，水泥供应风险中的风险因素监测内容包括水泥磨机故障、水泥磨机计划检修、回转窑故障、回转窑轮流停窑、人员操作不当、生产参数设置不当等；对相应的预警指标分别设置多个预警阈值，以及监测指标达到相应阈值时导致风险事件发生的概率以及造成的影响。这里需要填写的内容可以是定性的，也可以是定量的，但要注意相互之间的统一，因为最终需要通过风险评价来对预警结果进行综合分析。

风险因素	风险事件	预警指标	一级预警阈值	一级预警阈值导致风险事件发生的概率	一级预警阈值导致风险事件造成的影响	二级预警阈值	二级预警阈值导致风险事件发生的概率
水泥磨机故障	生产暂停或推迟						
水泥磨机计划检修							
回转窑故障							
回转窑轮流停窑							
人员操作不当	熟料指标超标						
生产参数设置不当							

图 5-8　水泥供应风险监测指标预警阈值表的页面

（3）最后，还可以设置风险事件的警戒线，用于对风险事件的发展趋势发出警报。风险管理组织通过监测结果与监测指标预警阈值表可以获得相应的风险事件发生概率以及造成的影响，计算可以得到一个风险事件的风险额数据（如果是定性的结果，也可以通过风险管理组织的主观意见进行粗略转化），因此，选择通过风险事件风险额设置风险事件警戒线，如图 5-9 所示。

雅砻江流域水电工程物资供应链风险监测项目的警戒线，即水泥、粉煤灰、钢筋相关的风险监测项目警戒线分别如图 5-10～图 5-12 所示。这三部分的结构大致类似，但是由于物资不同导致其对应的监测项目也会存在区别，所以必须将水泥、粉煤灰、钢筋进行区分考虑。

以图 5-10 水泥相关的监测项目警戒线为例，对于其中每一条监测项目（包括风险因素相关的监测项目、风险事件相关的监测项目以及风险应对措施相关的监测项目）都存

风险事件	风险额一级警戒线	风险额二级警戒线	风险额三级警戒线
供应商			
生产暂停或推迟			
熟料指标接近临界值或超标			
物资成品指标接近临界值或超标			
厂内质量检验结果不准确			
供应决策错误			
库存物资过期			
库存物资变质			
规格型号错误			
不合格产品发货			
发货滞后			
业主			
采购计划不合理			
供应决策错误			

图 5-9　风险事件警戒线

监测项目	一级警戒线	采取措施	二级警戒线	采取措施	三级警戒线	采取措施
风险因素监测内容						
天气预报	小雨/雪	关注交通状况	中雨/雪	状况，提前提高现场库存，至少满足	大到暴雨/雪	通状况，提前提高现场库存，至少满足8天
施工进度变化及对应物资需求变化	品种物资需求变化超过	局调整发货策略，保持现场合理	品种物资需求变化超过	部汇报，后者对供应风险进行再评估	品种物资需求变化超过	外，必要时管理局向机电物资管理部进行
道路异常中断	2天以内	关注交通恢复进展	3~5天	进展，管理局评估现场库存使用天数，	6天以上	存使用天数，跟踪消耗情况，机电物资管理
当地居民阻拦卸车	1天以内不能卸车	管理局通过有关部门和单位协调	1~2天不能卸车	过有关部门和单位协调，暂停安排供	3天以上不能卸车	，暂停安排供应商发货，评估现场库存使
风险事件监测内容						
生产暂停或推迟	2天以内	机电物资管理部关注生产恢复进展	3~5天	部根据厂内库存评估供应风险，并跟踪	6天以上	存和现场库存评估供应风险，研究采取备用
供应中断	2天以内	关注供应恢复进展	3~5天	存评估供应风险，研究采取应急措施的	6天以上	的基础上，研究是否优先保证关键部位施

图 5-10　水泥相关的风险监测项目警戒线

在三个级别的警戒线，警戒线的设置与具体监测项目对应。例如，天气预报对应的三个级别警戒线包括小雨/雪、中雨/雪、大到暴雨/雪；道路异常中断对应的三个级别警戒线则为 2 天以内、3～5 天以及 5 天以上。每一条警戒线同时对应一条紧急应对措施，这里的紧急应对措施与第 4 章风险应对规划里提到的应对措施是相互区别的；此处的应对措施只用于当监测项目到达相关警戒线时所采取的紧急措施，而不会再对风险管理体系中的其他环节产生影响。完整的监测项目警戒线，即水泥、粉煤灰、钢筋相关监测项目警戒线分别见附录 I～附录 K。

监测项目	一级警戒线	采取措施	二级警戒线	采取措施	三级警戒线	采取措施
风险因素监测内容						
天气预报	小雨/雪	关注交通状况	中雨/雪	状况，提前提高现场库存，至少满足?	大到暴雨/雪	通状况，提前提高现场库存，至少满足10天
施工进度变化及对应物资需求变化	品种物资需求变化超过	局调整发货策略，保持现场合理	品种物资需求变化超过	部汇报，后者对供应风险进行再评估	品种物资需求变化超过	外，必要时管理局向机电物资管理部进行
道路异常中断	2天以内	关注交通恢复进展	3～5天	进展，管理局评估现场库存使用天数，	6天以上	存使用天数，跟踪消耗情况，机电物资管理
当地居民阻拦卸车	1天以内不能卸车	管理局通过有关部门和单位协调	1～2天不能卸车	过有关部门和单位协调，暂停安排供	3天以上不能卸车	，暂停安排供应商发货，评估现场库存使
风险事件监测内容						
供应中断	2天以内	关注供应恢复进展	3～5天	存评估供应风险，研究采取应急措施的	6天以上	的基础上，研究是否优先保证关键部位施

图 5-11　粉煤灰相关的风险监测项目警戒线

监测项目	一级警戒线	采取措施	二级警戒线	采取措施	三级警戒线	采取措施
风险因素监测内容						
天气预报	小雨/雪	关注交通状况	中雨/雪	规格现场库存是否满足5天以上需求，	大到暴雨/雪	各规格现场库存是否满足8天以上需求，
施工进度变化及对应物资需求变化	品种物资需求变化超过	局调整发货策略，保持现场合理	品种物资需求变化超过	部汇报，后者对供应风险进行再评估	品种物资需求变化超过	外，必要时管理局向机电物资管理部进行
道路异常中断	2天以内	关注交通恢复进展	3～5天	进展，管理局评估现场库存使用天数，	6天以上	存使用天数，跟踪消耗情况，机电物资管理
当地居民阻拦卸车	1天以内不能卸车	管理局通过有关部门和单位协调	1～2天不能卸车	过有关部门和单位协调，暂停安排供	3天以上不能卸车	，暂停安排供应商发货，评估现场库存使
风险事件监测内容						
生产暂停或推迟	2天以内	机电物资管理部关注生产恢复进展	3～5天	现场库存评估供应风险，研究应急采	6天以上	供应风险，研究应急采购的必要性和可行性

图 5-12　钢筋相关的风险监测项目警戒线

整个雅砻江流域水电工程物资供应链风险预警的工作流程为从风险监测环节获得风险因素各指标的监测结果，对比风险监测指标预警阈值表得到对应风险事件的发生概率及造成的损失，最后通过第 3 章中的水电工程物资供应链风险评价流程得到风险事件影响程度清单或者对照风险事件警戒线来发出警报。

5.6 水电工程物资供应链风险控制成本效益分析

供应链风险控制是指供应链风险管理组织通过风险应对措施对影响供应链价值目标的风险因素及风险事件进行控制。它的产生主要是由于风险总是与损失（收益）相随，管理组织想要实现供应链价值最大化的目标，就必须加强对相关风险因素及风险事件的控制。整个供应链风险控制过程的目的是正确地估计和计量风险事件，在对各种可能造成的结果进行分析的基础上，趋利避害，尽可能以最小的成本避免最大的损失（谋求最大的收益）。因此，在供应链风险管理过程中，必须进行成本效益分析[12]。

风险控制的成本按其内容可以分为预防成本、纠正成本、惩治成本和损失成本：①预防成本是指为了防止风险的发生所花费的成本费用，预防成本与组织内在环境、风险管理系统的结构、复杂程度和精度相关；②纠正成本是指发现了风险苗头而对其实施检查、追究、处置、复原所花费的成本费用；③惩治成本是指当风险发生，且对组织内部和外部（包括对社会）造成了现实危害，因而对其进行处理、处罚、整治而支付的成本费用；④损失成本是指由于风险管理工作薄弱，缺乏风险防范机制所导致的直接的、间接的、有形的、无形的、经济的、社会的、短期的、长远的、现实的和潜在的经济损失。

风险控制的效益可以理解为通过风险控制，使不确定结果保持在可承受的范围内，保障项目管理目标的实现。风险控制的效益实际上就是指通过风险控制所降低的风险损失。

对于水电工程物资供应链风险控制成本效益分析来讲，风险管理组织可以从水电工程物资供应链风险应对措施成本效益分析、水电工程物资供应链风险监测成本效益分析及水电工程物资供应链风险应对决策等三个方面分别考虑。

5.6.1 水电工程物资供应链风险应对措施成本效益分析

水电工程物资供应链风险应对措施的成本效益分析的关键任务，是对单一风险应对措施的人力成本、资金成本和实施效果做出定性或定量的评价，以及对同一风险事件风险因素相关的风险应对措施做对比评价。一旦风险事件发生或出现风险预警时，风险管理组织可以根据水电工程物资供应链风险应对措施的成本效益分析初步判断该采取哪种应对措施，或者应该从哪些应对措施中进行筛选。需要注意的是，水电工程物资供应链风险应对措施的成本效益分析结论并不是一成不变的；在供应链运行过程中，可能存在原定风险应对措施的成本效益降低或升高的情况，也可能存在部分风险应对措施实际使用效果与预期不符的情况。总之，水电工程物资供应链风险管理组织需要及时更新风险应对措施成本效益分析结果。

当然，这里的水电工程物资供应链风险应对措施成本效益分析也可以参考本书第 4

章的水电工程物资供应链风险应对规划环节所形成的风险应对指导方案。

5.6.2　水电工程物资供应链风险监测成本效益分析

水电工程物资供应链风险监测成本效益分析需要对风险监测的内容、监测的频率、监测的方式等进行成本效益分析。

(1) 对于监测内容的成本效益分析，可以参考第 3 章水电工程物资供应链风险评价结果中的风险因素重要程度清单，对风险因素重要程度清单中重要性较高的风险因素必须进行监测；而对于重要性较低的风险因素，若其监测难度较大、监测成本较高，则可以选择不进行监测。

(2) 监测频率是风险监测成本效益分析的核心，具体的监测频率确定需要考虑供应链信息系统的完善程度以及风险监测部门的具体监测能力，甚至还需要根据具体的供应链环节进行具体分析。例如，对于雅砻江流域水电工程物资供应链风险监测而言，其施工现场的库存水平能够做到实时监测，而其供应商或者运输中转站的库存水平可能就只能做到每日监测。当然，风险因素监测频率的确定同样可以参考风险评价结果中的风险因素重要程度清单，重要程度较高的风险因素要尽可能地提高其监测频率，而重要程度较低的风险因素则可以适当降低其监测频率。

(3) 监测方式的成本效益分析比较受限于供应链上各个成员的技术水平。在我国诸多大型水电工程物资供应链管理工作中，现阶段大部分的风险因素监测还只是通过人工记录，若要引入相关的监测装置以及信息采集系统往往需要进行成本、效率、可靠性等方面的全面考虑。

以雅砻江流域水电工程物资供应链风险监测为例，图 5-13 为生产风险监测内容成本效益分析表的页面。对每一个监测内容都需要考虑其监测频率、监测方式不同所导致的成本、效益结果。成本包括人力成本、资金成本两部分，效益包括监测的准确性与及时

监测内容	监测频率	监测方式	成本		效益	
			人力成本	资金成本	准确性	及时性
设备自然故障	即时	人工	较低	较低	较高	高
		自动	低	高	高	高
	每日一次	人工	较低	较低	较高	中
		自动	低	高	高	中
计划内停窑	即时	人工	较低	较低	较高	高
		自动	低	高	高	高
	每日一次	人工	较低	较低	较高	中
		自动	低	高	高	中
	每周一次	人工	较低	较低	较高	较低
		自动	低	高	高	较低
停电	即时	人工	较低	较低	较高	高
		自动	低	高	高	高
	每日一次	人工	较低	较低	较高	中
		自动	低	高	高	中
生产暂停或推迟	即时	人工	较低	较低	较高	高
		自动	低	高	高	高
	每日一次	人工	较低	较低	较高	中
		自动	低	高	高	中
熟料指标接近临界值或超标	即时	人工	较低	较低	较高	高
		自动	低	高	高	高
	每日一次	人工	较低	较低	较高	中
		自动	低	高	高	中
物资成品指标接近临界值或超标	即时	人工	较低	较低	较高	高
		自动	低	高	高	高
	每日一次	人工	较低	较低	较高	中
		自动	低	高	高	中
不合格产品发货	即时	人工	较低	较低	较高	高
		自动	低	高	高	高
	每日一次	人工	较低	较低	较高	中
		自动	低	高	高	中

图 5-13　生产风险监测内容成本效益分析表的页面

性两方面。风险管理人员可以按表格中的内容做定性的判断，也可以根据实际数据进行定量的判断，但由于同一个监测内容不同监测细节之间要进行综合比较，所以必须保证统一。

5.6.3 水电工程物资供应链风险应对决策

供应链风险控制成本效益分析中最核心的工作是供应链风险应对决策。供应链风险应对决策所要解决的问题是，当存在多种候选风险应对措施时，风险管理组织应该选择哪种风险应对措施予以实施。

在这种情况下，风险管理组织可以通过决策网络计划技术来进行风险应对决策。决策网络计划技术是一种可进行工序多方案优选的计划编制方法。该方法不仅能够处理在工序确定并且能够实现的前提下对工期、费用等指标进行优化的问题，还能够解决当某些工序方案失效时的应急决策，适用于工程物资供应链运行中的风险应对决策方案对比分析。

决策网络图有单代号和双代号两种表达方法，考虑到表达的简洁性和一致性，目前一般以单代号方式表达，其思路是将那些可以由不同费用、时间或不同方法完成的节点表示为决策节点，把这一类决策节点都在一张网络图上反映出来，然后由拟订计划的人员进行全面分析。也正是因为其在描述多方案选择问题方面的优势，恰好为工程供应链风险应对决策提供了有效的分析手段。其完整的步骤如下。

（1）对风险集合 U 进行分析，找出风险程度较高的工序，制订相应的备选方案，得到相应的决策事件集，其中 S_i 表示该风险集合中的决策点 i，$S_{i,n(i)}$ 表示 i 的第 $n(i)$ 道工序：

$$S_i=\{S_{i,1},\ S_{i,2},\ \cdots,\ S_{i,n(i)}\}$$

（2）将这些决策事件集与非决策事件集合并形成决策网络计划事件集：

$$S=\{S_1,\ S_2,\ \cdots,\ S_l\}$$

（3）应用决策网络计划图的绘制方法建立决策网络计划模型，并在图中标明优化所需的参数。

（4）根据各选择方案参数进行决策网络分析，找到目标最优决策。

接下来将以从雅砻江流域水电工程物资供应链风险管理中的应对决策实例所抽象出来的问题为例，简单介绍决策网络计划技术的使用程序。

实例背景：工程 J 需要Ⅰ、Ⅱ级粉煤灰分别为 16 000、14 000t，以往供应情况为 QJ-FY（10 000，6000）、GZMC（6000，8000），但 GZMC 本月可能受机组检修无法供货、成昆线检修等因素的影响，会造成无法正常供应Ⅱ级粉煤灰，而汛期泥石流等自然灾害频发也会影响题录运输。根据实际情况判断当前高等级风险的两个环节为供应商选择和运输路线选择。假设预定完工日期 $T_E=10$，延期产生的罚款率 $C_p=20$，提前完工产生的保管费 $C_r=10$。表 5-1 为各工序名称。图 5-14 为风险决策网络计划图，其中的“△”

表示需要进行决策的时间点，"○"表示决策工序（应对措施），"□"表示不定点（由于客观条件的限制，难以事前预知该外界因素或仅能知道其发生的概率）。根据前述原理，可得各方案工期及费用支付结果见表 5-2。

表 5-1　各工序名称

工序标识		工序名称
S_1		起始虚活动
S_2 供应商选择	$S_{2,1}$	QJFY（10 000，6000），SCTF（6000，8000）
	$S_{2,2}$	QJFY（6000，12 000），SCTF（10 000，2000）
S_3 运输路线选择	$S_{3,1}$	泥石流情况下绕路行驶
	$S_{3,2}$	正常状态下保证铁路运输
S_4		粉煤灰运到 J 交接

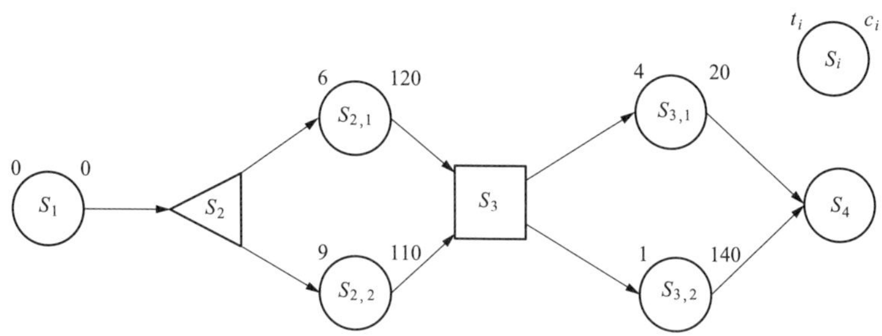

图 5-14　风险决策网络计划图

表 5-2　各方案工期及费用支付结果

决策	$S_{3,1}$	$S_{3,2}$
$S_{2,1}$	10，140	7，164
$S_{2,2}$	13，190	10，124

其中，在决策方案选择 $S_{2,1}$ 时，遇到运输条件为正常状态下，会进一步执行 $S_{3,2}$，这种决策下得到总执行时间为 $T=7$，则会产生提前完工的保管费用，记为 $3\times C_r=30$，得到总费用为 $120+14+30=164$。其他依此类推。

在已知 $S_{3,1}$ 和 $S_{3,2}$ 发生的概率分别为 $P_{3,1}$ 和 $P_{3,2}$ 时，可以进行 S_2 的决策。

当选择 $S_{2,1}$ 时的成本为：

$$C_{2,1}=140P_{3,1}+164P_{3,2}=164-24P_{3,1}$$

当选择 $S_{2,2}$ 时的成本为：

$$C_{2,2}=190P_{3,1}+124P_{3,2}=124+66P_{3,1}$$

$$P_{3,1}+P_{3,2}=1$$

通过比较分析可得，当 $P_{3,1}<4/9$ 时，选择 $S_{2,2}$；反之，选择 $S_{2,1}$。

5.7 水电工程物资供应链风险控制实例

本节将引入雅砻江流域水电工程物资供应链风险管理过程中的风险控制实例，涉及的内容包括雅砻江流域水电工程物资供应链风险监测、雅砻江流域水电工程物资供应链风险预警、雅砻江流域水电工程物资供应链风险控制阶段性文档以及风险控制对工程物资供应链多级库存的影响四部分。实例中风险监测以及风险预警的部分内容在 5.4 节及 5.5 节已经有所涉及，为避免重复，这两部分的介绍会相对简要。雅砻江流域水电工程物资供应链风险控制阶段性文档部分主要是对整个风险控制环节涉及的几个阶段性文档的阐述。风险控制对工程物资供应链多级库存的影响部分则是将风险管理与工程物资供应链其他相关工作结合的实例，对于其他涉及风险管理的供应链管理工作具有启示性意义。

5.7.1 雅砻江流域水电工程物资供应链风险监测

根据 5.4 节对水电工程物资供应链风险监测的叙述，雅砻江流域水电工程物资供应链风险监测部分主要包括监测内容的确定、监测方式的确定以及监测的成本效益分析三部分。

1. 监测内容的确定

简单来讲，监测内容的确定就是从雅砻江流域水电工程物资供应链风险事件、雅砻江流域水电工程物资供应链风险因素以及雅砻江流域风险应对措施三个方面出发（详见第 2 章水电工程物资供应链风险识别以及第 4 章水电工程物资供应链风险应对规划），逐一整理相关的监测内容，并根据风险评价结果对其进行筛选。

2. 监测方式的确定

在监测方式上，雅砻江流域水电工程物资供应链风险管理组织大部分情况下采用人工方式，但是随着供应链管理技术的发展，也会有大量的适用设备或软件在供应链各个环节上投入使用。

3. 监测的成本效益分析

监测的成本效益分析需要对雅砻江流域水电工程物资供应链风险监测的内容、监测的频率、监测的方式等进行分析。其中，监测内容的效益可以直接参考第 3 章水电工程物资供应链风险评价的结果，风险事件或风险因素的风险额越高则对其监测的效益也越高，监测内容的成本则需要公司相关负责人及相应专家的主观判断；监测频率的确定也可以参考第 3 章水电工程物资供应链风险评价的结果，对于影响较大的风险事件或风险因素而言，风险管理组织应尽可能做到实时监测，而对于影响较小的风险事件及风险因素则可以适当放松；在现阶段来看，局限于公司的实际情况，监测方式的成本效益分析的意义不大，大部分监测内容只能通过人工记录和统计。

5.7.2　雅砻江流域水电工程物资供应链风险预警

根据 5.5 节对水电工程物资供应链风险预警的叙述，雅砻江流域水电工程物资供应链风险预警部分包括风险因素预警值、风险事件风险额警戒线的确定以及监测项目警戒线、相应紧急应对措施的确定。风险因素预警值与风险事件风险额警戒线是用于通过风险监测的结果预警风险事件。监测项目警戒线与相应紧急应对措施则是完全独立的一部分，这里的紧急应对措施与应对规划所形成的应对措施也是相互区别的。

（1）在雅砻江流域水电工程物资供应链风险因素预警阈值的确定中，需要确定的是风险因素对应某一风险事件的预警指标、各个级别的预警阈值以及到达相应阈值后导致风险事件发生的相应概率及可能造成的损失。同时，这里所得到的风险事件发生概率及可能造成的损失也是风险管理体系与工程供应链其他工作相互结合的关键点。另外，将监测结果与本书 8.4.1 条中提到的预测方法相结合，也能够对未来一段时间内雅砻江流域水电工程物资供应链风险进行预警。

（2）在雅砻江流域水电工程物资供应链风险事件风险额警戒线的确定中，需要确定的是风险事件各个级别的风险额警戒线，通过计算求得风险事件风险额后，就需要对照其警戒线来发出相应警报。

（3）在雅砻江流域水电工程物资供应链监测项目警戒线和相应紧急应对措施的确定中，需要确定监测项目的各级警戒线以及监测项目到达各级警戒线后需要及时采取的紧急应对措施。这里的紧急应对措施与风险应对规划中提到的风险应对措施不同，风险应对规划中的风险应对措施是针对某一风险事件的某个风险因素，而预警对应的紧急应对措施则是针对监测项目。

5.7.3　雅砻江流域水电工程物资供应链风险控制阶段性文档

雅砻江流域水电工程物资供应链风险控制还需要形成阶段性的文档，这里的阶段性文档包括风险管理年度计划报告、风险管理月度计划报告以及风险数据统计表。

风险管理月度计划报告一般在每月的 27～28 日完成，报告内容包括时间范围、该时间范围中是否有新增风险事件及风险因素、该阶段的风险评价结果、该阶段风险应对规划内容以及该阶段风险监测内容等，详见附录 L 风险管理月度计划报告（示例）。

风险管埋年度计划报告一般在每年的 11 月 30 日前完成，其内容与风险管理月度计划报告大同小异，格式上也可以参考附录 L 风险管理月度计划报告（示例）。

风险数据统计表包括阶段性的风险事件和风险因素发生次数及相关内容的统计，以及定期监测内容在各警戒线范围内的次数及时间等参数。风险事件和风险因素相关内容的统计需要根据物资的不同进行区分，雅砻江流域水电工程物资供应链风险事件统计表就可以分成水泥相关风险事件统计表、粉煤灰相关风险事件统计表以及钢筋相关风险事件统计表三部分，其展示界面分别如图 5-15～图 5-17 所示。监测结果统计表中需要记录监测项目相应的报警时间、警戒线级别、持续时长、信息来源、监测责任单位/部门及其他信息，其展示界面如图 5-18 所示。

整理时间：			2016年7月			——		
影响供应的风险事件汇总								
风险事件：	生产暂停或推迟							
发生时间：	2016年7月14日	2016年7月29日	2017年1月23日	2017年6月12日	2017年7月20日	2016年10月23日	2017年2月7日	2017年4月10日
财产损失（万元）：								
工期延误（天）：	2	3	4	2	3	2	3	2
相关风险因素1：	水泥磨机故障	水泥磨机故障	水泥磨机故障	水泥磨机故障	水泥磨机故障	水泥磨机计划检修	水泥磨机计划检修	水泥磨机计划检修
相关风险因素2：								
相关风险因素3：								
应对措施1：	关注水泥库存量，	关注水泥库存量，	关注水泥库存量，压	关注水泥库存量，	关注水泥库存量，	提前备好水泥，关	关注水泥库存量，	提前准备充足库存水
应对措施2：	迅速组织力量检修	迅速组织力量检修	迅速组织力量检修，	迅速组织力量检修	迅速组织力量检修	迅速组织力量检修	迅速组织力量检修	迅速组织力量检修，
应对措施3：	1号水泥磨不间断生	2号水泥磨不间断生	2号水泥磨不间断生产	2号水泥磨不间断生	1号水泥磨不间断生		1号水泥磨不间断生	
实施效果1：								
实施效果2：								
实施效果3：								
总发生次数：	21		总财产损失（万元）：			总工期延误（天）：	91	

图 5-15　水泥相关风险事件统计表展示界面

整理时间：			2016年7月			——		
影响供应的风险事件汇总								
风险事件：	生产暂停或推迟							
发生时间：								
财产损失（万元）：								
工期延误（天）：								
相关风险因素1：								
相关风险因素2：								
相关风险因素3：								
应对措施1：								
应对措施2：								
应对措施3：								
实施效果1：								
实施效果2：								
实施效果3：								
总发生次数：			总财产损失（万元）：			总工期延误（天）：		

图 5-16　粉煤灰相关风险事件统计表展示界面

整理时间：	2016年7月	——
影响供应的风险事件汇总		
风险事件：	生产暂停或推迟	
发生时间：		
财产损失（万元）：		
工期延误（天）：		
相关风险因素1：		
相关风险因素2：		
相关风险因素3：		
应对措施1：		
应对措施2：		
应对措施3：		
实施效果1：		
实施效果2：		
实施效果3：		
总发生次数：	总财产损失（万元）：	总工期延误（天）：

图 5-17　钢筋相关风险事件统计表展示界面

整理时间：								
监测内容：	设备故障							
报警时间：								
警戒线级别：	一级警戒线	一级警戒线	一级警戒线	一级警戒线	一级警戒线	一级警戒线	一级警戒线	一级警戒线
生产厂：								
发生部位：								
发生原因：								
持续时长：								
信息来源：								
监测责任单位/部门：								
预采取措施：								
监测内容：	计划内停容							
报警时间：								
警戒线级别：	一级警戒线	一级警戒线	一级警戒线	一级警戒线	一级警戒线	一级警戒线	一级警戒线	一级警戒线
影响范围：								
持续时长：								
信息来源：								
监测责任单位/部门：								
预采取措施：								

图 5-18　监测结果统计表展示界面

5.8　本　章　小　结

水电工程物资供应链风险控制是水电工程物资供应链风险管理的核心内容，它与风险识别、风险评价及风险应对规划密切相关。水电工程物资供应链风险监测和风险预警的基础是风险识别及风险评价，而风险应对规划会对水电工程物资供应链风险控制成本效益分析产生极大的影响。

只有将风险识别、风险评价及风险应对规划确切落实，才能引导出合理、科学的风险控制，真正意义上做到水电工程物资供应链的风险管理。

参 考 文 献

[1] Sodhi M S, Son B, Tang C S, et al. Researchers' perspectives on supply chain risk management [J]. Production and Operations Management, 2012, 21 (1): 1-13.

[2] 郑小京，郑湛，徐绪松．供应链风险管理研究综述——风险控制 [J]. 技术经济，2013，32 (8): 118-124.

[3] Cha J H, Finkelstein M. The failure rate dynamics in heterogeneous populations [J]. Reliability Engineering and System Safety, 2013, 112: 120-128.

[4] Kapur P, Bardhan A. Statistical models in software reliability and operations research [M]. Handbook of Engineering Statistics, Springer London, 2006.

[5] Tang L C. Six sigma: advanced tools for black belts and master black belts [M]. [S. I.]: John Wiley & Sons Ltd, 2006.

[6] 姜艳．基于供应链柔性的供应链风险控制研究 [J]. 中国市场，2008，15 (36): 118-119.

[7] Ghirardi M, Menga G, Sacco N. An optimisation-oriented model of distributed supply-chain [J]. Mathematics and Computers in Simulation, 2008, 79 (4): 937-946.

[8] 吴军，李健，汪寿阳．供应链风险管理中的几个重要问题 [J]. 管理科学学报，2006，9 (6): 1-12.

[9] 郭夙昌，黄洪钟．基于蒙特卡洛仿真的制造资源网格任务可靠性分析 [J]. 中国机械工程，2009，20 (24): 2938-2942.

[10] 李振宇．基于模糊理论的供应链风险监测方法 [J]. 物流技术，2015，34 (2): 209-211.

[11] 丛培栋．供应链风险预警机制研究 [J]. 物流工程与管理，2015，37 (11): 157-160.

[12] 张琴．风险管理的成本效益分析 [J]. 各界文论，2007，11 (6): 52，83.

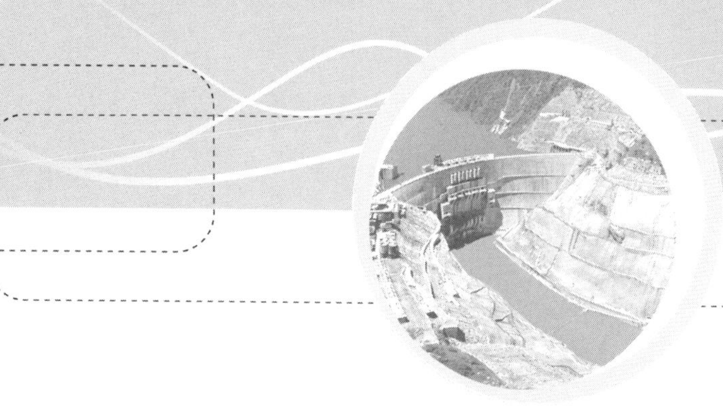

第6章　基于风险的水电工程物资供应链网络规划

6.1 引　　言

近年来，随着社会经济的快速发展和国际形势的日趋复杂，供应链网络规划的重要性也越来越受到人们的重视。大型水电工程建设对物资供应链要求严苛，如何建立集约、科学的供应链网络直接关系到工程建设质量、成本和进度控制目标的实现。供应链网络规划从系统的角度出发，以系统总体最优为规划目标，通过综合考虑供应链中各成员的属性与关联关系，合理确定供应链网络中的结构配置，建立集约化的供应链网络，提升物资供应的效率与经济性。

值得注意的是，当前供应链网络规划方法多采用静态度量，未充分考虑供应链网络中各个环节的风险因素[1]，但实际上供应链网络所要面临的环境中却有很多风险因素有待考虑，在大型水电工程建设中尤其如此。因此，考虑风险的供应链网络规划势必成为现代水电工程建设施工组织设计的重要内容。

本章以狭义水电工程物资供应链为背景，首先分析供应链网络的特征，提出水电工程物资供应链网络规划需要考虑的核心因素，然后详细阐述供应链网络规划的原则、目标和规划方法，进而分析供应链风险体系并抽离出与网络规划相关的风险因素，建立相对应的风险量化指标。而考虑到供应链系统的复杂性和不确定性，在供应链运行研究中，通常应用计算机仿真技术来模拟供应链的动态运行及演化过程，从而考察供应链网络的有效性。本章最后提出基于Agent的建模方法建立水电工程物资供应链网络仿真优化模型，并将其运用于工程实例中。

6.2 水电工程物资供应链网络规划

6.2.1 基于风险的供应链网络规划体系

现代供应链管理理论明确指出，供应链网络设计是供应链管理的重要决策之一，对企业有长期持久的影响，其好与坏直接影响供应链管理的效果[2]。供应链网络一旦建立，短期内很难改变，或者说短期内重新调整的费用很高。因此，如何设计合适的供应链网络对企业来说是非常重要。现实中，即使在生产、运输和库存决策都最优的情形下，供应链网络规划不合理也会导致供应链的效率不高，从而产生额外的运营费用。通过供应链网络优化设计，或者对现有供应链网络进行优化重建，可以在减少整个系统的运营费用的同时提高服务水平。

供应链网络规划需要打破局部优化的藩篱，从全局优化的角度对供应链网络进行配置。主要是确定从物资起点到市场需求终点的整个流通渠道的结构（即供应链网络结构），包括供应渠道网络[3]、生产工厂布局网络和产品分销渠道网络[4]，解决物流设施的类型、数量、位置与物流节点之间的分配关系[5]，进行物流设施所服务的客户群体与产品类别的区分，以及确立产品在物流设施之间的运输方式。

供应链网络规划既涉及空间问题，又涉及时间问题。空间/地理规划问题中要规划各种设施的平面地理布局，即设施布局，确定各种设施的数量、规模与位置，考虑客户服务水平和成本之间的平衡；供应链网络规划的时间问题中主要解决满足客户服务目标的保持产品可得率问题，以及可获得到产品所需的时间问题。

现实中，不同的企业所处的决策环境各有不同。因此，在不同的决策环境下，供应链网络规划问题的决策内容也不同。实际进行供应链网络规划时，需要客观考虑企业当前状态与发展战略，综合开展供应链网络规划作业。具体就大型水电工程而言，其物资供应范围广、空间范围跨度大、项目开发周期普遍较长，供应链网络在实际运行过程中将伴随着供应商更换与加入不断变化[6]。在此大背景下，供应链网络规划将更加关注对供应链结构变化的论证与优化，通过供应链网络规划辅助决策者决策。

值得特别注意的是，传统供应链网络规划通过数学模型进行描述并在整体优化决策时认为，供应链网络中各个关键节点的数据保持普遍的静态特性，依赖于静态数据的支持，进而做出整体供应链网络的规划决策。虽然有部分文献考虑了随机条件下的决策[7~10]，但是这样的决策往往在实际运行中适用性不强，其原因主要在于在供应链网络规划过程中对于供应链风险因素的考虑缺失。本书提出基于风险的供应链网络规划体系，通过综合分析水电开发领域的供应链网络特征，解析出网络规划风险体系，将其纳入供应链网络规划因素中，通过传统规划方法与新增的方法、工具，最终获得网络规划方案。基于风险的供应链网络规划体系结构如图 6-1 所示。

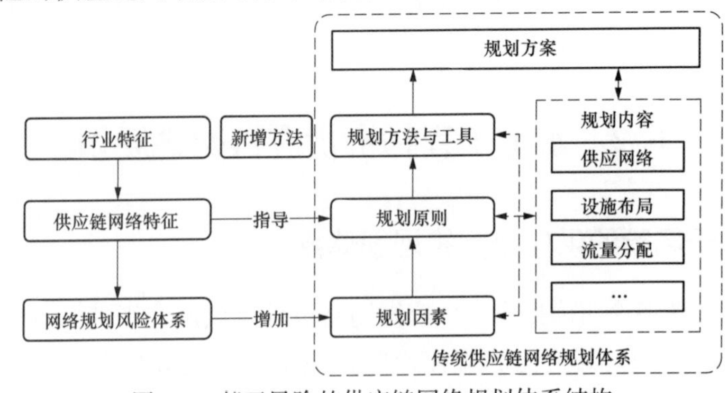

图 6-1　基于风险的供应链网络规划体系结构

基于风险的供应链网络规划便是在供应链网络规划的模型、策略、方法之中考虑具体供应链风险因素，通过演化分析等方法，探究在风险因素影响下的供应链网络规划，强化供应链网络的韧性与风险抵抗能力。

6.2.2 水电工程物资供应链网络特征分析

大型水电工程因其行业特殊性，其物资供应链网络呈现出一些有别于传统供应链网络的特征。开展网络规划前，充分了解其供应链特性有助于深入了解供应链核心影响因素，提升供应链网络规划的科学性与适用性。水电工程物资供应链网络特征如下。

1. 供应链结构简单，供应模式多样

在我国大型水电工程的建设管理中，为保证工程质量、降低工程总成本、确保工程实施进度，针对工程建设所需要的大宗物资（如水泥、粉煤灰、混凝土外加剂、钢材等）的供应组织普遍采用甲供模式，由业主受工程承包商委托统一招标选定物资供应商。供应链主要由物资供应商、中转储备系统和工程承包商组成，形成了以中转储备系统为核心的三级供应链网络。其中，中转储备系统用于在时间与空间上联系供应商与工程承包商，理论上可以实现对来自不同供应商的物资进行整合后再分配。但由于实际工程合同签订的因素使得不同供应商与工程承包商之间仍然存在简单一对一或者一对多的结构，此状态下三级供应链网络可视为针对不同物资供应商单条网链结构的简单组合。

同时，在实际生产中，物资供应模式又按照工程实际运行状态与物资类型分为中转模式与直供模式：中转模式即工程物资经过中转储备系统转运至施工现场，中转储备系统负责存储、管理工程物资，保证在供应商物资供应不足时对工程现场的物资供应；直供模式即从供应商直接供应物资到施工现场。

图6-2所示为雅砻江流域水电开发工程物资供应链结构的部分示例，其中，YAXN水泥采用直供物资供应模式，为大坝标和高线系统直接提供散装普硅水泥，是典型的二

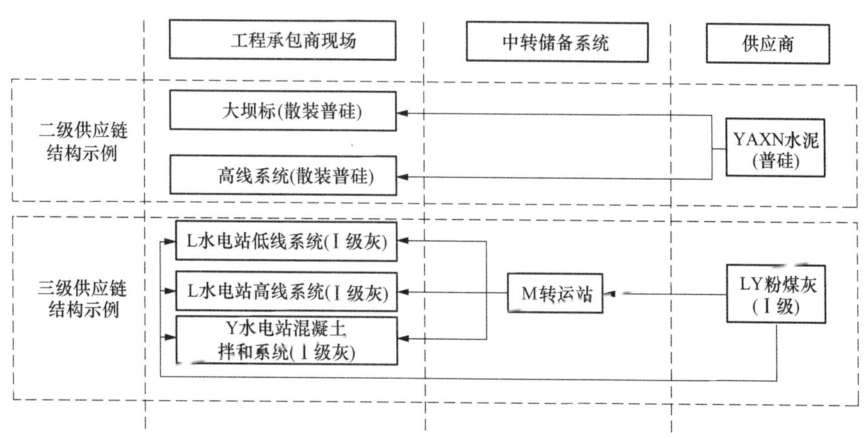

图6-2　雅砻江流域水电开发工程物资供应链结构的部分示例

级供应链；LY 粉煤灰采用中转模式与直供模式结合的混合模式，为 L 水电站低线系统、高线系统和 Y 水电站混凝土拌和系统供应Ⅰ级粉煤灰，其供应链可以按照两种供应模式分解成为一个二级供应链网络与三级供应链网络。需要注意的是，上述仅为物资供应链的一部分，实际大型水电工程所需物资种类繁多，多种物资供应链网络构成组合十分庞大；但通过上述分析可知，庞大的供应链网络均可以按照物资种类分解为二级供应链与三级供应链，此特点将为后期的供应链规划与仿真模型的构建提供支持。

2. 供应链供需波动明显，供需平衡较难

大型水电工程大宗物资水泥、粉煤灰、钢筋等需求量巨大，且一般同一流域的多梯级同步建设，建设过程受气温、降水等季节性因素影响较大。施工进度在不同月份与季节存在明显差异，如雅砻江流域的水电工程由于在高原地区施工，在每年冬季（12 月～次年 2 月）由于施工环境温度常处于零度以下，洞外施工基本停止，物资使用量大幅减少；在每年汛期（6～8 月）降水激增，使得洞外混凝土浇筑作业受到较大影响，这直接导致供应链末端需求存在显著的季节性波动。另外，突发事故、设备更新、气候变化、采购人员主观经验等因素也会间接造成需求波动。图 6-3 所示为 A 供应商Ⅰ级粉煤灰各月供应量年占比关系，其季节性供应波动明显（图 6-3 中各月份数据从左至右分别为 2015～2018 年数据）。

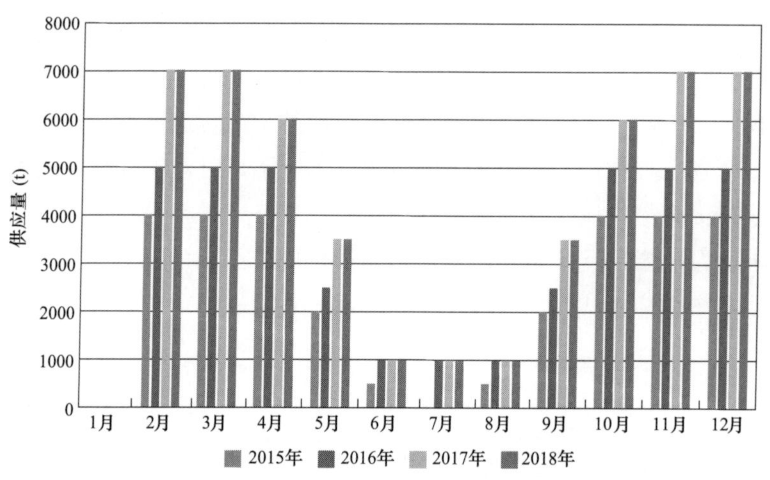

图 6-3　A 供应商Ⅰ级粉煤灰各月供应量年占比关系

对于上游供应商，由于其自身生产组织安排的限制，其在不同时期产能较为稳定，在合同规定范围内难于直接实现大规模季节性变动的生产调配。并且部分供应商自身产能便存在明显的季节性变化，如粉煤灰供应商，其产量受火力发电量制约，在雨季水力发电量激增致使火力发电产能降低，从而大大降低粉煤灰供应量。上述显著的供需波动极大增加了供应链网络中物资的供需风险，容易导致施工现场因物资供应不足而出现停产，造成经济损失。并且，在大型水电工程的多级物资库存管理中，信息传递的长鞭效应也将进一步加大物资的供需平衡[11]。供应链供需关系影响因素如图 6-4 所示。

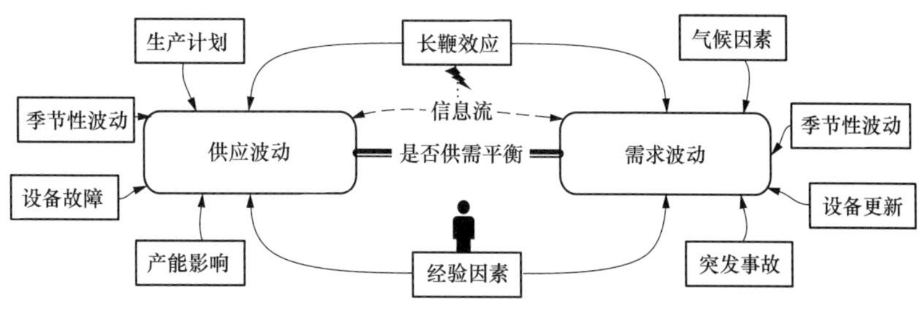

图 6-4　供应链供需关系影响因素

3. 供应链风险因素众多

供应链风险是一种潜在的威胁，它会因为供应链系统的脆弱性对供应链系统造成破坏，给上、下游企业以及整个供应链带来损害和损失。在大型水电工程中，虽然所需工程物资品类繁多，但对于单种工程物资的供应较为单一，基本由一个或者两个供应商供应；当独家供应商因生产组织、生产环境等因素出现供应风险时，整条供应链极易陷入困境。在供应链结构日趋复杂的当下，信息传递延迟以及信息传递不准确也会增加，这也使得原本具有不确定性的供需关系更加难以高质量地保障。同时，大型水电工程的供应商位置分散，普遍距生产现场较远，运输过程中的不稳定也会造成物流的延迟甚至中断，从而影响到供应链下游承包商的现场施工。具体风险因素与风险事件第 2 章已详细讨论，此处不再赘述。

6.2.3　水电工程物资供应链网络规划考虑的因素

大型水电工程物资供应链网络规划与传统网络规划不同，其供应链特征反映出供应链网络规划中应当特别关注的因素。

1. 强化供应链风险考量

鉴于很多企业因未作好供应链网络风险控制而招致损失，使企业陷入困境并直接或间接地影响到上、下游企业以及整个供应链所带来的教训，衡量与评估供应链网络风险的暴露程度就显得十分重要。特别针对大型水电工程而言，其在供应商能力、需求信息传递、物流配送等方面存在影响面较大的风险因素，将牵涉到工程的质量、成本和进度等目标的达成，在开展供应链网络规划时必须给予特别关注。

2. 关注供应商供货能力满足状况

在采用静态数据描述的供应链网络规划方法中，能较容易地匹配供应链网络的供货能力与施工现场需求状况，但对于大型水电工程，其供应链网络的各个环节普遍存在着许多不确定风险因素，在考虑供应链网络风险的情况下，供应商与施工现场的供需平衡便难以实现，容易出现因为供应商供货能力不足而导致多个施工工段停工待料，影响工程质量，造成不可估量的经济损失。所以，在考虑风险的供应链网络规划中需要特别关注供应商供货能力满足状况。

3. 关注供应商配额分配

大型水电工程周期长，工程同步开展范围较大，工程现场对物资供应要求较为严苛，供应商供货能力对施工现场的能力满足直接反映了供应链整体的有效性。在实际水电工程建设过程中，往往由于领导层决策偏好以及其他综合因素的考虑，供应链网络中供应商选择与中转储备系统配置在工程开展之前已基本确定，这种情况下，供应链网络规划对于整体供应链的优化便侧重于对现有供应链网络中供应商供应配额的关注，考虑多种风险因素下如何优化配置供应商配额与备用供应商启动供应的策略。

6.2.4 基于风险的供应链网络规划方法

供应链网络规划是一项复杂的作业流程，通常需要借助数学模型和计算机模型实现。随着数学与计算机技术的发展，供应链网路规划已形成了很多方法，常用建模技术大致分为图表技术、仿真模拟、优化模型和专家系统模型。

1. 图表技术

图表技术泛指大量的直观方法。这类技术不需要深奥的数学分析，凡是能够综合反映现实中的约束条件，其分析结果也十分具有价值。这些方法能考虑主观因素、例外情况、成本和限制条件等复杂的数学模型不能考虑的因素。具体应用包括统计图表、加权评分法、统计图表、电子表格等方法。借助这些方法，辅助以专业分析人员的经验、洞察力以及对供应链网络规划的深刻理解，往往能够取得便于实施的满意设计方案。

2. 仿真模拟

仿真模拟技术在考虑风险的供应链网络规划中具有十分重用的应用价值。通过将运输方式、运输批量、设施布局等因素以合理的数量关系加以描述，采用编制合理的运行逻辑代码将其在现有的仿真平台进行供应链网络仿真运行；通过分析仿真模拟结果，设计出科学合理的供应链网络规划方案。同时，可视化的仿真模拟技术和友好的交互界面也为用户提供了便捷直观的沟通方式，使得仿真技术有着比其他分析工具更强的直观性和说服力，管理者可以通过仿真模型直观、具体地了解供应链网络状况。并且仿真模拟技术能够方便地处理随机性的变量要素，对现实问题进行全面的描述，这极大方便了供应链网络风险的表达与模型建立。

3. 优化模型

优化模型通过数学方式构建数学模型，表征供应链网络规划中的各项约束与指标，在给定的假设条件和充足的基础数据支持下，优化模型能够求出问题的最优解或者满意解。按照系统描述的精确程度与解的性质，可以将其分解为最优模型与启发式模型。最优化模型严格遵照数学模型求解方法，能够保证求解出最优解，但是其往往无法包含现实问题的所有约束条件与影响因素，使用时必须在运算能力限制和模型模数的精细度之间做出权衡。启发式模型能够对现实问题有较为全面的数学描述，但并不能保证得到最优解。其在大规模约束变量与多不确定因素的决策问题时具有很强的可操作性。

4. 专家系统模型

专家系统又称人工智能系统，是将人们以往在解决问题中的经验、方法与专长转化为计算机程序，把专家的知识和解决问题的逻辑思维以程序的方式赋予计算机系统，给予其强大的知识经验水平，使其能够快速、准确地处理不确定信息，并且具有十分强的可复制性和鲁棒性。但是开发专家系统的最大难点在于如何持续识别、获取专家的智慧与知识并将其以合理的形式赋予计算机。

6.3　水电工程物资供应链网络规划的风险体系

供应链风险管理是供应链管理的重要组成部分，其通过合理地识别、评价、规划与控制风险因素，为供应链整体优化给出指导。同理，在考虑风险的供应链网络规划中也存在供应链网络规划风险体系，通过对体系的构建能够深入了解供应链网络规划中紧密关联的供应链风险，并且提供科学合理的风险评价指标与方法，为供应链网络规划提供理论支持。

6.3.1　供应链网络规划风险体系概述

供应链网络规划风险体系是供应链网络规划的风险参考基准。其根植于供应链风险，是在供应链风险管理体系基础上充分考虑供应链网络规划因素与目标制订的体系标准。其摒弃了供应链风险系统中纷繁复杂的多级风险指标，仅选取与供应链网络规划中考核指标相关的风险因素（即 2.5 节提出的多级风险中的二级风险），并从中抽离出直接与供需关系相关的风险事件作为新风险体系的组成。同时，在风险因素之上建立各自的风险评价指标，并根据风险因素的特性选择不同的风险评估方法。值得注意的是，供应链网络规划风险仅是供应链风险管理体系的一个子集，其关注于供应链网络规划核心因素的关联风险，更注重于有历史数据支撑的随机风险，强调风险的数据化与实际应用。供应链网络规划风险体系结构如图 6-5 所示。

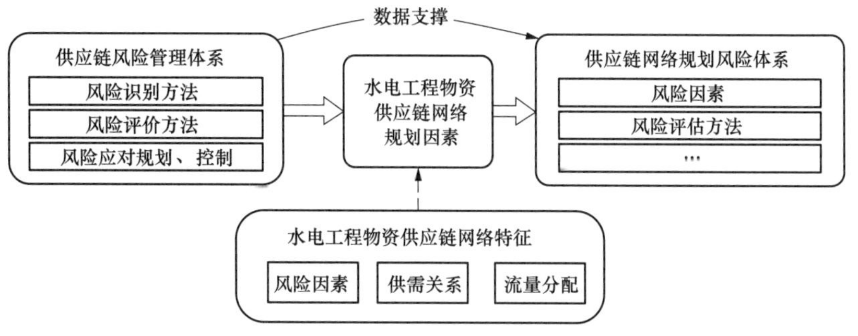

图 6-5　供应链网络规划风险体系结构

6.3.2 供应链网络规划风险分析

在大型水电工程中，供应链网络规划风险主要考虑在物资供应环节中能够间接或直接影响物资在供应链网络中流动时效性和流畅程度的因素，可以分为供/需波动风险、合作伙伴风险和运输风险等。

1. 供/需波动风险

大型水电工程涉及众多物资供应商、中转储备系统以及工程承包商。其经济主体较为复杂，且会受到来自技术、经济、自然和社会等诸多方面的干扰和威胁（影响），前端供应商供应量容易受到气候环境和技术能力等因素影响，具体表现为供应商月出货能力的波动。而由于大型水电工程多建设于崇山峻岭之中，其建设情况极易受到气候因素、人员经验、季节性等因素影响，不同时段需求信息也会呈现一定波动。

供/需波动风险受到各种因素的普遍影响，在不同时期呈现不同的统计学特征，采用月度需求波动率与计划实施偏差率作为衡量供需波动的指标。

月度波动率 φ_{ij}^{a} 表示相邻月份之间实际供应量（消耗量）的波动情况，间接反映出受季节性因素影响下各个月份供给（需求）的波动情况。

$$\varphi_{ij}^{a}=\frac{N_i^{\mathrm{rel}}-N_j^{\mathrm{rel}}}{N_j^{\mathrm{rel}}},\ j=i+1 \tag{6-1}$$

式中：N_i^{rel} 为在第 i 月工程标段 a 的实际物资供应量（消耗量）。

计划实施偏差率 ε_i^a 是指各个月份中实际生产（消耗量）与计划生产（消耗量）的差值比例，其能够反映因为供应链中施工进度变化、设备工艺更新、人员判断失误等风险因素导致在最终实施环节供应量（消耗量）的偏差程度。

$$\varepsilon_i^a=\frac{N_i^{\mathrm{rel}}-N_i^{\mathrm{pla}}}{N_i^{\mathrm{rel}}} \tag{6-2}$$

式中：N_i^{pla} 为第 i 月工程的计划物资供应量（消耗量）。

2. 合作伙伴风险

供应链中的合作伙伴的选择风险，是指对供应链中的合作伙伴选择不当而破坏整个供应链的风险。所谓选择不当，是指选择的合作伙伴的实力不足以满足需求或与供应链其他成员企业不具匹配性等。良好的合作伙伴是供应链正常运作的基础，合作伙伴形成了供应链的各个环节，一个环节出了问题，整个供应链都会受到影响，甚至会使整个供应链“断裂”。在大型水电工程中，有时工程业主选择的供应商因自身产能与环境因素的影响导致其不能按照业主供货要求（包括数量、质量要求）提供相应的工程物资，进而导致施工现场的物资供应保障困局。

在大型水电工程中，供应商生产推迟与物资成品不达标等原因使物资供应成为合作伙伴风险的主要内容。因此，在供应链网络规划中也主要考量物资供应相关的指标，将供应商不发货率作为合作伙伴风险的核心指标。

供应商不发货率 α^{b} 即供应商无法按要求发送的订单数量与订单总数的比值。

$$\alpha^{b}=\frac{M_{b}^{fail}}{M_{b}^{fail}+M_{b}^{succ}},\quad \alpha^{b}\in[0,1] \tag{6-3}$$

式中：M_{b}^{fail} 为供应商 b 无法发货或延时发货的订单数量；M_{b}^{succ} 为供应商 b 成功履行的订单数量。

3. 运输风险

供应链中的运输风险是指生产和运输过程中的不稳定而造成的物流配送延迟，导致供应物流的中断，从而影响供应链整体的正常运行。在大型水电工程中，工程物资大部分经由铁路从供应商运输至中转储备系统，再通过公路运输至工程现场，此外小部分物资直接经由公路运输运输至工程现场，在铁路与公路运输中容易出现运输不准时、运输中断、运输物资损坏等风险。

大型水电工程对物资供应时效性要求较高，且实际大宗物资在铁路与公路运输中的损耗较低，基本可忽略不计，故考虑使用运输延时率作为运输风险的主要指标。运输延时率 γ_{i}^{b} 即供应商未按照合同规定时间逾期到达的订单数量占总订单数量的比例。

$$\gamma_{i}^{b}=\frac{O_{ib}^{late}}{O_{ib}^{late}+O_{ib}^{punc}},\quad i\in\{0,1\} \tag{6-4}$$

式中：O_{ib}^{late} 为供应商 b 采用 i 种运输方式的运输订单中逾期的订单数量；O_{ib}^{punc} 为供应商 b 采用 i 种运输方式的运输订单中准时到达的订单数量，其中 $i=0$ 表示采用铁路运输，$i=1$ 表示采用公路运输。

6.3.3　供应链网络规划风险评价方法

供应链网络规划中，可以将随机风险因素分为概率表现型与经验分布表现型。

（1）概率表现型即采用风险变量概率评价风险，在供应链网络规划中以一个概率值的形式表示，一般需要用于能够推测具体理论概率分布模型的风险因素。在大型水电工程中，不发货风险、运输延时风险、发货质量不合格风险等均可用此类型表示。

（2）经验分布表现型即通过观测数据直接确定一种分布，不考虑这种分布是不是理论分布，一般用于不能或难以推测具体理论概率分布模型的风险因素。在大型水电工程中，供应量波动风险、需求量波动风险等可用此类表示。

基于风险的供应链网络规划中需要对每类风险进行评估，由于供应链网络规划风险体系更加注重数据化风险的展示，故一般仅需要对随机风险因素的发生概率和分布形式进行研究。按照上述风险在供应链网络规划仿真的应用表现形式，将供应链网络规划风险评价方法分为数理统计法和经验分布法，如图 6-6 所示。

6.3.3.1　数理统计法

数理统计法即通过统计学方法，根据实测数据确定风险随机变量的分布类型，通过

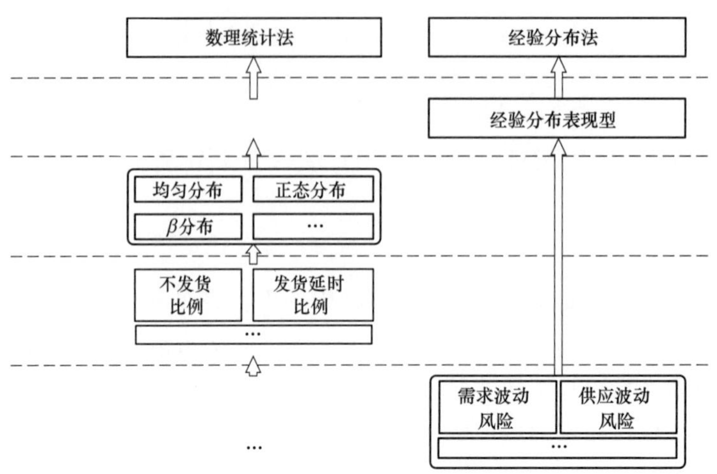

图 6-6 供应链网络规划风险评价方法

指标参数计算出事件发生的概率。数理统计法不是简单使用工程中的事件发生概率作为风险变量发生的概率，而是从统计学意义上出发，通过确定风险变量的分布类型，从而准确地描绘出风险变量的客观概率。与简单使用工程建设中风险事件发生概率作为结果的方法对比，数理统计法可以有效避免因为工程建设单件性导致统计量过小而造成的统计误差，能够更加科学有效地评价风险因素。

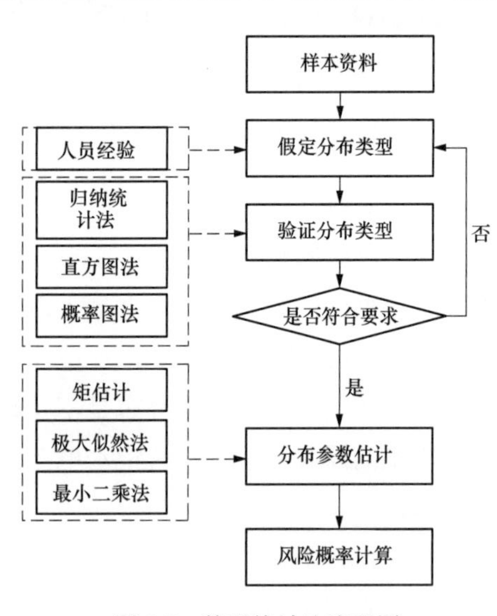

图 6-7 数理统计法流程图

数理统计法首先要求收集相应风险因素的评价指标样本资料，规划者通过经验和数据确定风险因素变量的分布类型，然后根据实测数据确定分布模型包含的未知参数，最后计算获得风险事件发生的客观概率。数理统计法的流程如图 6-7 所示。

1. 假定分布类型

假定样本分布类型一般直接由经验丰富的规划工作人员通过对数据类型以及风险变量类型综合考虑形成。例如，生产系统的故障率通常符合指数分布，某项工程任务的完成事件常符合对数正态分布，供应商不发货事件常符合伯努利分布。

2. 验证分布类型

假定分布类型之后，需要验证分布类型是否符合实际情况。通常采用归纳统计法、直方图法和概率图法。

（1）归纳统计法通过对样本的极值、均值、中位数、方差、偏差系数、偏斜系数的计算，判定样本是否符合相应的理论分布。例如，通过偏斜系数能够估计分布的大致形状，判断出其曲线是左偏或是右偏，进而帮助找到相应的理论分布。

（2）直方图法是根据获得的样本所绘制的直方图与基本理论分布的密度函数进行比较的方法，通过观察何种理论分布与直方图的图形类似，则可假设观测数据服从该分布。例如，根据样本数据绘制的直方图呈现明显的单峰对称形式，且峰尾较低，故可认为其符合正态分布。

（3）概率图法是将观测数据定义为一个经验分布，然后将它与理论分布函数进行比较。其只需要判断分位点轨迹偏离线性度的程度，不会对观测数据造成信息丢失，使用简便。

通过上述方法检验假定分布合理后即可进行分布参数估计，否则需要重新假设分布类型并验证。

3. 分布参数估计

分布参数估计是根据样本数据确定理论分布中未知参数的过程。这里介绍三种常用的方法：矩估计法、极大似然法、最小二乘拟合估计。

（1）矩估计法即通过使用样本矩代替对应总体的矩的估计方法，例如，用样本 k 阶原点矩估计总体的 k 阶原点矩，用样本的 k 阶中心矩估计样本的 k 阶中心矩，特别是使用样本的均值估计总体的均值，用样本方差估计总体的方差。

（2）极大似然法通过使样本的联合概率密度函数的函数值最大化求解未知参数。

（3）最小二乘拟合估计仅适合于离散数据，通过求出使得拟合值与实际值总体偏差最小的数值作为总体的参数。

4. 风险概率计算

利用概率公式，通过风险指标的指标值对风险因素变量的概率密度函数做积分，即可获得风险概率。若风险因素变量为离散密度函数，则将离散值相加求和得到风险概率。

6.3.3.2　经验分布法

在一些情况下数据的理论分布难以确定或者实际使用价值不大，可能需要直接使用观测数据去确定分布，而不考虑这种分布是不是一种已知的理论分布，这样的分布称为经验分布（empirical distribution）。经验分布法即如何通过数据确定经验分布的方法。在经验分布法中，不再选取一个已知的理论分布并设计分布参数去拟合观测数据，而是简单地利用观测数据生成随机模型。按照变量的离散程度与是否分组，经验分布可分为连续型随机变量、连续型分组随机变量、离散型随机变量和离散型分组随机变量四种情况，如图 6-8 所示。

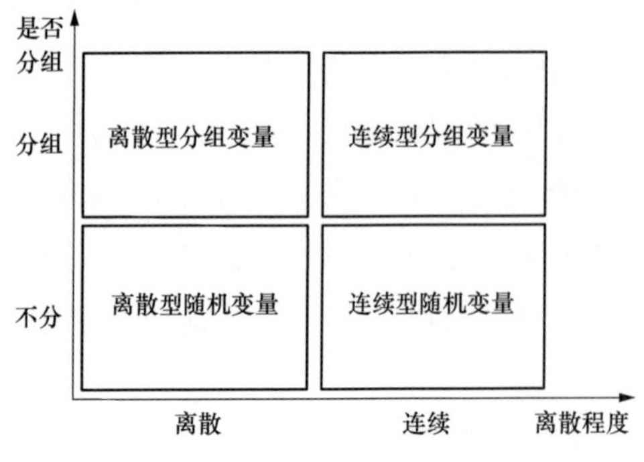

图 6-8　经验分布的四种情况

1. 连续型随机变量

对于连续性风险变量，不仅取决于样本 X_1，X_2，…，X_n 落在若干确定的区域中的个数，更重要的是看原始数据是否是相互独立的、有效的观测值。若原始数据相互独立有效，则可定义一个连续按 X_i 增序的分段线性的连续分布函数 F 。令 $X_{(i)}$ 表示 X_1，X_2，…，X_n 中第 i 个最小的数目，于是有 $X_{(1)} \leqslant X_{(2)} \leqslant \cdots \leqslant X_{(n)}$ ，则定义 $F(x)$ 为：

$$F(x)=\begin{cases}0, & x<X_{(1)} \\ \dfrac{i-1}{n-1}+\dfrac{x-X_{(i)}}{(n-1)[X_{(i+1)}-X_{(i)}]}, & X_{(i)} \leqslant x \leqslant X_{(i+1)}\ (i=1,\ 2,\ \cdots,\ n-1) \\ 1, & x>X_{(n)}\end{cases} \tag{6-5}$$

可以注意到，在相对密集的区域 X_1，X_2，…，X_n ，$F(x)$ 攀升十分迅速，这十分有利于分布模型的利用。也就是说，对于每个 i ，$F[X_{(i)}]=(i-1)/(n-1)$ 相当接近概率 $P(x \leqslant X_i)$ 的值，这正是分布函数的特征。

2. 连续型分组随机变量

如果数据是划分成组的，而并不知道单独的每个 X_i 的数值，这就需要采用另外的方法。假设把 X_1，X_2，…，X_n 分到 k 个相邻的区间 $[a_0,\ a_1)$，$[a_1,\ a_2)$，…，$[a_{k-1},\ a_k)$ 中，并且设落在第 j 个区间的样本数量为 n_j ，这里 $n_1+n_2+\cdots+n_k=n$。要确定一个封端线性的经验分布函数 G，首先令 $G(a_0)=0$ 和 $G(a_j)=n_1+n_2+\cdots+n_j/n(j=1,\ 2,\ \cdots,\ k)$ ，然后在间隔点之间进行线性内插，定义 $G(x)$ 为：

$$G(x)=\begin{cases}0,\ x<a_0 \\ G(a_{j-1})+\dfrac{x-a_{j-1}}{a_j-a_{j-1}}[G(a_j)-G(a_{j-1})],\ a_{j-1} \leqslant x \leqslant a_j & (j=1,\ 2,\ \cdots,\ k) \\ 1,\ x \geqslant a_k\end{cases} \tag{6-6}$$

3. 离散型随机变量

对于离散随机变量，若提供的原始数据 X_1，X_2，…，X_n 为有效的，则能相当简单地定义一个经验分布。对于每个可能的数值 x，可以根据 x 在 X_1，X_2，…，X_n 中所占比重定义一个经验质量函数：

$$P(x)=\frac{x\text{ 在 }X_1,\ X_2,\ \cdots,\ X_n\text{ 中出现的次数}}{n} \tag{6-7}$$

4. 离散型分组随机变量

对于分组离散随机变量，也可以定义一个质量函数，在一个区间内所有可能出现的区间 x 的 $P(x)$ 之和等于 X_1，X_2，…，X_n 落入该区间的比重。而在区间内为区间 x 分配合理的 $P(x)$，则基本上是任意的，通常可人为地制订分配规则，实践中常采用样本均值作为其分布。

接下来以供应链网络规划中供应商供应量波动风险求解为例，说明经验分布法的适用性。在雅砻江流域水电开发项目中，Ⅰ级粉煤灰 A 供应商历史供应数据见表 6-1。

表 6-1　　Ⅰ级粉煤灰 A 供应商历史供应数据表　　单位：t

年份	1 月	2 月	3 月	4 月	5 月	6 月	7 月	8 月	9 月	10 月	11 月	12 月	合计
2015	0	4000	4000	4000	2000	500	0	500	2000	4000	4000	4000	29 000
2016	0	5000	5000	5000	2500	1000	1000	1000	2500	5000	5000	5000	38 000
2017	0	7000	7000	6000	3500	1000	1000	1000	3500	6000	7000	7000	50 000

Ⅰ级粉煤灰 A 供应商全年供应数据分布图如图 6-9 所示，从图 6-9 中明显看出虽然各个年份之间供应量存在差异，但是一年中每个月的供应量呈现一定的规律。为更有效获得一年中供应量的分布情况，将表 6-1 中数据转化为Ⅰ级粉煤灰 A 供应商历史月供应量全年占比表，见表 6-2。

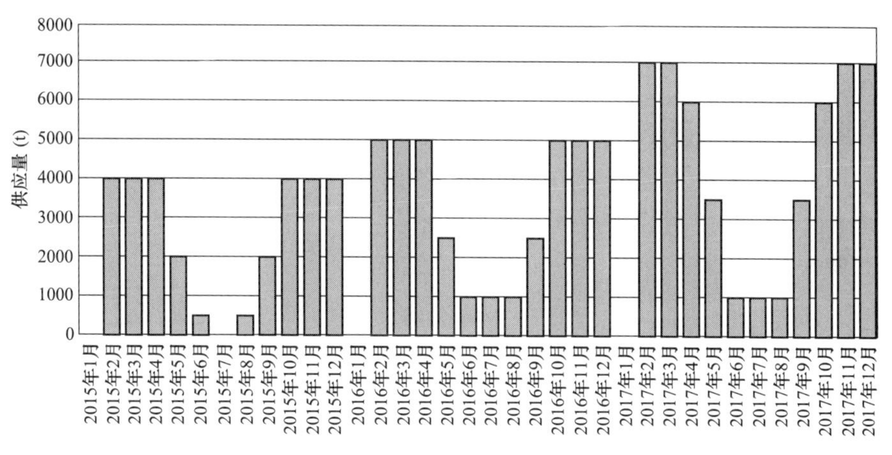

图 6-9　Ⅰ级粉煤灰 A 供应商全年供应数据分布图

表 6-2　　Ⅰ级粉煤灰 A 供应商历史月供应量全年占比表

年份	1 月	2 月	3 月	4 月	5 月	6 月	7 月	8 月	9 月	10 月	11 月	12 月
2015	0	13.79%	13.79%	13.79%	6.90%	1.72%	0.00%	1.72%	6.90%	13.79%	13.79%	13.79%
2016	0	13.16%	13.16%	13.16%	6.58%	2.63%	2.63%	2.63%	6.58%	13.16%	13.16%	13.16%
2017	0	14.00%	14.00%	12.00%	7.00%	2.00%	2.00%	2.00%	7.00%	12.00%	14.00%	14.00%
占比均值	0	13.65%	13.65%	12.98%	6.83%	2.12%	1.54%	2.12%	6.83%	12.98%	13.65%	13.65%

显然，A 供应商的月供应量为离散随机变量，可选择各个月份的样本均值作为总体分布。Ⅰ级粉煤灰 A 供应商各月供应量年占比关系如图 6-10 所示。

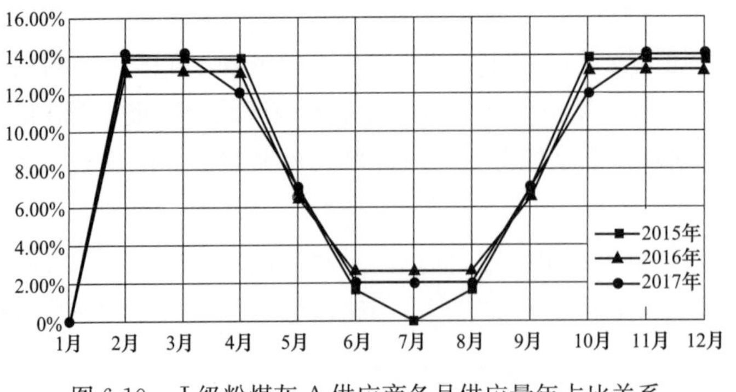

图 6-10　Ⅰ级粉煤灰 A 供应商各月供应量年占比关系

6.4　离散事件仿真基本原理

6.4.1　离散事件仿真基础

系统仿真是以相似原理、系统技术、信息技术及其应用领域有关专业技术为基础，以计算机和各种专用物理效应设备为工具，利用系统模型对真实的或假想的系统进行动态研究的一门多学科的综合性技术。

离散事件系统是指受事件驱动、系统状态跳跃式变化的动态系统。离散事件系统的系统状态仅在离散的时间点上发生变化，而且这些离散时间点一般是不确定的。这类系统中引起状态变化的原因是事件，通常状态变化与事件的发生是一一对应的。事件的发生一般带有随机性，即事件的发生不是确定性的，而是遵循某种概率分布。而且事件的发生没有持续性，在一个时间点瞬间完成，针对离散事件系统的仿真就称为离散事件系统仿真。离散事件系统仿真已广泛用于交通管理、生产调度、资源利用、计算机网络系统的分析和设计等方面[12]。

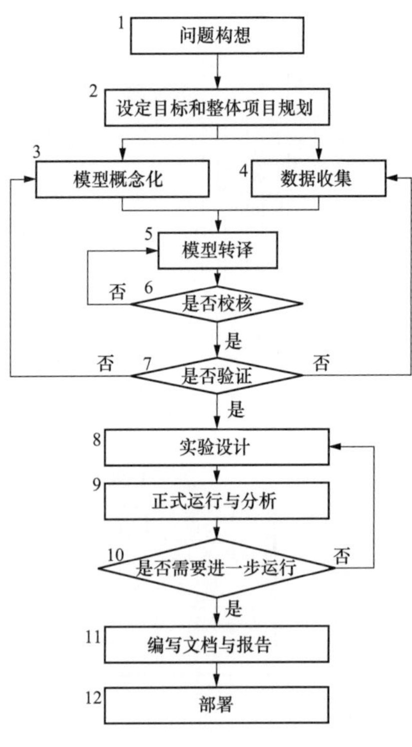

图 6-11　离散事件仿真流程图

6.4.2　离散事件仿真的步骤

离散事件仿真主要包含 12 个步骤，分为四个阶段。离散事件仿真流程图如图 6-11 所示。

第一阶段包含第 1 步（问题构想）和第 2 步（设定目标和整体项目规划），是问题发现和定位阶段。问题的最初表述往往非常模糊，最初的目标通常会被重新设定，最初的项目计划往往会进行调整。此类重复校准和再度厘清的情况，有可能在本阶段或后续阶段发生（例如，分析人员可能重复第一阶段的工作）。

第二阶段涉及建模和数据采集，包括第 3 步（模型概念化）、第 4 步（数据收集）、第 5 步（模型转译）、第 6 步（校核）以及第 7 步（验证）。这些步骤之间相互影响、相互作用，需要最终用户的广泛参与。

第三阶段与模型运行有关，包括第 8 步（实验设计）、第 9 步（正式运行与分析）和第 10 步（是否需要进一步运行）。该阶段必须针对仿真模型的实验设计，制订全面可信的实施方案。实质上，离散事件随机仿真就是一类统计实验。由于输出变量包含随机误差，因此需要借助合适的统计分析方法对其进行估计。

第四阶段是部署阶段，包括第 11 步（编写文档与报告）和第 12 步（部署）。成功的部署有赖于最终用户持续的参与，以及前面各阶段工作的顺利完成。

6.4.3　离散事件系统建模方法

系统模型反映了临时实体在系统内部历经的过程、永久实体对临时实体的作用以及它们之间的逻辑关系。离散事件系统一般用实体流程图或活动周期图等方式来描述系统模型。

1. 实体流程图

实体流程图采用与计算机程序流程图相类似的图示符号和原理，建立表示临时实体产生、在系统中流动、接受永久实体“服务”以及消失等过程，并借助实体流程图表达事件、状态变化和实体之间的相互作用的逻辑关系。

2. 活动周期图

活动周期图以直观的方式显示了实体的状态变化历程和各实体之间的交互作用关系（实体的行为模式在有限的几种情况之间周而复始地变化，表现出一定的生命周期形式），便于理解分析，可以充分反映各类实体的行为模式，并将系统的状态变化以“个体”状态变化的集合方式表示出来，因此，可以更好地表达众多实体的并发活动和实体之间的协同。

6.4.4　可信度评估方法

仿真系统规模庞大、交互繁多等特点导致系统内部可能存在的缺陷与错误不易被发现，给仿真系统的应用带来了巨大风险。通过仿真可信度评估工作，可以实现对仿真系统研发过程的全程监控，及时解决各研发阶段所暴露出的问题，从而保证仿真系统的可信性与正确性，降低仿真系统的应用风险[13]。

现有的可信度评估方法归纳为定性方法、定量方法与综合性方法三大类，这三类方法之间并不存在严格意义上的优劣之分，而是互为依据、互相补充。

1. 定性方法

定性方法即由领域专家根据经验对仿真模型的有效性进行直观地判定，该方法简单易懂，可操作性强，而且往往能够检测出极易被定量方法所忽略的特征差异。Hermann 等提出了诸如图灵测试法（即由领域专家对仿真模型与仿真对象的输出数据进行对比分析[14]，若他们能够正确辨认出哪组数据是由仿真模型输出的，则判定仿真模型无效，并根据专家反馈的信息对仿真模型进行相应的修改；否则，表明两组数据具有较好的相似性，从而判定仿真模型是有效的）、图示比较法等方法。但由于定性方法具有很强的主观性，其应用效果受外界影响较大，因此，通常是作为定量方法的重要补充。

2. 定量方法

根据分析对象的不同，可以将定量方法分为两类：一类面向静态数据，另一类面向动态数据。静态数据可视为随机变量的实现，因此，对于静态数据，一般采用的是统计分析方法。动态数据通常以时间序列为表示形式，通常可以从时域、频域、时频域三个角度对其进行定量分析。定量方法具有原理清晰、客观性强、理论基础扎实以及便于自动化实现等优点，因此，获得了国内外学者的重点关注。然而，定量方法大多忽略了领域专家的宝贵经验，而且只适用于仿真数据和参考数据均存在的情况。

3. 综合性方法

综合性方法侧重于从多个角度运用不同的定性方法与定量方法（如层次分析法、相似理论、贝叶斯法、神经网络等）来考察仿真系统的可信度，并将这些信息加以综合，从而得到关于仿真系统可信度的整体判断。这一类方法能够充分发挥定性分析与定量分析各自的优势，特别适合于解决复杂仿真系统可信度评估问题。

6.4.5 仿真结果分析

根据仿真运行实验的基本方法和统计分析方法的不同，离散事件系统仿真运行方式可以分为以下两种。

（1）终态仿真是指仿真实验在某个持续时间段上运行。在终态仿真中，系统的初始状态必须加以明确指定，同时必须指定仿真结束时刻或给出仿真停止条件。终态仿真结果对初始状态有明显的依赖性。仿真运行时间长度是事先确定的。

（2）稳态仿真是指通过系统仿真实验，希望得到系统性能指标在系统达到稳态时的估计值。因而，常常需要很长一段时间的运行，结束条件一般是充分长的仿真实验时间或充分多观测样本，或系统的稳态判据为真。稳态仿真实验结果一般应与初始状态无关。

1. 终态仿真结果分析

终态仿真通常使用复演法运行，其选用不同的独立随机数序列，采用相同的参数、初始条件以及相同的采样次数 n 对系统重复仿真运行，利用重复运行仿真方法可以得到独立的仿真结果。

由于每次仿真运行的初始条件和参数是相同的，每次仿真运行的结果也必然是相近的。因此，假设仿真结果 X_1，X_2，…，X_n 是服从正态分布的随机变量，则随机变量 X 的期望值 $E(X)$ 的估计值 μ 为：

$$\mu = \frac{1}{n}\sum_{i=1}^{n} X_i \pm t_{n-1,\ \alpha/2}\sqrt{S^2(n)/n} \tag{6-8}$$

式中：$S^2(n)=\sum_{i=1}^{n}\ [\overline{X}(n)-X_i]^2/(n-1)$；$\overline{X}(n)=\frac{1}{n}\sum_{i=1}^{n}X_i$；$\alpha$ 为显著性水平。

2. 稳态仿真结果分析

稳态仿真的结果分析通常采用批均值法。其基本思想是仿真运行时间足够长，可以得到足够多的观测值 Y_1，Y_2，…，Y_m ，将 Y_1，Y_2，…，Y_m 分为 n 批，每一批中有 l 个观测值，首先对每批数据进行处理，分别求出每批数据的均值 $\overline{Y_j}=\frac{1}{l}\sum_{k=1}^{l}Y_{(j-1)(l+k)}$，则总的样本均值为：

$$\overline{Y} = \frac{1}{n}\sum_{i=1}^{n}\overline{Y_i} = \frac{1}{m}\sum_{j=1}^{l} Y_j \tag{6-9}$$

置信区间：$v=\overline{Y}\pm t_{n-1,\ \alpha/2}\sqrt{S_j^2(n)/n}$ ，其中 $S_j^2(n)=\frac{1}{n-1}\sum_{j=1}^{n}\ (\overline{Y_j}-\overline{Y})^2$。

6.5　水电工程物资供应链网络规划仿真

6.5.1　业务背景

对于流域水电开发工程来说，由于工程建设的特点和工程物资管理的不可确定性和复杂性，在工程建设前期准备甚至在预可研或可研阶段，工程业主常常需要根据已掌握的项目相关信息及历史数据，在对当前外部资源情况和市场情况充分调研基础上，制订出针对未来整个工程建设生命周期的物资管理全过程的供应战略规划方案。在供应链网络规划方案制订的基础上进行仿真，通过对仿真结果的统计分析，可以使业主对工程物资未来的供需水平有一定的前瞻性，从而做出相应的应对方案，以满足整个工程建设生命周期内所有工程物资能科学采购、安全和稳定地供应。同时在仿真建模过程中加入供应链风险因素，分析供应链供应的科学性与抗干扰能力，探究不同风险额对现场生产的影响，可视化风险，从而辅助公司决策。而且，可以通过优化实验器的运用来优化安全库存，确定合理的库存警戒指标。

6.5.2　仿真建模分析

仿真建模分析是确定展开仿真工作的重要前提，通过分析，能够为后期仿真模型框架构建与逻辑构建做出基础性的铺垫。本条将对当前的供应链网络结构与物资供应策略做出分析，并对仿真建模提出要求。

1. 供应链结构分析

本书所研究的供应链网络结构如图 6-12 所示，供应链网络主要由六种不同物资的供应网络组成，且各个网络之中均只存在单一的供应商对应多个施工现场。从供应链层级结构分析而言，此系统包括二级供应链与三级供应链两种供应链体系。其中，袋装普硅水泥、散装普硅水泥、中热水泥、钢筋的供应链属于二级供应链，仅仅包括施工现场和供应商；Ⅰ级粉煤灰和Ⅱ级粉煤灰供应链属于三级供应链，由施工现场、中转储备系统和供应商组成。

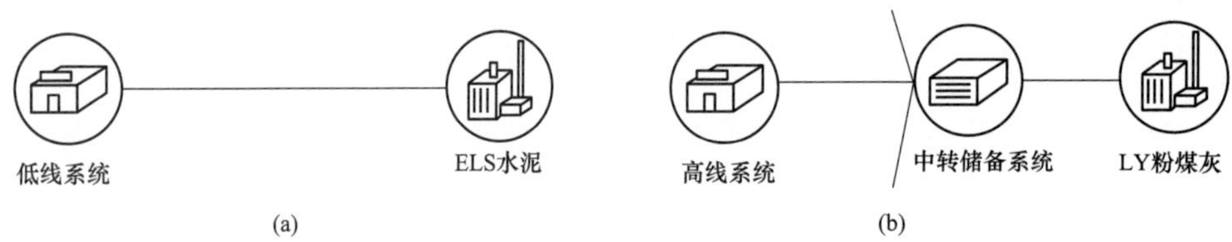

图 6-12　供应链网络结构

（a）二级供应链；（b）三级供应链

由于上述实际供应链中不包含多对多的供应关系，仅仅存在单供应商对应多个现场，故在本模型中仅考虑一对多的供应情况，并且在仿真模型的构建过程中按照供应物资种类的不同分解成中热水泥供应链仿真、袋装普硅水泥供应链仿真、散装普硅水泥供应链仿真、钢筋供应链仿真、Ⅰ级粉煤灰供应链仿真和Ⅱ级粉煤灰供应链仿真六个子模块。物资供应网络结构如图 6-13 所示。

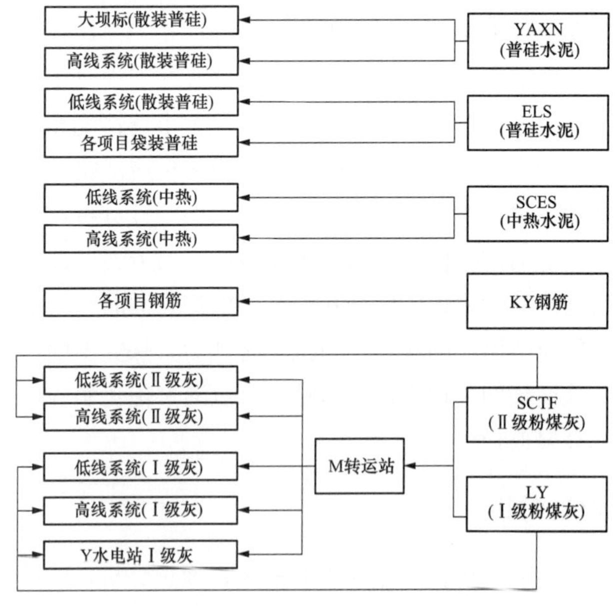

图 6-13　物资供应网络结构

2. 供应模式分析

供应链建模仿真过程中需要详细构建物资在供应链中的流动逻辑关系，故需要对供应链各个环节的供应模式展开分析。上述供应链主要采用施工现场拉动的物资供应模式，在各个环节间存在一种类似于（t，R，S）的补货策略。其中 t 指盘点库存的时间周期，R 指安全库存，S 指最大库存量，此补货模式下各个环节每隔 t 时间对库存进行清点，当发现库存量小于 R 时则向上游发出订货请求，订货量为最大库存 S 减去当前的库存量 I。

在上述供应链中，各个施工现场、中转储备系统和供应商均有各自的库存，施工现场按照施工计划每日消耗一定量的物资。当现场的库存量低于安全库存（R）时向上游的中转储备系统/供应商发出订货请求，补充自身的库存至最大库存量。值得注意的是，当供应商自己库存不足时不向现场发货，库存足够的时候也可能延时发货。当供应商库存不足时候，开始生产，并且有一定的概率不生产，并且物资的运输时间可能出现延时。将上述风险体现在供应链中，得到了供应链模型，考虑风险因素的供应链模型示意图如图 6-14 所示。

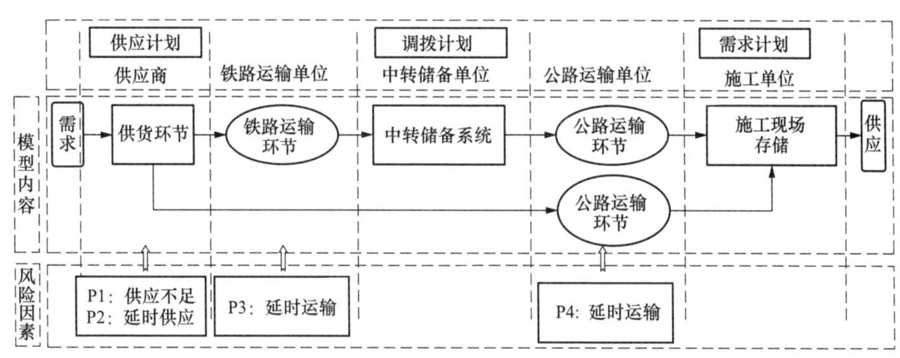

图 6-14　考虑风险因素的供应链模型示意图

6.5.3　供应链网络规划仿真模型

仿真模型以雅砻江流域水电开发工程的实际工程物资供应链为对象，采用 AnyLogic 8 professional 8.2.4 版本进行仿真，基于 Agent 的建模方法分别构建六种物资的供应链，在仿真模型中充分考虑供应链中的各种风险因素，并且设计相应的数据可视化窗口帮助理解模型运行结果。模型以天为单位运行，共计仿真五年。

1. 输入与输出说明

供应链网络规划仿真示意图如图 6-15 所示，仿真模型输入为供应商未来五年的年度供应链（包括六种物资）、电站未来五年的年度需求计划（包括六种物资）、存在于供应商生产与运输环节的各种风险因素和供应链中包括的时间参数（主要包括各个供应商的供货提前期和生产时长等）。在仿真模型运行过程中会针对需求量、运输时间等因素，根据实际情况选择适合的随机分布函数，同时将分线概率加入供应链的对应环节中，最终输出六种物资在电站、中转储备系统和供应商处的库存情况（以折线图的形式表示）、电站需求的满足情况（以表格的形式展现）和电站生产物资不能得到满足而导致的生产延时的时间分布情况（以条形图形式表现）等。

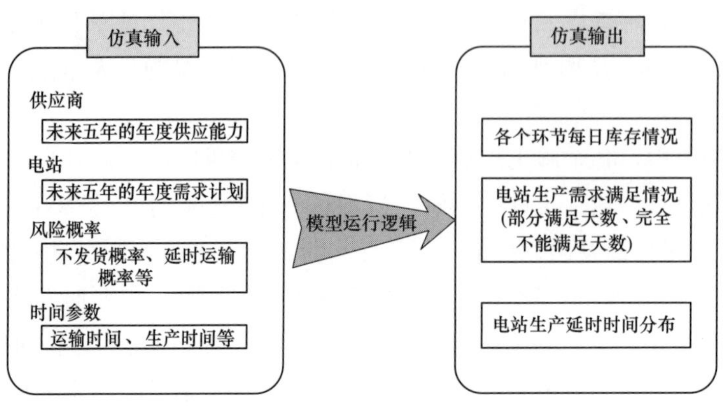

图 6-15　供应链网络规划仿真示意图

2. 仿真逻辑说明

（1）对于二级供应链仿真逻辑简要描述如下：在仿真开始时，输入六种物资在每个电站未来五年的需求量、工厂停产概率、运输延时等概率，仿真开始运行时每个电站每天将消耗一定量的物资，其符合随机函数为三角分布 triangular（0.5 * Demand，Demand，2 * Demand），其中，Demand 是电站每日的需求量。在仿真运行过程中，每天对电站和供应商的库存进行检查，若电站的库存量小于安全库存 s，则向供应商发出订货请求。如果供应商仍然有库存并且能够满足订单则发货给电站，经过符合三角分布的时间运输到现场，运输时间分布为 triangular（0.8 * timeMean _ transport，timeMean _ transport，1.5 * timeMean _ transport）。如果供应商的库存只能满足部分需求则其会将满足的部分发送给现场，并立即进行生产，在生产完成之后将货物发给电站。值得注意的是，即便供应商的库存能够满足电站的订单，也有一定的概率（Rate _ NotShip）不发货给电站，并且在运输的时候也存在一定的概率（Rate _ TransportDelayed）使得运输时长延长 triangular（0.1 * timeMean _ Delay，timeMean _ Delay，3 * timeMean _ Delay），其中，timeMean _ Delay 是平均延长时间。此外，即便在库存不足时，供应商还存在一定的概率（Rate _ StopProduce）不生产。

（2）三级供应链的仿真逻辑主体与两级供应链相似，各个环节均有各自的库存，且均遵循（t，R，S）的补货策略。不同之处在于，三级供应链中电站的物资供应直接由中转储备系统供货，当中转储备系统的库存量小于安全库存时则向上游供应商订货，供应商按照二级供应链中的供应逻辑供货给中转储备系统；并且在模型运行时，供应商每天都会给中转储备系统发送一定批量的货物，在中转储备系统有紧急订单的时候也会发送货物或者开始生产。

3. 仿真模型介绍

模型主要由主目录页、参数目录页和六个仿真子窗口组成。其中主目录页面包括六个供应链的仿真结果和按键，能够链接到各个仿真子窗口中去。参数目录页面主要用于存放需要设置的动态参数，在仿真运行前期需要对其进行设置。六个仿真子窗口包括中热水泥供应链仿真、袋装普硅水泥供应链仿真、散装普硅水泥供应链仿真、钢筋供应链仿真、Ⅰ级粉煤灰供应链仿真和Ⅱ级粉煤灰供应链仿真。在子窗口中包括对应的供应链结构、统计参数、各个环节的库存量信息图表等，仿真模型总览如图 6-16 所示。

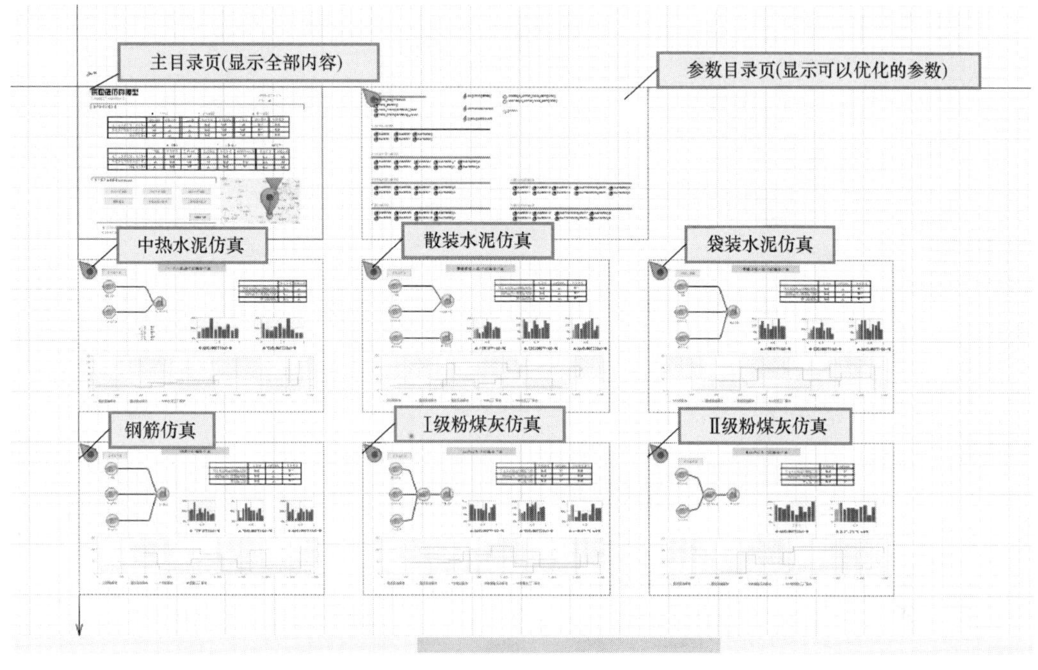

图 6-16　仿真模型总览

仿真模型中，主目录页将实时显示几个电站各种物资的需求满足情况，主要包括完全无法满足生产需求的天数、部分满足生产需求的天数和现场爆仓的天数。仿真模型主目录页如图 6-17 所示，右上角将实时显示仿真进行的时间；左下角设置有各个物资供应链仿真数据的链接按键，点击即可进入查看具体物资的仿真详细信息；右下方设置有 GIS 地图，能够显示供应商、中转储备系统和电站的地理位置信息。在一次仿真运行完成之后将显示“Close run”按键，点击其可返回运行主界面开始下一次仿真。

仿真模型目录参数页如图 6-18 所示，其主要用于试验运行前对模型的动态参数进行设置，主要包括停产概率、不发货概率、铁路运输延时概率、公路运输延时概率和六种供应链下各个环节的库存参数设置。其中，概率参数为公用参数，在六个模型中数值相同。

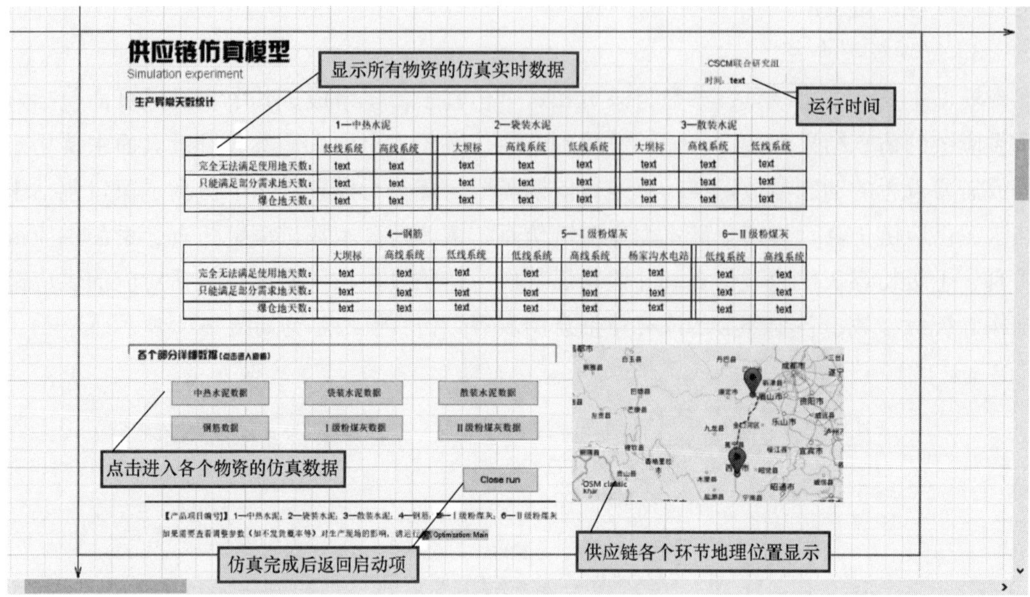

图 6-17　仿真模型主目录页

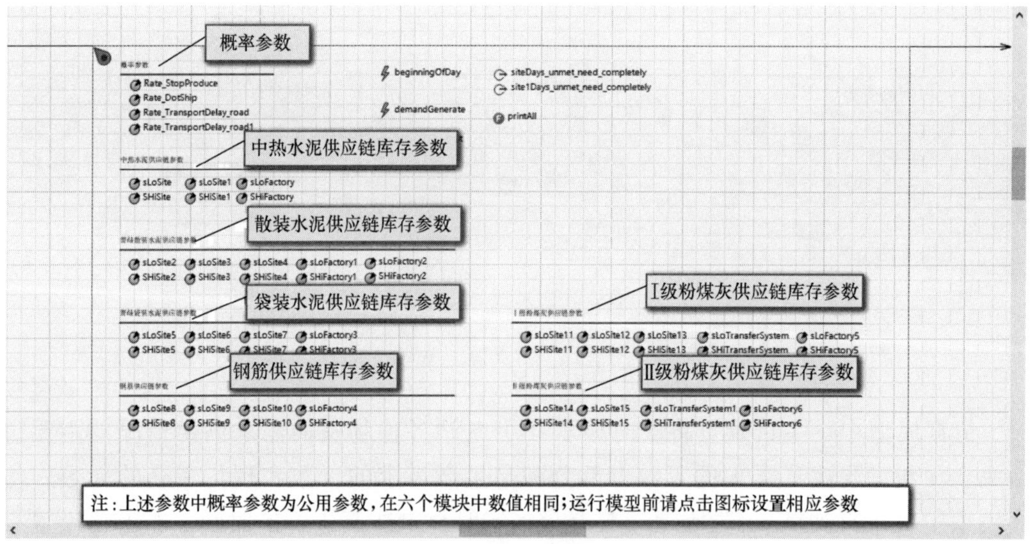

图 6-18　仿真模型目录参数页

仿真模型子窗口如图 6-19 所示，它是显示单一物资供应链仿真详细数据的窗口，其主体是供应链结构，同时也是此物资供应链的仿真模型，在程序运行前需要点击图标对其进行参数设置，同时右上角设置有此模型的统计信息表。统计表下方为生产停止天数的条形分布图，用于查看停产时间的时长分布。正下方为供应链中各个环节的库存信息。左上角设置有返回主界面的功能键，点击能够返回主界面。

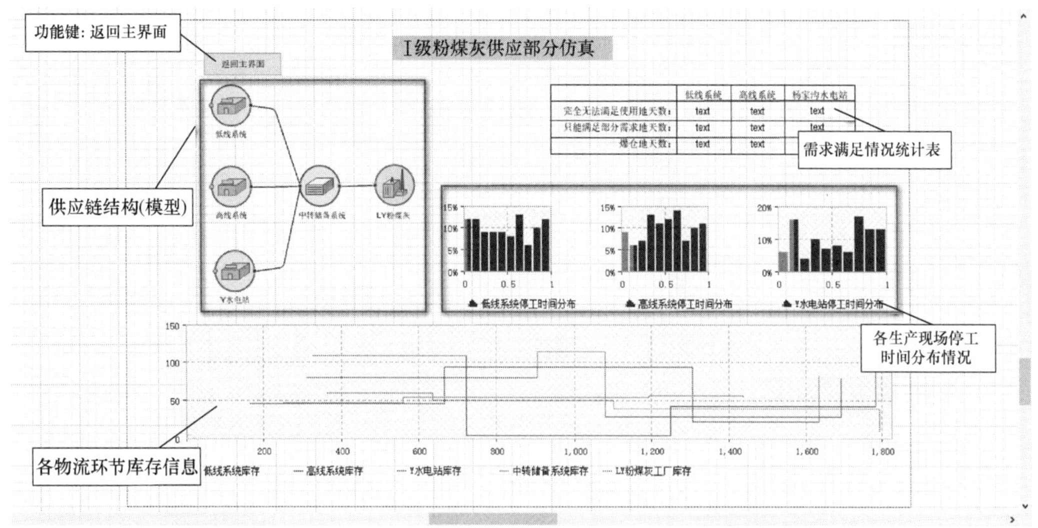

图 6-19　仿真模型子窗口

6.5.4　仿真结果分析

物资供应链风险因素众多，且因素之间存在或强或弱的关联性，多种关联的风险的量化分析在传统供应链网络规划中是难以实现的，而考虑风险的供应链网络规划的一项重要任务便是将主要风险因素对物资供应链的影响做直观表述，通过仿真的方式将各个风险因素的关联性弱化，最终反映到与用户利益直接相关的指标中。

在水电开发项目的物资供应链仿真中，物资供应平衡即施工现场的物资满足率直接关系到项目进度与经济利益的核心指标，故该仿真对施工现场的每日需求满足情况做输出统计，主要包括完全无法满足使用的天数（即由于中转储备系统以及供应商供货不足导致的施工现场的库存完全不能满足当日的施工需求的天数）、满足部分需求的天数（即由于中转储备系统以及供应商供货不足导致的施工现场的库存只能满足部分当日的施工需求的天数）。

通过经验生成仿真输入数据，运行上述仿真模型，获得仿真模型运行结果见图 6-20，仿真模型运行结果数据汇总分析见表 6-3。

表 6-3　　　　仿真模型运行结果数据汇总分析

物资种类	中热水泥		袋装水泥			散装水泥		
施工场地	低线系统	高线系统	大坝标	高线系统	低线系统	大坝标	高线系统	低线系统
完全无法满足天数（天）	25	16	18	9	22	36	13	20
部分满足天数（天）	3	2	0	3	3	4	3	4
平均满足率（%）	98.47	99.01	99.01	99.34	98.63	97.81	99.12	98.68

续表

物资种类	钢筋		Ⅰ级粉煤灰			Ⅱ级粉煤灰		
施工场地	大坝标	高线系统	低线系统	低线系统	高线系统	混凝土拌和系统	低线系统	高线系统
完全无法满足天数（天）	22	16	18	27	62	83	18	100
部分满足天数（天）	4	2	3	6	14	15	4	10
合计满足率（%）	98.58	99.01	98.85	98.19	95.84	94.63	98.79	93.97

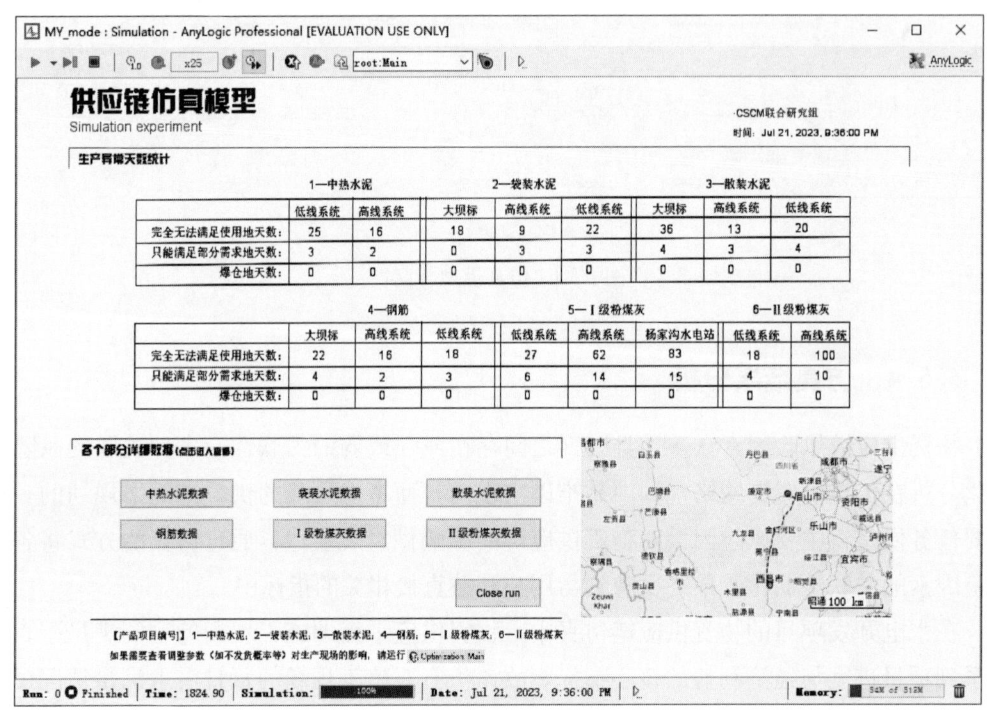

图 6-20　仿真模型运行结果

通过分析上述表格能明显看出，各个施工场地中水泥与钢筋的供应较为稳定，在考虑各种风险下的运输满足率依然能够保持在98%的较高水平，说明在当前仿真参数下，中热水泥、袋装水泥、散装水泥和钢筋的供应稳定性较高，具有较强的韧性。相对而言，Ⅰ级粉煤灰与Ⅱ级粉煤灰的物资供应较差一些，特别是Ⅰ级粉煤灰在L水电站高线系统与Y水电站混凝土拌和系统中，Ⅱ级粉煤灰在L水电站高线系统中，其风险下的物资供应水平基本小于95%，供应稳定性较差。在供应链规划时，可以适当考虑为Ⅰ级粉煤灰与Ⅱ级粉煤灰增加备用供应商以保证其物资供应。

接下来具体分析各个物资种类下因物资供应中断而导致的停工时间分布，获得因中热水泥供应中断而导致的停工时间的分布（见图6-21）。由图6-21可知，低线系统与高线系统的停工时间均小于8天，且时间较为集中，在制订停工应急方案时可考虑短期的停工应对策略。

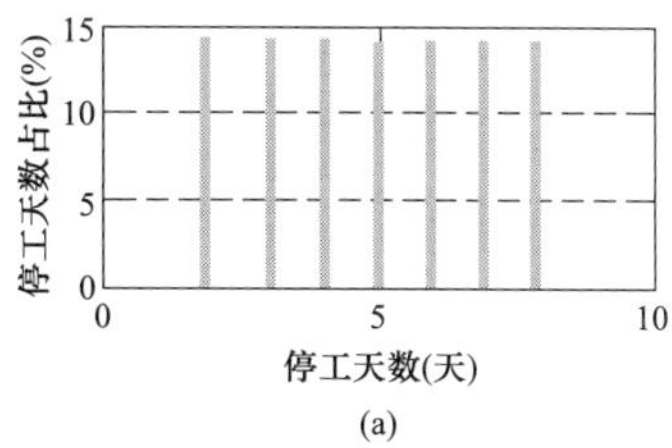

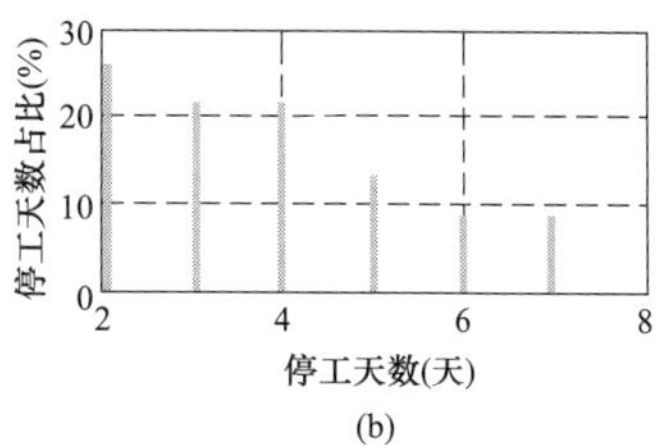

图 6-21　因中热水泥供应中断而导致的停工时间分布

（a）低线系统停工时间分布；（b）高线系统停工时间分布

对普硅水泥物资供应而言，因其供应中断而导致的停工时间分布如图 6-22 所示。从图 6-22 中可明显看出，高线系统因普硅水泥供应中断而出现的停工时间较短，大坝标与低线系统因普硅水泥供应中断而出现的停工时间相对较长，在制订停工应急方案时可考虑中期的停工应对策略。

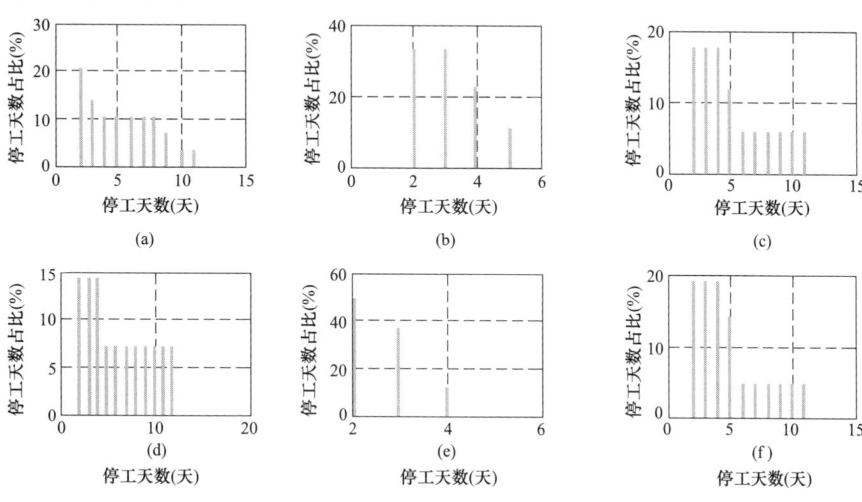

图 6-22　因普硅水泥供应中断而导致的停工时间分布

（a）大坝标停工时间分布（散装）；（b）高线系统停工时间分布（散装）；（c）低线系统停工时间分布（散装）；（d）大坝标停工时间分布（袋装）；（e）高线系统停工时间分布（袋装）；（f）低线系统停工时间分布（袋装）

对钢筋物资供应而言，因其供应中断而导致的停工时间分布如图 6-23 所示。在三个

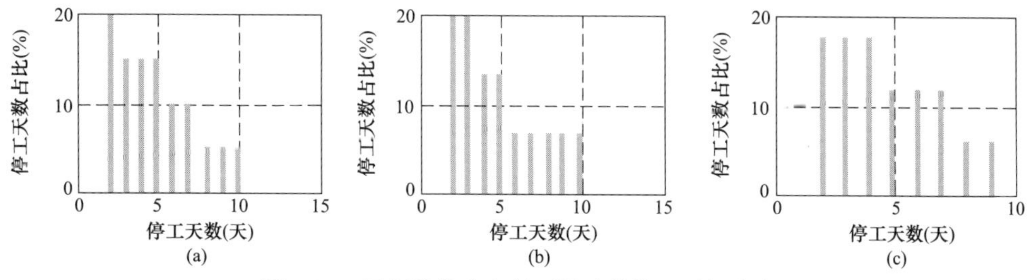

图 6-23　因钢筋供应中断而导致的停工时间分布

（a）大坝标停工时间分布；（b）高线系统停工时间分布；（c）低线系统停工时间分布

施工系统中因钢筋物资供应中断而导致的系统停工时间基本均小于 10 天，系统之间的差异性较小，故在制定停工应急方案时可考虑短期或者中期的停工应对策略。

对Ⅰ级粉煤灰物资供应而言，因其供应中断而导致的停工时间分布如图 6-24 所示。在三个施工系统中，因Ⅰ级粉煤灰物资供应中断而导致的系统停工时间分布表现出明显的指数特征，故在制订停工应急方案时可考虑短期停工应对策略；但由于Ⅰ级粉煤灰物资供应中断而导致的系统停工出现频次较高，单纯考虑停工应对策略仅仅是治标不治本的做法，究其源头还是应当改善Ⅰ级粉煤灰的物资供应结构，通过增加供应商或者提高供应商供应能力与订单满足率来降低停工事件的发生。

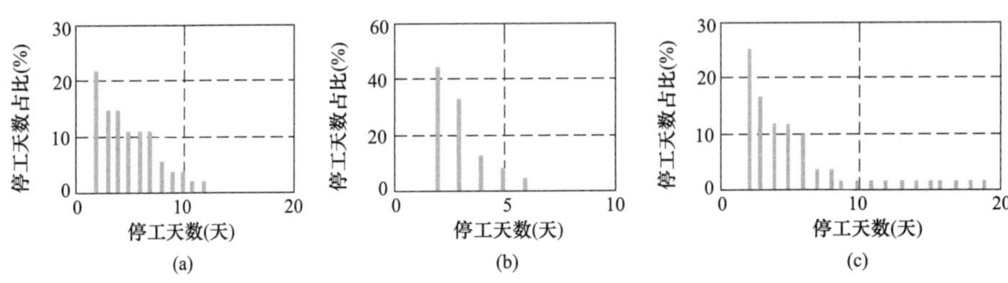

图 6-24　因Ⅰ级粉煤灰物供应中断而导致的停工时间分布

（a）低线系统停工时间分布；（b）高线系统停工时间分布；（c）Y 水电站停工时间分布

对Ⅱ级粉煤灰物资供应而言，因其供应中断而导致的停工时间分布如图 6-25 所示。在低线系统中，其表现出与钢筋物资供应相同的水平，但在高线系统中其会出现较大的停工时间。考虑到Ⅱ级粉煤灰物资供应中断事件发生概率相对较大，在制订高线系统的停工应急方案时应考虑中期或者长期的停工应对策略；并且，与Ⅰ级粉煤灰相似，应当改善Ⅱ级粉煤灰的物资供应结构，通过增加供应商或者提高供应商供应能力与订单满足率来降低停工事件的发生。

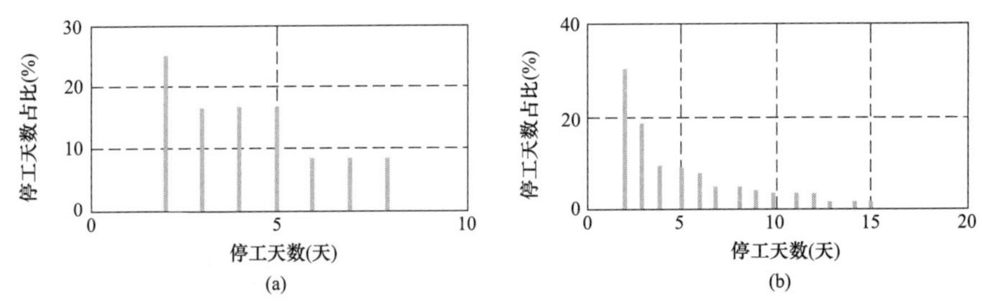

图 6-25　因Ⅱ级粉煤灰物供应中断而导致的停工时间分布

（a）低线系统停工时间分布；（b）高线系统停工时间分布

综上所述，在给定的仿真输入数据情景下，物资供应链的结论与改进意见如下：

（1）中热水泥、袋装水泥、散装水泥、钢筋的供应稳定性较高，可沿用当前的物资供应方式；

（2）Ⅰ级粉煤灰与Ⅱ级粉煤灰的物资供应稳定性较差，可考虑为Ⅰ级粉煤灰与Ⅱ级粉煤灰增加备用供应商或者提高当前供应商供应能力和运输及时率。

6.6 本 章 小 结

本章以雅砻江流域梯级水电开发工程为背景，以供应链网络规划在水电开发项目中的实际应用限制为基础，提出更具有实际运作价值的基于风险的供应链网络规划体系，并基于此体系设计了水电工程物资供应链网络规划仿真模型，给出了其运用到工程建设中的案例，揭示了该方法应用的有效性。

参 考 文 献

[1] 周艳菊，邱莞华，王宗润．供应链风险管理研究进展的综述与分析［J］．系统工程，2006，24（3）：1-8.

[2] 鲍尔索克斯．供应链物流管理［M］．北京：机械工业出版社，2014.

[3] 张思敏，宋海清．基于拉丁超方抽样的全渠道供应链网络优化［J］．系统工程理论与实践，2019，39（7）：1704-1713.

[4] 任慧．考虑运输中断的可靠三级供应链网络设计［J］．计算机工程与应用，2019，55（6）：265-270.

[5] 燕晨屹，王喜富，员丽芬．跨境供应链网络海外仓的鲁棒性选址模型及算法［J］．交通运输系统工程与信息，2019，19（6）：191-198.

[6] 孔妍，刘振元，陈曦，等．水电开发工程铁路中转储备系统的运行优化［J］．系统工程学报，2015，30（2）：269-280.

[7] Awudu I，Zhang J. Stochastic production planning for a biofuel supply chain under demand and price uncertainties［J］. Applied Energy，2013，103：189-196.

[8] 贾旭，刘诚．随机和模糊环境下绿色供应链网络优化设计［J］．铁道科学与工程学报，2018，15（3）：792-801.

[9] Rezapour S，Farahani R Z，Pourakbar M. Resilient supply chain network design under competition：a case study［J］. European Journal of Operational Research，2017，259（3）：1017-1035.

[10] Govindan K，Fattahi M，Keyvanshokooh E. Supply chain network design under uncertainty：a comprehensive review and future research directions［J］. European Journal of Operational Research，2017，263（1）：108-141.

[11] 燕晨屹，王喜富，员丽芬．复杂供应链网络中牛鞭效应的评估［J］．交通运输系统工程与信息，2019，19（1）：208-213.

[12] 杰瑞·班克斯，约翰　S　卡森二世，巴里　L　尼尔森，等．离散事件系统仿真［M］．王谦，译．5 版．北京：机械工业出版社，2019.

[13] 张忠．仿真系统可信度评估方法研究［D］．哈尔滨：哈尔滨工业大学，2014.

[14] Hermann C F. Validation problems in games and simulations with special reference to models of international politics［J］. Behavioral Science，1967，12（3）：216-231.

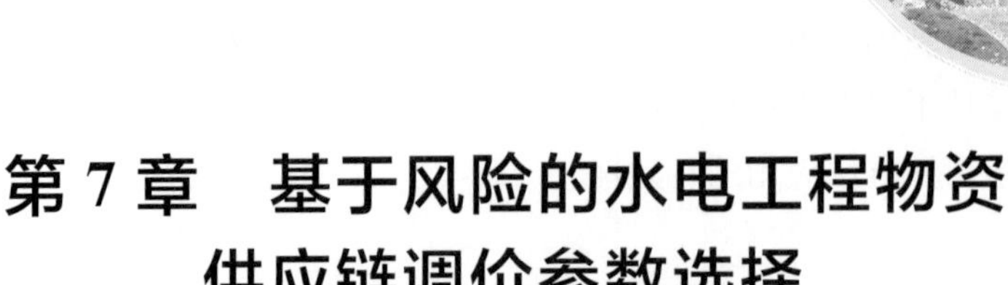

第 7 章　基于风险的水电工程物资供应链调价参数选择

7.1 引　　言

大型工程项目的投资额一般较大，通常数以亿计，其中，大宗物资材料成本往往占据着整个项目投资的较高比例。受市场供需关系、国家政策等多方面风险因素的影响，工程建设所需的大宗物资的价格常常发生变化且事先难以预测；而由于消耗量巨大，合同期内一个细微的价格变化就可能会产生高达数百万元的结算金额变动，从而对工程物资的供需双方造成很大的影响。因此，大型工程物资采购招标文件以及采购合同中一般会制定相应的工程物资调价方法，以应对调价风险，这是一项常见的工程物资供应链风险应对措施。

在大型工程物资采购招标中，物资调价方法的存在可以使投标人在投标时不用考虑物资价格上涨和下跌的风险，合理调整竞标价格，从而提高自身的竞争力；对于招标人，更利于其评标并获得价格较低的投标人[1]。在之后的工程项目施工过程中，承包合同中已设定的物资调价方法可以使承包商（投标人）规避物价波动带来的风险，防止在项目建设过程中出现资金亏损；对于业主（招标人），调价方法可以保障物资供给的持续稳定性，确保承包商不会因为资金亏损而投机取巧建造低质工程或延期交付工程。

大型工程物资采购招标中设定的调价方法直接影响物资的采购招标及之后的工程项目建设。因此，工程物资采购招标中调价方法的选择问题是招标人在编制招标文件时须着重考虑的一项内容。

物资采购招标及合同文本中广泛应用的工程物资调价方法为公式调整法，主要分为基本调整法和综合调整法。两种方法的基本形式如下。

（1）基本调整法：

$$\Delta p = \sum_{i=1}^{n} (p_i - p_0) Q_i \tag{7-1}$$

式中：Δp 为所有结算期的总调价差额；n 为结算期数量；p_i 为物资在第 i 个结算期时的

现行价格，可由工程施工地区的市场价格得出或者由厂商给出；p_0 为物资在合同中标明的出厂价格；Q_i 为物资在第 i 个结算期时的消耗量。

（2）综合调整法：

$$\Delta p = \sum_{i=1}^{n} \frac{M_i - M_0}{M_0} p_0 Q_i \tag{7-2}$$

式中：Δp 为所有结算期的总调价差额；n 为结算期数量；M_i 为物资在第 i 个结算期的现行信息价格指数，一般由相关权威机构定期更新；M_0 为物资的基期价格，一般取值为投标截止前28天相关权威机构公布的物资信息价格指数[2]；p_0 为物资在合同中标明的出厂价；Q_i 为物资在第 i 个结算期时的消耗量。

两种公式调整法中，综合调整法应用最为广泛，其核心思想是使用权威机构公布的信息价格指数的变化来衡量物资的实际市场价格波动。针对权威机构公布的物资信息价格指数可能会出现偏差的问题，张松[3]进行了相应分析并提出了修正中准价法对其进行修正。一般情况下，为减少价格调整的频繁性以及调整价格所消耗的人力劳动和管理费用，调价方法中会规定一定的起始调整比例，当价格的波动高于一定的波动率才进行价格调整（即分层次的处理价格波动），而起始调整比例的值一般都是按照采购双方多年的经验确定[4]。

在物资采购招标中设定调价方法，其本质是在供需双方之间确定一种风险分担方式。杜亚灵[5]指出合理的风险分担对工程建设具有正向的影响，Martinus[6]等人定性地给出了相应的风险分担原则。对于公式调整法计算出来的调价差额，Lam[7]建立了基于模糊集理论的风险分担定量模型，刘俊颖[8]等人建立了基于模糊 TOPSIS 的风险分担定量模型，周利安[9]建立了基于层次分析法的风险分担模型。Jin[10]将模糊理论与人工神经网络技术相结合，为风险分担比例的确定提供决策。

在工程物资调价方法的选择问题上，目前的研究多集中于调价方法的框架设定上和风险分担的确定上，对于分层次处理价格波动以及调价方法中各项参数组合值的决策选择问题还未有深入研究。

本章依托雅砻江流域梯级水电开发工程的实际背景，就水电工程物资供应链的物资调价参数选择决策这一问题展开。在对工程物资调价问题进行分析的基础上，提出一种基于仿真的决策方法。通过仿真计算，对结果采用逼近理想值的排序（technique for order preference by similarity to an ideal solution，TOPSIS）方法进行综合分析，以具体的数值判断而非定性判断，为决策者进行调价参数的选择提供决策支持。并在仿真计算过程中运用最优计算预算分配算法（optimal computing budget allocation，OCBA），对仿真过程加以优化，充分利用仿真计算资源。最后对基于仿真的决策方法进行相关计算实验，并结合实际工程项目设计一个桌面型的调价决策支持工具，为决策者进行调价参数的选择提供便捷的决策支持。

7.2 工程物资调价

7.2.1 工程物资调价问题描述

在工程物资采购招标合同中，招标人（工程业主）一般会借鉴《FIDIC 土木工程施工合同条件》中的综合调整法制定相应的调价方法，以应对在工程建设中因价格波动引起的风险。在实际工程中招标人会根据实际情形制定不同类型的调价方法，但大多建立在综合调整法的基础上。

1. 实际工程中应用的调价方法

（1）调价公式。物资结算月出厂价 P_i 为：

$$P_i=\begin{cases}P_0, & U_i\leqslant 5\%\\ P_0\times[1\pm(U_i-5\%)], & 5\%<U_i\leqslant 20\%\\ P=P_0\times[1\pm(50\%\times U_i+5\%)], & 20\%<U_i\leqslant 30\%\end{cases} \tag{7-3}$$

（2）调价公式使用说明。

1）公式所用物资信息价格指数均来自国家发展和改革委员会中国价格信息网（http：//www. chinaprice. gov. cn)，简称中价网。公式中的“±”在信息价格上涨时取“+”、在信息价格下跌时取“－”，每月进行一次结算。

2）公式中参数定义。

P_i：第 i 结算月出厂价，即每个结算月根据上述公式调整后的出厂价（元/t)，$i=1，2，\cdots，36$；

P_0：物资的合同出厂价，即合同签订时约定的出厂价（元/t)；

M_0：开标当月水泥信息价格指数（开标当月中价网发布的成都市场 P. O42.5 水泥上月中旬、下旬和本月上旬的水泥信息价格平均值)，即基期价格指数；

M_i：第 i 结算月水泥信息价格指数（结算月中价网发布的成都市场 P. O42.5 水泥上月下旬、本月上旬和中旬信息价格的平均值)；

U_i：第 i 结算月相比开标月中价网发布的信息价格波动率。

$$U_i=\frac{|M_i-M_0|}{M_0}\times 100\% \tag{7-4}$$

3）水泥信息价格指数计算方法：采用结算月中价网发布的上月下旬、本月上旬和中旬价格的平均值；若缺任意一旬价格，则取其余两旬平均价格；若缺任意两旬价格，则取另一旬价格；若当月三旬价格均未发布，则取上一月信息价格指数。

4）式（7-3）结算价格结果四舍五入取整数精确到分，式（7-4）计算结果四舍五入取小数点后 2 位。

5）当信息价格波动幅度大于 30%时，各方可根据具体情况对出厂价格调整方式另行协商。

2. 工程物资调价问题描述分析

由实际工程中的调价方法可知，在调价方法中需要明确规定选取的权威机构名称、选定的基期价格指数、物资合同出厂价及物资结算周期等参数。

由于价格波动不受主观因素控制，价格波动产生的风险会导致合同双方的利益受到不同程度的影响，让任一方完全承担风险都是不公平的。因此，在调价方法中会确定若干价格波动分层以及相应波动区间内的风险分担比例。物资采购方根据物资实际的价格波动率，选取对应波动区间的风险分担比例，计算调整后的价格波动率，随后结合物资提供方给出的合同出厂价计算得到当前的物资结算单价。最终的结算单价很大程度上由设定的价格波动分层以及其中的风险分担比例决定。如果这些参数值设定较为合理，就在实际工程中可以带来很好的风险分担效果。在确定当期物资结算单价后，根据当期物资的消耗量计算当前结算总额。

从上述分析中可以看出，调价方法中包含多个参数，工程物资采购招标中调价方法的选择问题实质上是各项参数（如基期价格指数、风险分担比例等）值的选择问题。而权威机构、基期价格指数等部分参数的确定方法已相对固定，本章不予深入讨论，只探究价格波动区间数、各波动区间的上界和各波动区间内的风险分担比例三项参数值的选择问题。

接下来的研究有如下几点设定：

（1）调价方法的设计思想以综合调整法为基础，并综合考虑分层处理价格波动、风险分担等因素。

（2）物资结算间隔与权威机构更新物资价格指数的时间间隔相同，取为一个月。

（3）权威机构公布的物资价格指数是准确的，能代表物资的实际市场价格变化。

7.2.2　工程物资调价计算模型

1. 数学计算模型

（1）参数设置。为了方便描述调价计算模型，现定义的参数表见表 7-1。

表 7-1　　参数表

序号	j	合同期限中的月份编号，$j=1, 2, \cdots, m$
	k	波动层编号，$k=1, 2, \cdots, n$
参量	Q_j	第 j 月物资的消耗量
	M_j	权威机构公布的物资在第 j 月的信息价格指数
	M_0	合同中签订的基期价格指数
	P_0	物资的合同出厂价
变量	S	某种物资在 m 月中的物资总结算额
	P_j	某种物资在第 j 月的月结算价格
	V_j	第 j 月的信息价格波动率
	U_j	考虑风险分担后，第 j 月的价格波动率
	α_k	第 k 层波动区间的上界
	β_k	在第 k 层波动区间中业主对调价差额风险的分担比例，取值为 $[0, 1]$

（2）计算模型。

第 j 月的价格波动率：

$$V_j = \frac{M_j - M_0}{M_0} \tag{7-5}$$

考虑风险分担后，调整后的第 j 月的价格波动率：

$$U_j = \begin{cases} \beta_1 (V_j - \alpha_0), & \alpha_0 < V_j < \alpha_1 \\ \beta_1 (\alpha_1 - \alpha_0) + \beta_2 (V_j - \alpha_1), & \alpha_1 \leqslant V_j < \alpha_2 \\ \vdots \\ \sum_{k=1}^{n-1} \beta_k (\alpha_k - \alpha_{k-1}) + \beta_n (V_j - \alpha_{n-1}), & \alpha_{n-1} \leqslant V_j \leqslant \alpha_n \end{cases} \tag{7-6}$$

第 j 月的物资价格结算价：

$$P_j = P_0 (1 + U_j) \tag{7-7}$$

m 月的总结算额：

$$S = \sum_{j=1}^{m} P_j Q_j \tag{7-8}$$

在设定的第 k 层波动区间中，业主对调价差额风险的分担比例需满足约束：

$$0 \leqslant \beta_k \leqslant 1 \tag{7-9}$$

2. 计算模型的分析利用

对于整体模型，物资信息价格指数 M_j（或者物资信息价格波动率 V_j ）为模型的输入量，物资的月结算价 P_j 为输出量。波动区间数 k 、各波动区间的上界 α_k 和各波动区间内的风险分担比例 β_k 三项参数的不同取值组合可构成不同的调价方法，即工程物资调价方法的选择问题可等效为该计算模型中参数组合的选择问题。

设定一个物资价格波动率的集合 V ，将集合 V 作为模型的输入量，对于不同的调价方法（模型参数组合）可以得到不同的输出量。这里的输出量是由物资的月结算价格 P_j 组成的集合 P。决策者可通过对集合 P 的数据分析，对比不同调价方法（调价参数组合）的调价效果。需要说明的是，对于大型工程，物资的消耗量不受价格变化影响；因此，这里选取物资的月结算单价而不是物资总结算额作为调价方法的主要评价分析指标。

7.2.3 工程物资调价参数选择决策方法

站在物资采购招标人的角度，为决策者选择调价参数组合提供决策支持，可采用以下三种工程物资调价参数决策方法。

1. 基于经验的决策方法

参考以往合同和历史价格波动情形，基于决策者的经验判断直接确定调价模型中参数组合值，即波动区间数 k、各波动区间的上界 α_k 和各波动区间内的风险分担比例 β_k 三项参数的取值。这种决策方法虽然使用起来简单易行，但是对决策者的依赖程度很大，科学合理性的支持度不够。

2. 基于预测的决策方法

参考以往合同和历史价格波动情况以及决策者的经验判断，确定几种调价参数组合，随后基于价格波动的历史数据预测未来合同期间的物资价格走势；然后将预测的价格走势与各调价参数组合代入模型进行计算，得到该价格走势下各调价参数组合的月结算单价；最后对计算结果进行定性分析，决策选择较为合适的参数组合。

这种决策方法的重点在于预测未来的价格，可以采用灰色模型预测[11]、机器学习[12]等方法进行求解预测。这种决策方法在科学性和合理性上优于基于经验的决策方法，但影响价格变化的因素太多，难以准确地对具体价格走势进行预测，且预测的具体情形不具有一般性，结论的准确性无法得到保障。

3. 基于仿真的决策方法

编制招标文件的决策者一般会参与到实际的工程建设，他们对未来一段时间内的物资价格波动情形会有一定的认知判断。基于仿真的决策方法思想：首先根据历史数据进行价格波动类别划分，决策者根据自身的项目经验与历史数据分析，对未来物资价格的变化情形做一个定性的范围预估；随后在预估的范围内生成大量代表物资价格走势的仿真案例（每个案例由若干代表价格波动率的离散点组成）；在各调价参数组合下将生成的仿真案例集合带入到调价计算模型中进行计算，并结合相应的定量数据分析指标，采用 TOPSIS 方法对各调价参数组合的调价效果进行评估，决策者可根据评估结果进行调价参数组合的选择。决策者可以预估多种物资价格变化情形，然后选择在多种情形下都合适的调价参数组合。

基于仿真的决策方法同时吸收兼顾了前两种决策方法的优点。由于预估的是一个价格波动范围，这种决策方法在预估准确性提高的同时包含了更多类型的价格走势。此外，在参考历史数据的同时，这种决策方法也充分利用工程人员的项目管理经验，结论更具一般性。

7.3　基于仿真的决策方法

本节将对基于仿真的物资调价参数决策方法进行详细介绍，首先简单介绍方法的主体框架；随后介绍辅助决策者进行价格走势情形的预估及在预估的走势情形内生成仿真案例的具体规则，以及在仿真案例集生成时运用 OCBA 算法优化的流程；然后介绍仿真计算结果的分析指标，以及对调价效果进行定量评估的 TOPSIS 方法；最后介绍基于仿真的调价决策模型验证方法。

7.3.1 基于仿真的决策主框架

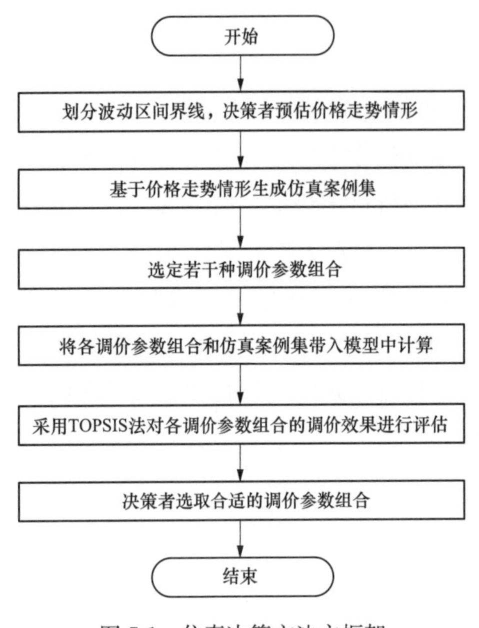

图 7-1 仿真决策方法主框架

基于仿真的决策方法首先要进行波动区间划分，决策者对未来合同期内物资的价格走势情形做出预估；在预估范围内生成大量代表物资价格走势的仿真案例；随后选定若干种调价参数组合，再将各调价参数组合和仿真案例集代入物资调价计算模型中计算；最后结合决策方法设计的相应指标，采用TOPSIS方法综合评估各调价参数组合的调价效果，为决策者进行调价参数组合的选择提供决策支持。仿真决策方法主框架如图 7-1 所示。

基于仿真的决策方法具体执行步骤如下：

（1）对历史数据进行聚类分析得到各波动类别划分，决策者预估未来合同期内的价格走势情形。本章基于对权威机构公布的物资信息价格指数的历史数据的分析，将预估价格走势情形这一复杂问题分解为两个相对简单的子问题，并对影响物资价格的若干种因素进行定性分析，辅助决策者预估价格走势情形。具体内容将在 7.3.2 条进行详细介绍。

（2）在预估的走势情形范围内按照一定的规则生成仿真案例集。每个仿真案例由若干个代表当月价格波动率的离散点组成，离散点的数目由实际工程的特征决定，由离散点连接而成的一条曲线代表着一种具体的价格走势。具体的单个案例的生成规则将在 7.3.3 条进行详细介绍。在仿真案例集生成同时，运用 OCBA 算法使生成的仿真案例集更符合实际情况，具体的内容将在 7.3.4 条进行介绍。

（3）基于历史数据和项目经验，选定若干种调价模型参数组合。组合中包含波动区间数 k、各波动区间的上界 α_k 和各波动区间内的风险分担比例 β_k 三项参数。基于合理性和可操作性的考虑，波动区间的数目一般设置为 3～4 个。各区间内的分担率取值范围应在 0～1，具体数值可通过层次分析法等理论进行求解，或结合历史招标文本及项目经验与竞标方商议得出。

（4）将调价参数组合和仿真案例集代入模型中进行计算。一个调价参数组合对应一种调价方法，仿真案例集则代表一种价格波动走势情形。将它们代入模型计算后，可以得到各参数组合在此价格波动情形下产生的物资实际月结算单价分布集合，具体计算的逻辑可参照 7.2 节相关内容。

（5）对于步骤（4）中的计算结果，用拟合优度和箱型图等指标进行分析，对各参数组合的调价效果进行定量且直观的展示，并采用 TOPSIS 方法对各调价参数组合的调价效果进行综合评估，为决策者进行调价方法选择提供决策支持。具体内容将在 7.3.6 条进行详细介绍。

7.3.2　价格走势情形选定

1. 历史数据的直接分析

以研究来源的四川省某水电工程采购物资（水泥）为例，图 7-2 为 2014～2018 年中国水泥网（四川）水泥信息价格指数走势，每个点为当月数据。中国水泥网（四川）水泥信息价格指数相关历史数据见附录 M。

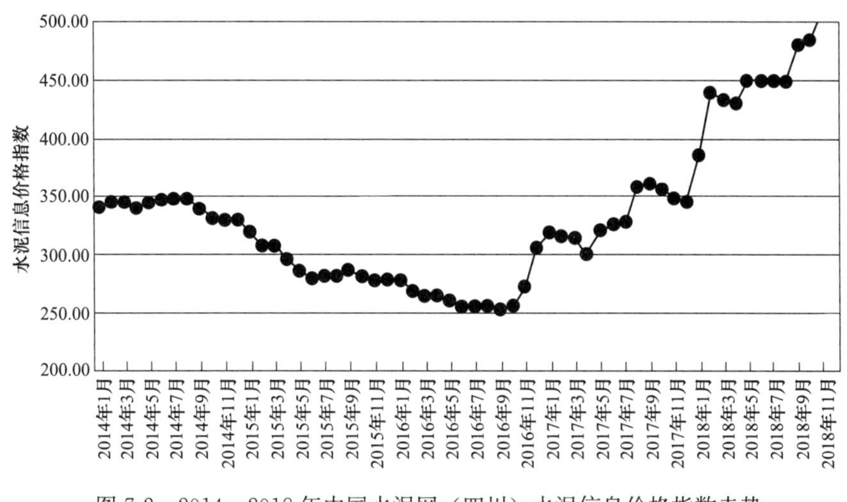

图 7-2　2014～2018 年中国水泥网（四川）水泥信息价格指数走势

从图 7-2 中可以看出：

（1）月度间的物资信息价格指数具有一定的连续性，月度间的环比上月波动率（本月信息价格指数/上月信息价格指数）近似为 1。

（2）在一段时间内，物资信息价格指数的值在一定的范围内波动，在不同段有不同的取值范围。图 7-2 中，前 43 个数据点均在区间［250，350］，而后 17 个数据点则基本分布在区间［350，500］。

（3）当基期价格 M_0 选定后，结合各月的信息价格指数可得到物资每月的价格波动率 V_j 。可根据价格波动率 V_j 的取值范围将其进行分类（例如可分为高、中、低三种程度的波动）。在一段时间内，物资价格的波动率都属于一种类别，即其取值都处于同一范围内。

基于以上三条发现，判定未来合同期内物资价格变化情形这一复杂问题可拆分为两个子问题：

（1）将未来合同期分为若干段；

（2）选择每段时期价格波动率 V_j 的取值范围。

合同期内分段数量以及每段时期价格波动率 V_j 的取值范围可由决策者根据历史数据的变化情形及自身掌握的项目经验进行预估。一般而言，可将未来合同期分为 2～6 段，每段的长度可取 6～18 个月。

2. 聚类分析划分价格波动类别

为更好地利用历史数据，对于物资信息价格波动分类可采用聚类分析方法。聚类分析将数据划分为有效的组（簇），使得每一个簇内的数据对象具有较高的相似度，不同簇中对象差别较大。聚类算法分为层次聚类算法和划分聚类算法：层次聚类算法通过不同类别间的数据对象的相似度，试图构建一个高层次的嵌套聚类树结构；而划分聚类算法需先创建一个初始划分，通过优化损失函数将数据集分成若干互不相交的簇。

根据历史价格波动率划分波动类别为小规模数值数据聚类问题，可使用经典的 k-means 算法，通过反复迭代，使聚类簇中每一数据对象到聚类中心距离的平方和最小，即簇内数据对象相似度最高[13]。k-means 算法流程图如图 7-3 所示。基本步骤如 k-means 算法的基本步骤如下：

（1）随机选取 k 个样本作为聚类中心。

（2）计算每个样本到各中心点的距离，一般选用欧式距离，将其划分到距离最近的中心点所在的簇。

（3）计算每一聚类的均值，作为该簇新的中心点。

（4）判断聚类中心是否发生改变，是则转步骤（2），否则输出结果。

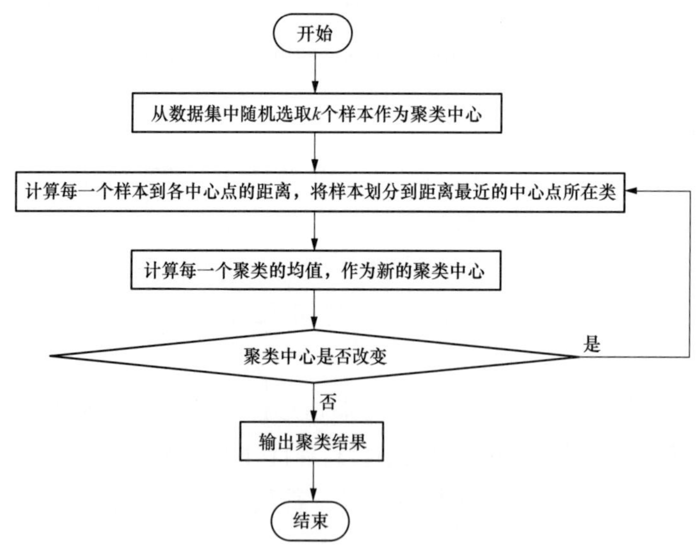

图 7-3　k-means 算法流程图

一般将波动类别划分为 6 个类别，分别为高幅度的上涨情形、中等幅度的上涨情形、低等幅度的上涨情形、低等幅度的下降情形、中等幅度的下降情形和高幅度的下降情形，因此这里 k 可以设置为 6。将物资历史价格按从大到小的顺序排列，取中位数为基准价格 M_0，然后求得历史波动率 V_j 集合，通过聚类算法得到聚类中心后，将相邻两中心的均值作为不同类别的界限。

k-means 算法步骤简单快速，但同时也存在一些问题：聚类结果的好坏依赖于初始聚类中心的选取，对异常样本点较为敏感，只能处理数值类型的数据集合等。在波动类别划分问题中，历史价格波动率均为数值类型，不存在异常情况，对聚类结果影响较大的是初始聚类中心的选取。

对初始聚类中心的选取有多种优化方法。经典的优化算法为 k-means＋＋算法，其核心思想在质心更新时依概率选取，距离原质心越近的点越容易选为聚类中心，让每个质心位置尽可能分散，使其在不同的簇的内部，便于其优化[14]。李春生等人[15]提出基于小支撑树，选中密度大且足够分离的数据稠密区中的点作为初始聚类中心，使得算法可以在选出处在不同类的数据作为初始中心；郁启麟[16]提出一种利用关系矩阵和度数中心度的分析方法来选取初始中心点，减少聚类过程的迭代次数，得到更稳定的聚类结果。此外，由于历史价格波动率为一维数据，可将数据集合排序，将集合均匀划分为 k 个子集，在每个子集中第 $i(i<\lfloor n/k \rfloor)$ 个点作为初始中心，都可以对价格波动类别划分问题有较好的优化效果。

3. 辅助决策者分析识别影响价格波动的风险因素

在决策者进行价格走势情形预估（尤其在确定各段内价格波动范围）时，不仅需要参照历史数据的走势情形，还需要对影响物资价格的各种因素进行分析。表 7-2 以水泥为例，展示了影响其价格的三种主要因素，决策者在预估价格走势情形时可以此为辅助参考。

表 7-2　　影响物资（水泥）价格的三种主要因素

因素	影响效果
原料成本	水泥的原料成本为其主要成本。原料成本主要包括煤电和石灰石等，大的水泥厂商一般拥有石灰石等原料的矿山，故水泥的价格一般主要受煤电价格的影响
市场竞争	竞争激烈地区的企业，为抢占市场份额在特定时期会采取降价的策略，而对于相对封闭、行业集中度较高的地区，水泥的价格会相对较高
供求关系	通常情况下，当水泥供大于求时，水泥价格会下降，反之价格则会上升

7.3.3　仿真案例集生成

1. 仿真案例生成规则

生成的仿真案例要符合实际情况，需要满足如下两点要求：

（1）生成的仿真案例曲线具备与历史数据相同的连续性。曲线的连续性可由信息价格月度间的环比上月波动率（本月信息价格指数/上月信息价格指数）来刻画，这里定义历史数据中信息价格月度间的环比上月波动率分布为 F_1，生成的仿真案例集对应的分布为 F_1'，若 F_1' 贴近于 F_1 则可满足要求。

（2）生成的仿真案例集的整体数据分布要符合实际情况。每个仿真案例由若干个代表物资结算月的价格波动率 V_j 的离散点组成，仿真案例集的实质是离散点的集合。这里定义历史数据中物资价格波动率的分布为 F_2，仿真案例集对应的分布为 F_2'，若 F_2'贴近于 F_2 则可满足要求。

为满足上述两点要求，决策方法设计了相应的案例生成规则，下面以其中一段价格走势情形为例来说明仿真案例的生成规则。

假设决策者基于项目的历史数据和项目经验，预估未来合同期内的价格走势情形仅分为一段，该段的波动的范围为［－0.1，0.1］。设定需要在此情形内生成 1000 个案例，每个案例由 15 个离散点组成。图 7-4 为一个仿真案例的生成示意图，图中的点 p_0，p_1，p_2，…，p_{14} 为组成该仿真案例的离散点。

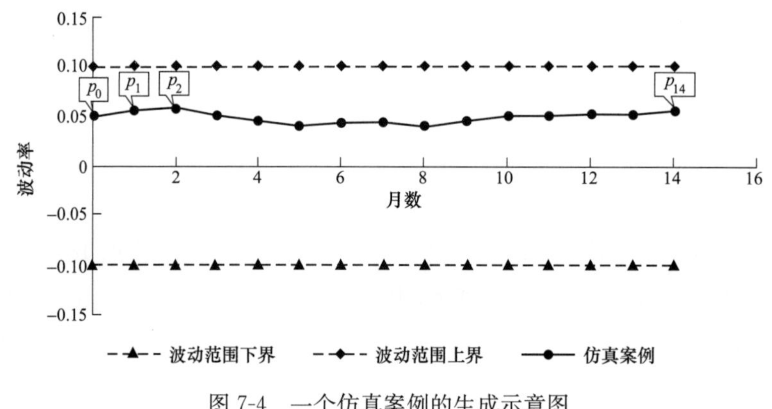

图 7-4　一个仿真案例的生成示意图

若已知历史数据中信息价格月度间的环比上月波动率分布为 F_1，在波动区间［－0.1，0.1］的物资价格波动率的分布为 F_2，则在进行案例生成时：p_0 点的生成服从分布为 F_2；点 p_n 的值由 p_{n-1} 点的值和分布 F_1 决定，即 p_n/p_{n-1} 的值服从分布为 $F_1(n>1)$；以此类推，直到生成点 p_{14}，连接这 15 个离散点组成一条案例曲线，这个案例曲线代表一种具体的价格走势。同理，重复上述步骤也可以完成 1000 个案例的生成。若决策者将价格走势情形分为多段，则按照上述步骤，分阶段地进行生成，最后再将各分段连接起来即可。

上述案例生成规则可以使生成的仿真案例集更符合实际情况，但仍存在两个问题：

（1）在实际情况中，信息价格月度间的环比上月波动率分布 F_1 可以用正态函数来拟合，但物资价格波动率的分布 F_2 往往很复杂，很难用函数表达式来拟合。

（2）点 p_1，p_2，…，p_{14} 是依据分布 F_1 生成的，案例曲线的连续性必定很贴近历史数据。而由于分布 F_1 不是常量值 1，因此，点 p_1，p_2，…，p_{14} 的值与 p_0 点的值虽然接近但仍有所差异，最终生成的仿真案例集的总体分布 F_2' 与历史数据中物资价格波动率的分布 F_2 存在着一些差异，这样会对仿真的效果造成影响。在 7.3.4 条中将会介绍这一问题的解决方案。

2. 复杂分布的描述表达

在仿真中，仿真案例需要根据分布 F_1 和分布 F_2 生成，但实际情况中这些分布的函数表达式往往很难求得。如图 7-5 所示为水泥历史价格波动率分布 F_2 的曲线，可看出其分布是没有明显规律的。

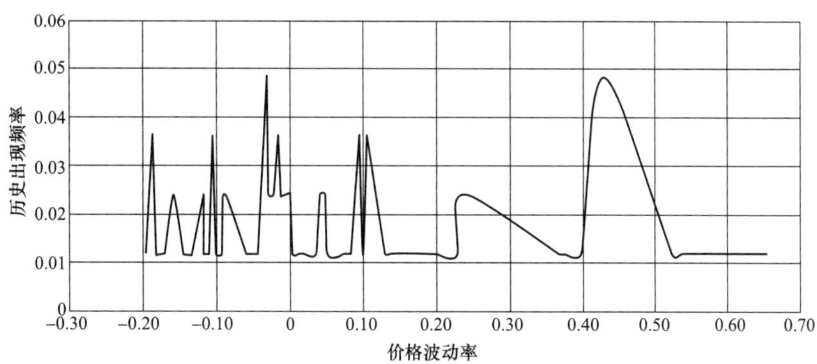

图 7-5　水泥历史价格波动率分布 F_2 的曲线

对历史价格波动率分布 F_2，可以使用最佳平方逼近等方法求得具体的函数表达式（形式为一分段函数）。但是在进行该研究中，需要根据分布生成案例的同时，还要对生成的案例进行分布验证，求出具体的函数表达式不适用。

本章采用细化分层统计的方法，将每个区间进一步地细化分层并统计历史数据在各小区间内的出现频率，以频率统计表的形式来刻画描述复杂分布。

用统计表的形式描述水泥历史价格波动率在波动区间［−0.1，0.1］的频率分布情况，水泥价格波动率在［−0.1，0.1］的频率分布表见表 7-3。将价格波动区间［−0.1，0.1］细化分层为 20 个小区间，统计历史出现的频率。这样可以根据频率分布表进行该波动区间的案例生成，同时也方便检验。对于具体的分层数，取适中即可。

表 7-3　　水泥价格波动率在［−0.1，0.1］的频率分布表

波动率区间	历史出现频率
[−0.1，−0.09)	0.1
[−0.09，−0.08)	0.08
[−0.08，−0.07)	0.04
[−0.07，−0.06)	0.02
[−0.06，−0.05)	0.02
[−0.05，−0.04)	0.04
[−0.04，−0.03)	0.08

续表

波动率区间	历史出现频率
[−0.03，−0.02)	0.02
[−0.02，−0.01)	0.04
[−0.01，0)	0.12
[0，0.01)	0.04
[0.01，0.02)	0.12
[0.02，0.03)	0.06
[0.03，0.04)	0.06
[0.04，0.05)	0.04
[0.05，0.06)	0.04
[0.06，0.07)	0.02
[0.07，0.08)	0.02
[0.08，0.09)	0.02
[0.09，0.1]	0.02

7.3.4 仿真案例集合的优化生成

运用OCBA算法对仿真案例集进行分阶段的生成，可以使生成的仿真案例集更符合实际情况，优化仿真计算过程。接下来将对OCBA算法进行介绍，然后说明如何在生成仿真案例集时使用OCBA算法。

1. OCBA算法介绍

OCBA算法是由Chen等[17]提出的一种能智能决定在所有仿真备选方案（模型）中最高效的仿真重复次数或仿真时长的算法，其目标是在一定量的模拟计算次数下获得最高的模拟决策质量，或者在所需的模拟决策质量下最小化计算量，从而提高仿真的运行效率。

假设对于一个问题有m种可供选择的解决方案，现需选出性能最好的方案。为保证结论的可靠性，最优方案需进行足量次数的仿真运算，以保证该方案的性能均值为最优，同时运算结果（性能值）的方差也应满足一定的精度要求。

对这种问题的常见解决方法是一次性对所有m种方案进行足量的运算，在方差满足要求后，比较各方案的性能均值，从而选出最优方案。这种方法需要进行大量的运算，对计算资源的利用效率很低。OCBA算法的思路则是分阶段地进行计算分配，算法的执行步骤如下：

（1）对m种方案平均分配少量计算次数，得到所有方案的性能均值和相应的方差。

（2）统计各方案的性能均值和方差，结合计算量分配规则，得出下一阶段各方案运算次数比例。性能均值高的方案，在下一阶段将得到更多的仿真运算次数。为满足精度的要求，运算结果方差较大的方案在下一阶段也会分配到更多的仿真运算次数。

(3) 根据步骤 (2) 中得到的运算分配比例，进行下一阶段的仿真运算。

(4) 总仿真运算次数达到给定的数目或者已得到符合要求的最优方案则返回最优方案并结束，否则返回步骤 (2)。

2. 运用 OCBA 进行仿真案例集的优化生成

在仿真案例集生成时，为满足案例曲线连续性的要求，生成的案例集合总体分布 F'_2 与历史价格波动率分布 F_2 有所差异，这会影响仿真效果。OCBA 算法可通过分阶段的生成仿真案例集，在每阶段案例生成时，根据已生成的案例分布情况和计算量分配规则，调整下一阶段各波动区间生成的案例数目，使最终生成的案例集合总体分布 F'_2 更贴近于历史价格波动率分布 F_2。仿真案例集生成流程如图 7-6 所示，其中案例生成的终止条件设置为生成的案例数目达到要求。

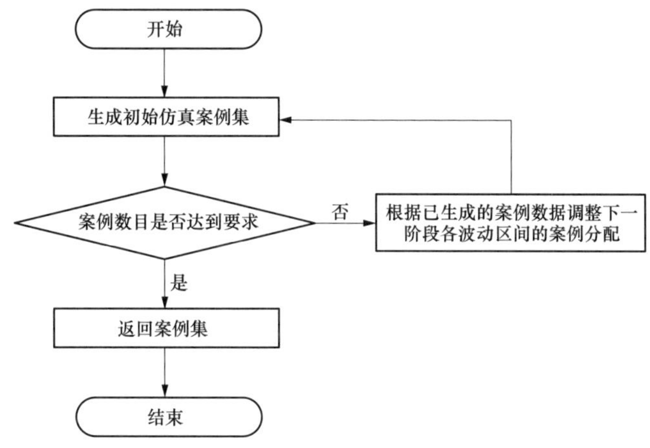

图 7-6　仿真案例集生成流程图

在进行案例生成时，案例曲线的第一个点 p_0 的生成服从分布为 F_2。分布 F_2 使用一个频率分布表进行刻画，其实质是将一个大的波动区间再细分为若干小区间；这里将每个小区间视为一种方案，方案的性能值即为该小区间对应的频率。以表 7-3 将价格波动区间 [−0.1, 0.1] 细化分层为 20 个小区间为例，这里将其视为 20 种方案，区间 [0, 0.01] 出现频率为 0.04，这里将此区间代表方案的性能值视为 0.04。定义参数如下。

J_i：第 i 种方案的性能指标，此处为对应波动小区间的频率，设有 m 种方案，$i=1, 2, \cdots, m$；

N_i：第 i 种方案在下一阶段应分配的案例数，此处为对应波动小区间，$i=1, 2, \cdots, m$；

σ_i：已生成的案例集合中，第 i 种方案对应的历史频率与实际出现频率之间的比值，$\sigma_i>0$，$i=1, 2, \cdots, m$；

设 $J_1 \geqslant J_2 \geqslant \cdots \geqslant J_m$，此处采用董晋峰等人[18]设计的计算量分配原则（3σ 原则），

即最优解满足：

$$J_1 - J_i = 3\sigma_1/\sqrt{N_1} + 3\sigma_i/\sqrt{N_i}, \ i = 2, 3, \cdots, m \tag{7-10}$$

其中，J_i 和σ_i 的值均为已知常量，可根据 N_1 求解各方案在下一阶段应分配的案例数 N_i 的值。从上述公式可以看出，第 i 种方案的性能指标 J_i 越大，即该波动小区间历史出现频率越高，则其对应的 N_i 值越大，即在下一次案例分配时该区间内会分配到更多案例；若已分配的案例集合中第 i 种方案对应的历史频率与实际出现频率比值σ_i 越大，即该波动小区间实际出现的频率值较小，则其对应的 N_i 值越大，在下一次案例分配时该波动小区间将分配到更多案例。

令 $d_i = J_1 - J_i$，$k_i = 1/\sqrt{N_i}$，则 d_i，k_i 的值为非负常量。式（7-10）可变形为：

$$\sigma_1 k_1 + \sigma_i k_i = d_i/3, \ i = 2, 3, \cdots, m \tag{7-11}$$

当式（7-11）中 $i=2$ 时，有 $k_1 = \left(\frac{d_2}{3} - \sigma_2 k_2\right)\frac{1}{\sigma_1} < \frac{d_2}{3\sigma_1}$，可知 $k_1 \in \left(0, \frac{d_2}{3\sigma_1}\right)$。

由式（7-11）可求得：

$$k_i = d_i/3\sigma_i - \sigma_1 k_1/\sigma_i, \ \forall i = 2, 3, \cdots, m \tag{7-12}$$

令 $\omega_i = d_i/3\sigma_i$，$\psi_i = \sigma_1/\sigma_i$，则有 $k_1 \in \left(0, \frac{\omega_2}{\psi_2}\right)$。由 $d_i > 0$ 以及$\sigma_i > 0$ 可知ω_i 和ψ_i 的值均为非负常量。式（7-12）可变形为：

$$k_i = \omega_i - \psi_i k_1, \ \forall i = 2, 3, \cdots, m \tag{7-13}$$

若 T 为下一次分配的案例数，则：

$$T = N_1 + N_2 + \cdots + N_m \tag{7-14}$$

由 $k_i = 1/\sqrt{N_i}$ 及式（7-13）和式（7-14）可知：

$$T = N_1 + N_2 + \cdots + N_m = \frac{1}{k_1^2} + \frac{1}{(\omega_2 - \psi_2 k_1)^2} + \cdots + \frac{1}{(\omega_m - \psi_m k_1)^2} \tag{7-15}$$

在满足性能和误差的同时需要最小化计算量，即求 $\min\{T\}$。

T 对 k_1 求导可得：

$$\frac{\mathrm{d}T}{\mathrm{d}k_1} = 2 \times \left[-\frac{1}{k_1^3} + \frac{\psi_2}{(\omega_2 - \psi_2 k_1)^3} + \cdots + \frac{\psi_m}{(\omega_m - \psi_m k_1)^3}\right] \tag{7-16}$$

由 $d_i = J_1 - J_i$，$k_i = 1/\sqrt{N_i}$ 可知，$d_i > 0$，$k_i > 0$，即 $k_i = \omega_i - \psi_i k_1 > 0$；又由 $\psi_i > 0$ 可知，$\frac{\mathrm{d}T}{\mathrm{d}k_1}$ 是关于 k_1 的增函数，又由：

$$k_1 \to 0, \ \frac{\mathrm{d}T}{\mathrm{d}k_1} = -\infty; \ k_1 \to \left.\frac{\omega_2}{\psi_2}\right|_{-}, \ \frac{\mathrm{d}T}{\mathrm{d}k_1} = +\infty$$

因此 $\frac{\mathrm{d}T}{\mathrm{d}k_1} = 0$ 在区间内有唯一解，即 T 关于 k_1 先减后增，存在最小值。可由计算机试探求解 $\frac{\mathrm{d}T}{\mathrm{d}k_1} = 0$ 对应的 k_1，进而可求出 k_i 以及 $N_i(i = 1, 2, \cdots, m)$，$N_i(i = 1, 2, \cdots,$

m），就是最佳的分配方案。

$$N_1=\frac{1}{k_1^2} \tag{7-17}$$

$$N_i=\frac{1}{\left(\frac{J_1-J_i}{3\sigma_i}-\frac{\sigma_1}{\sigma_i\sqrt{N_1}}\right)^2},\ i=2,\ \cdots,\ m \tag{7-18}$$

7.3.5　仿真结果分析指标

在仿真计算中，需要将选定的调价参数组合和生成的仿真案例集代入调价计算模型中计算，并通过对计算结果的统计分析来评价该参数组合对应的调价效果。可以用两个定性指标来对调价参数组合的调价效果进行描述：①调整效果的稳定性，即调整后的实际月结算价趋于稳定，更贴近于出厂价；②调整效果的市场性，即调整后的结算价贴近实际市场价格变化情形。

基于仿真的物资调价参数决策方法设置了四项定量化的指标用以刻画上述两项定性指标。

（1）结算额差异率 μ：

$$\mu=\frac{\left(\sum_{j=1}^{m}Q_j\times P_j\right)-\left(\sum_{j=1}^{m}Q_j\times P_0\right)}{\sum_{j=1}^{m}Q_j\times P_0} \tag{7-19}$$

μ 表示使用调价公式后的结算总额与不使用调价公式的结算总额之间的差异程度，其值越小表示调价方法的稳定性越好。

（2）调整后的价格波动率（U_j）与 0（0 表示价格未发生变化）的拟合优度 R_1^2：

$$R_1^2=\frac{\sum_{j=1}^{m}(0-U)^2}{\sum_{j=1}^{m}(U_j-U)^2} \tag{7-20}$$

U 为 U_j 的均值，R_1^2 的取值在［0，1］，其值越接近于 1 说明拟合度越好，即产生的结算价更贴近出厂价，这代表调价方法的稳定性更好。

（3）调整后的价格波动率（U_j）曲线和原波动率（V_j）曲线的拟合优度 R_2^2：

$$R_2^2=\frac{\sum_{j=1}^{m}V_jU_j}{\sqrt{\sum_{j=1}^{m}U_j^2}\cdot\sqrt{\sum_{j=1}^{m}V_j^2}} \tag{7-21}$$

R_2^2 的取值在［0，1］，其值越接近于 1 说明拟合度越好，即产生的结算价与市场实际情况更贴近，这代表该调价方法的市场性越好。

（4）月结算价的分布情况。箱型图用于展现大量案例在不同种调价方式下的计算结果，如图 7-7 所示，其中一个箱型图对应一种调价参数组合的运算统计结果。横向的每个箱体代表一种调价方法的计算结果集合：将生成的仿真案例集和调价参数组合代入物资调价计算模型进行计算，可得到物资实际月结算单价（结合消耗量可求得结算总额）的集合，根据集合可得到该调价参数组合对应的箱型图。

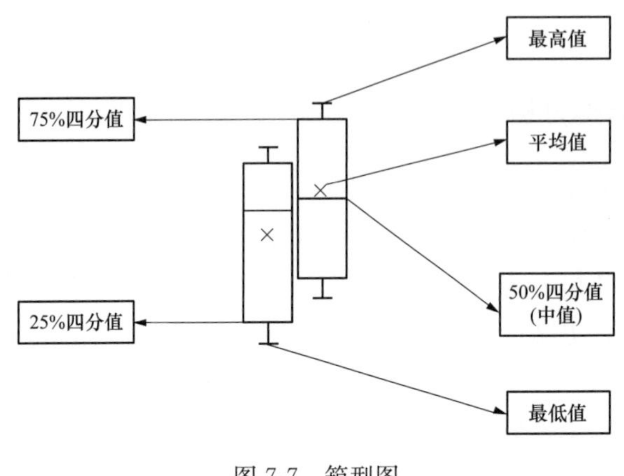

图 7-7　箱型图

对于每个箱型图，实体箱外引出细线上下两端的值为该调价方法在该种价格波动情形下可能会产生的最高实际月结算单价和最低实际月结算单价。若将集合中的数据按照从小到大排列，箱体中间横线处的值为该集合的中位数，“×”符号处为集合数据均值，实体箱的上下端分别为该集合数据中大小排在 3/4 和 1/4 处的数据。

对箱型图的分析要注意以下两点：

（1）箱体整体位置的高低代表了该种调价方法最终产生月结算单价的高低。若箱体位置过高，则结算时业主需要支付更多的物资货款；若箱体位置过低，则承包商可能因物资结算价过低而延期甚至拒绝提供物资。

（2）箱体自身的长短代表了该种调价方法最终产生月结算单价分布范围的大小。若箱体过长，则各结算期内业主需要支付的物资货款波动过大，说明该种调价方法的稳定性太差，不利于成本控制；若箱体过短，则说明该种调价方法的市场性太差，产生的月结算单价无法真实的反应市场的实际变化情况。

因此进行调价参数综合选择时，将月结算单价的分布这一指标分解为箱型图长度和箱型图高低这两个指标；其中，箱型图长度以整体长度与实体长度的均值衡量，箱型图高低以中位数与出厂价的差值衡量。

7.3.6　调价参数综合选择方法

对调价效果的分析，上一节中提出了四项指标，如何根据这四项指标来进行参数组合的综合选择，是一个多准则决策问题；可以采用 TOPSIS 方法为调价参数组合选择提供定量支持，其中各指标权重由层次分析法得出。

1. 层次分析法

层次分析法是一种决策方法，它通过排列比较同层级各因素的重要性，建立判断矩阵，并用数学运算得到各因素的权重，最终得到单一因素相对总目标的综合权重。从而在众多的层次和因素指标中，选择最佳的决策方案[19]。

调价效果评价问题中的层次结构非常简单，因素层只有一层，共有 n 个因素，同层因素权重确定步骤如下。

（1）构造判断矩阵 $A_{n\times n}$，将因素进行两两相互比较，表 7-4 为评估矩阵元素 a_{ij} 的标度方法，根据表 7-4 的重要性等级赋值，确定矩阵元素，a_{ij} 为因素 i 与因素 j 重要性比较结果，满足 $a_{ij}=\dfrac{1}{a_{ji}}$。

表 7-4　　评估矩阵元素 a_{ij} 的标度方法

因素 i 比因素 j	量化值
同等重要	1
稍微重要	3
较强重要	5
强烈重要	7
极端重要	9
两相邻判断的中间值	2、4、6、8

（2）计算权重向量。

1）计算判断矩阵 A 每一行的数值乘积 M_i：

$$M_i=\prod_{j=1}^{n}a_{ij};\ i=1,\ 2,\ \cdots,\ n \tag{7-22}$$

2）计算各因素的权重近似值 $\overline{W}_i$：

$$\overline{W}_i=\sqrt[n]{M_i};\ i=1,\ 2,\ \cdots,\ n \tag{7-23}$$

3）对权重近似值 $\overline{W}_i$ 进行归一化处理得到权重 W_i：

$$W_i=\frac{\overline{W}_i}{\sum_{j=1}^{n}\overline{W}_i};\ i=1,\ 2,\ \cdots,\ n \tag{7-24}$$

4）计算最大特征根 $\lambda_{\max}$：

$$\lambda_{\max}=\frac{1}{n}\sum_{i=1}^{n}\frac{(AW)_i}{W_i} \tag{7-25}$$

（3）一致性检验。即检验构造的判断矩阵与精确情况的偏差程度，一致性指标用 CI 表示，其值越小，代表一致性越大。

$$CI = \frac{\lambda - n}{n - 1} \tag{7-26}$$

$CI=0$，有完全的一致性；CI 接近于 0，有满意的一致性；CI 越大，一致性越低。为衡量 CI 的大小，引入随机一致性指标 RI，它和判断（比较）矩阵的阶数有关，一般来说，矩阵的阶数越大，它出现一致性随机偏离的可能性也越大，一般通过查表得出，随机一致性指标 RI 标准值见表 7-5。

表 7-5　　随机一致性指标 *RI* 标准值

矩阵阶数	1	2	3	4	5	6	7	8	9	10
RI	0	0	0.52	0.89	1.12	1.26	1.36	1.41	1.46	1.49

考虑到一致性的偏离可能是随机因素带来的结果，故在检验判断矩阵是否具有满意的一致性时，还需要将 CI 和随机一致性指标 RI 进行比较，得出检验系数 CR：

$$CR = \frac{CI}{RI} \tag{7-27}$$

一般来说，若 $CR < 0.1$，则判定该矩阵通过一致性检验，否则不通过。

2. TOPSIS 方法

TOPSIS 方法由 Hwang 和 Yoon[20] 提出，是求解多准则决策问题最经典的方法之一。其原理是所选方案与负理想方案的距离最大，与正理想方案的距离最小。负理想方案指所有考虑的准则取最差值，即成本准则最大化，收益准则最小化，正理想方案则相反。TOPSIS 有两个主要优势：数学上的简单性和选择集定义上的极大灵活性。

多准则决策问题中有 m 种方案，n 个准则，权重集合 $W=\{w_1, w_2, \cdots, w_n\}$，决策矩阵如下：

$$\begin{bmatrix} x_{11} & x_{12} & \cdots & x_{1j} \\ x_{21} & x_{22} & \cdots & x_{2j} \\ \vdots & \vdots & \ddots & \vdots \\ x_{i1} & x_{i2} & \cdots & x_{ij} \end{bmatrix}$$

其中：x_{ij} 为方案 i 在准则 j 上的性能值。

TOPSIS 方法步骤如下。

（1）决策矩阵归一化，以消除量纲的影响。

$$r_{ij} = \frac{x_{ij}}{\sqrt{\sum_{i=1}^{m} x_{ij}^{2}}},\ j=1, 2, \cdots, n \tag{7-28}$$

（2）确定正理想方案和负理想方案。正理想方案 $R^+=\{r_1^+, r_2^+, \cdots, r_n^+\}$，负理想方案 $R^-=\{r_1^-, r_2^-, \cdots, r_n^-\}$。

$$r_j^+ = \begin{cases} \min_i \{r_{ij}\}, & j \in J_1 \\ \max_i \{r_{ij}\}, & j \in J_2 \end{cases} \tag{7-29}$$

$$r_j^- = \begin{cases} \max_i \{r_{ij}\}, & j \in J_1 \\ \min_i \{r_{ij}\}, & j \in J_2 \end{cases} \tag{7-30}$$

其中：J_1 为成本型准则集合；J_2 为效益型准则集合。

(3) 计算各方案到正理想方案的欧式距离 D_i^+ 和到负理想方案的欧式距离 D_i^-：

$$D_i^+ = \sqrt{\sum_{j=1}^{n} w_j \times (r_{ij} - r_j^+)^2}, \ i = 1, 2, \cdots, m \tag{7-31}$$

$$D_i^- = \sqrt{\sum_{j=1}^{n} w_j \times (r_{ij} - r_j^-)^2}, \ i = 1, 2, \cdots, m \tag{7-32}$$

(4) 计算各方案与负理想方案的相对距离：

$$C_i = \frac{D_i^-}{D_i^- + D_i^+}, \ i = 1, 2, \cdots, m \tag{7-33}$$

其中：$C_i \in [0, 1]$，C_i 越接近 1，表明该方案越接近正理想方案。

7.4　仿真模型验证

仿真模型验证是从模型的应用目的出发，考查模型在其应用域内是否准确地代表了原型系统，包括概念模型验证和仿真结果验证[21]。

(1) 概念模型是对系统的概念性描述，是对系统首次抽象所建立的模型，概念模型验证是确保仿真概念能够完全反映仿真需求，并驱动仿真规范和设计。

(2) 仿真结果验证是指在相同输入条件下，度量仿真输出结果与参考结果之间的一致性，进而实现模型验证的过程[22]。

7.4.1　概念模型验证

在基于仿真的调价参数决策问题中，概念模型的核心为仿真案例，案例能否与历史市场情况贴近，是概念模型验证的关键问题。需要从两个方面验证：①产生案例集合的整体分布是否与历史贴近；②产生月度环比波动率分布是否与历史贴近。

1. 案例整体分布与历史贴合度分析

对仿真案例集合，统计其在各个小区间内出现的频率，与历史价格波动率在各区间内出现的频率进行比较，绘制平滑散点图，并进行相似度分析；相似度在一定范围内，表明生成的仿真案例与历史贴近。并对直接生成的案例集合和使用 OCBA 优化后的仿真案例集合与历史的贴近度进行比较，验证 OCBA 方法的有效性。

共有 m 个波动率区间，f_{0i} 为历史价格波动率在区间 i 出现的频率，f_{1i} 为直接生成的案例集合波动率在区间 i 出现的频率，f_{2i} 为使用 OCBA 优化生成的案例集合波动率在区

间 i 出现的频率。

（1）直接生成的案例集合与历史价格波动率相似度 SIM_1：

$$SIM_1 = \frac{\sum_{i=1}^{m} f_{0i} \cdot f_{1i}}{\sqrt{\sum_{i=1}^{m} f_{0i}^2} \cdot \sqrt{\sum_{i=1}^{m} f_{1i}^2}} \tag{7-34}$$

（2）OCBA 优化生成的案例集合与历史价格波动率相似度 SIM_2：

$$SIM_2 = \frac{\sum_{i=1}^{m} f_{0i} \cdot f_{2i}}{\sqrt{\sum_{i=1}^{m} f_{0i}^2} \cdot \sqrt{\sum_{i=1}^{m} f_{2i}^2}} \tag{7-35}$$

2. 月度环比波动率分析

除案例集合的整体分布，案例的连续性也是验证是否与历史贴近的重要因素。对生成的仿真案例集，统计月度环比波动率以箱型图展示，与历史数据进行比较。

7.4.2 仿真结果验证

仿真结果验证需要在相同输入条件下，将仿真输出数据与参考数据进行一致性比较，以此验证仿真结果的有效性。

在基于仿真的调价参数决策问题中，针对连续三年的实际水泥价格与消耗量，采用 5 种调价参数组合分别计算。对结算总额差异率、调整后的价格波动率与原价格波动率的拟合优度、调整后的价格波动率与 0 的拟合优度这三项指标进行综合分析，用 TOPSIS 方法选出最优调价参数组合，作为参考数据。与仿真实验中选择的最优调价参数组合进行比较，若二者一致，则验证了基于仿真的调价参数决策模型的有效性。

7.5 工程物资调价仿真实验

本节对基于仿真的决策方法进行计算实验，首先根据设定的规则进行仿真案例生成，并在仿真案例集合生成时运用 OCBA 算法对仿真计算过程进行优化，最后对比分析若干种调价方法的仿真计算结果，并选出最优调价参数组合；同时进行仿真模型验证，包括概念验证与仿真结果验证。

7.5.1 仿真实验支撑技术

整体的仿真实验系统可分为交互界面和数据处理两部分，仿真实验系统结构示意图如图 7-8 所示。

决策者基于项目经验和历史数据在交互界面输入预估的价格走势情形，数据处理部

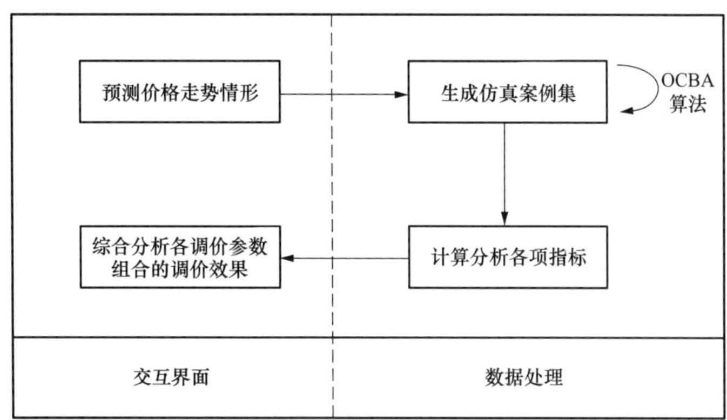

图 7-8　仿真实验系统结构示意图

分基于预估的价格走势情形和决策方法设定的若干规则，结合 OCBA 算法，生成符合实际情况的仿真案例集。将仿真案例集和各调价参数组合带入计算模型中运算，并将得到的计算结果传回交互界面。最后，交互界面根据传回的数据对决策方法设置的各项分析指标，用图形化的方式展示，并用 TOPSIS 方法对各调价参数组合的调价效果进行综合评估，为决策者进行调价参数组合的选择提供决策支持。

在计算实验中，交互界面由 Excel 工具实现，OCBA 算法在 Windows 10 下利用 JDK1.8 编程实现。仿真计算实验在 Intel 机器上进行，处理器为 CoreTM processor 3.20GHz，内存为 8GB RAM。

7.5.2　仿真案例集生成

以雅砻江流域水电开发工程水泥采购中相关历史数据为实验数据来源，同时在历史数据和实际工程物资采购合同制订者的决策判断下，设计生成仿真案例集。

1. 基础数据展示

（1）物资（水泥）信息价格来源。雅砻江流域水电开发工程在水泥采购合同中，选定的价格信息源为中国水泥网公布的四川省水泥信息价格指数。

（2）物资（水泥）信息价格指数相关历史数据。

物资（水泥）历史信息价格波动率 V_j 的分布 F_2 采用细化分层理论来刻画。中国水泥网（四川）水泥信息价格波动率、频率统计分布见附录 N。

图 7-9 为水泥月度间的环比波动率（本月信息价格指数/上月信息价格指数）分布箱型图。从图 7-9 中可以看出，整体的波动率在 1 附近分布，这里用正态函数来拟合这种分布，正态分布均值取 1，方差取 0.17。

（3）其他数据：

1）水泥出厂价 p_0 设定为 300 元/袋；

2）基准价 M_0 选为历史数据的中位数 315 元/袋；

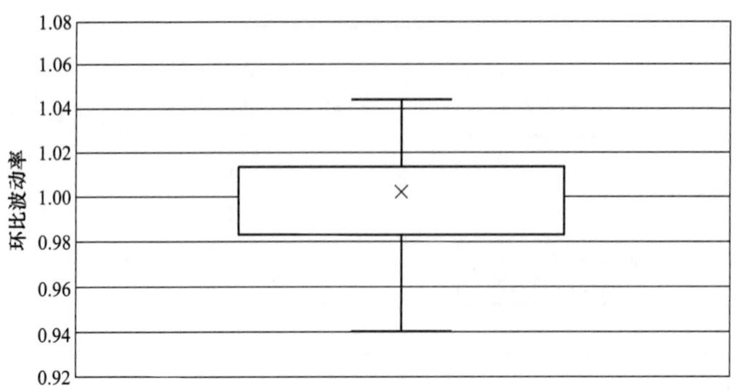

图 7-9 水泥月度间的环比波动率的分布箱型图

3）本次计算实验中，结算额差异率计算时的物资（水泥）消耗量取 2014～2016 年雅砻江流域水电开发工程水泥的实际消耗量，图 7-10 为其消耗量走势；仿真结果检验时的物资（水泥）消耗量取 2016～2018 年雅砻江流域水电开发工程水泥的实际消耗量，图 7-11 为其消耗量走势。

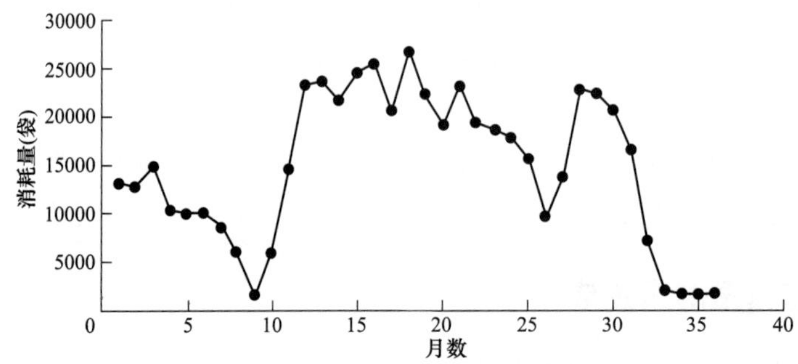

图 7-10 2014～2016 年雅砻江流域水电开发工程中水泥消耗量走势

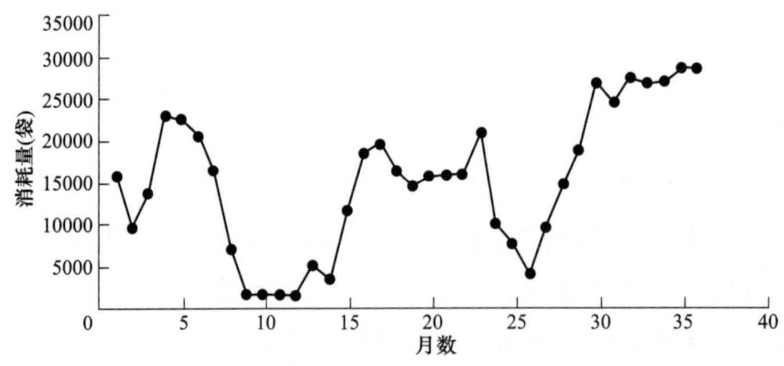

图 7-11 2016～2018 年雅砻江流域水电开发工程中水泥消耗量走势

2. 仿真案例设计

(1) 案例长度。根据实际项目签订的合同周期，案例由 36 个离散点组成，每个点代表 1 个月的信息价格波动率。

（2）价格波动率分类。基于历史数据和决策者（实际工程水泥采购合同制定者）的判断，将价格波动情形分为六类，分别为高幅度的上涨情形、中等幅度的上涨情形、低等幅度的上涨情形、低等幅度的下降情形、中等幅度的下降情形和高幅度的下降情形。其中，根据中国水泥网公布的四川省水泥信息价格指数的数据，采用 k-means 聚类方法，得出各类波动情形的变化区间如下：

1）高幅度的上涨情形：[24%，+∞)，这表示物资信息价格指数相对基期价格上涨了 24%以上。

2）中等幅度的上涨情形：[5%，24%)。

3）低等幅度的上涨情形：[0，5%)。

4）低等幅度的下降情形：[−6%，0)。

5）中等幅度的下降情形：[−16%，−6%)。

6）高幅度的下降情形：(−∞，−16%)。

（3）决策者选取的价格波动走势情形。决策者基于历史数据和影响水泥价格各种因素的考虑，对波动情形做出如下预测：将 36 个离散点均匀的分为 3 段，第一段（前 12 个离散点）的波动情形有低等幅度的上涨和低等幅度的下降两种类别，即生成的离散点取值范围在 [−5%，6%]；第二段和第三段的波动情形取四种类别，分别为中等幅度的上涨情形、低等幅度的上涨情形、低等幅度的下降情形和中等幅度的下降情形，即生成的离散点取值范围在 [−16%，24%]。

（4）生成的案例规模。为保证生成的案例集合包括所有可能发生的情形，需要在选择的波动情形内生成足量的案例。在计算实验中，案例规模数量设定为 1000 个。

（5）优化设计。本次计算实验生成两种案例集合：一种案例集合是不使用优化算法，按照 7.3.3、7.3.4 条的案例生成规则直接生成 1000 个案例；另一种案例集合使用优化算法指导生成，在案例生成时先生成 200 个初始案例集合，然后运用 OCBA 算法，基于已分配案例的特征分阶段的继续生成剩余案例，每阶段生成 200 个案例，分 5 阶段生成。后续的计算对比实验，选择生成的第二种仿真案例集。

（6）5 种调价参数组合（见表 7-6）。选择 5 种调价参数组合进行对比计算，可按照表 7-6 对波动区间数 k 、各波动区间的上界 α_k 和各波动区间内的风险分担比例 β_k 进行选择。设定价格波动不会出现超过 100%的情形。

表 7-6　　　　5 种调价参数组合

调价参数组合	$[\alpha_0, \alpha_1)$；β_1	$[\alpha_1, \alpha_2)$；β_2	$[\alpha_2, \alpha_3]$；β_3
1	[0，5%)；1	[5%，100%)；1	—
2	[0，5%)；0	[5%，100%)；1	—
3	[0，10%)；0	[10%，100%)；1	—
4	[0，5%)；0	[5%，15%)；1	[15%，100%]；0.5
5	[0，10%)；0	[10%，20%)；1	[20%，100%]；0.5

3. 评估权重

对各个指标进行两两比较，得到如表 7-7 所示的判断矩阵。

表 7-7 判断矩阵

指标	结算额差异率	R_1^2	R_2^2	箱体长度	箱体高低
结算额差异率	1	1/3	1/2	2	2
拟合优度 1	3	1	1	3	3
拟合优度 2	2	1	1	3	3
箱体长度	1/2	1/3	1/3	1	2
箱体高低	1/2	1/3	1/3	1/2	1

计算得到最大特征根为 5.1108，*CI* 为 0.0277，查表 7-5 可知，*RI* 为 1.12，计算得 *CR* 为 0.0247<0.1，通过一致性检验，得到指标权重向量如表 7-8 所示。

表 7-8 指标权重向量

指标	结算额差异率	R_1^2	R_2^2	箱体长度	箱体高低
权重	0.1608	0.3362	0.3047	0.1130	0.0853

7.5.3 概念模型验证

1. 案例整体分布与历史贴合度分析

本次计算实验在案例生成阶段共生成了两种案例集合，案例集合由 1000 个案例组成，每个案例由 36 个离散点组成，离散点代表价格波动率 V_j，案例集合实质上是离散点集合。

图 7-12 为生成案例集合的频率分布情况。可以看出，使用优化的 OCBA 算法生成

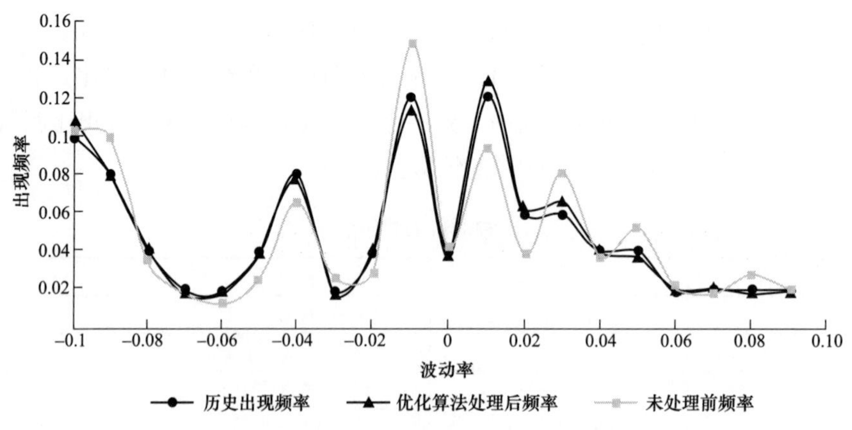

图 7-12 生成案例集合的频率分布情况

的仿真案例集合的总体分布分布 F_2' 与物资历史价格波动分布 F_2 贴近。这说明在案例集合生成中运用模拟最优分配算法，使生成的案例更加贴近历史数据，对仿真本身加以优化，同时提高了计算资源的利用率。

两种案例集合和历史数据在价格波动率区间［−0.1，0.1］的具体分布情况见表 7-9。计算得到直接生成的案例集合与历史价格波动率相似度 $SIM_1=0.9755$，使用 OCBA 优化生成 的案例集合与历史价格波动率相似度$SIM_2=0.9983$，都具有较高的相似度，且优化算法处理后，频率比未处理前频率与历史出现频率的相似度更高，更能够代表历史价格波动率的分布。

表 7-9　两种案例集合和历史数据在价格波动率区间［−0.1，0.1］的具体分布情况

波动区间	历史出现频率	优化算法处理后频率	未处理前频率
[−0.1，−0.09)	0.1	0.1083	0.1021
[−0.09，−0.08)	0.08	0.0799	0.0990
[−0.08，−0.07)	0.04	0.0416	0.0346
[−0.07，−0.06)	0.02	0.0188	0.0190
[−0.06，−0.05)	0.02	0.0195	0.0128
[−0.05，−0.04)	0.04	0.0388	0.0251
[−0.04，−0.03)	0.08	0.0785	0.0652
[−0.03，−0.02)	0.02	0.0182	0.0254
[−0.02，−0.01)	0.04	0.0420	0.0291
[−0.01，0)	0.12	0.1141	0.1478
[0，0.01)	0.04	0.0365	0.0425
[0.01，0.02)	0.12	0.1294	0.0938
[0.02，0.03)	0.06	0.0641	0.0382
[0.03，0.04)	0.06	0.0659	0.0808
[0.04，0.05)	0.04	0.0406	0.0370
[0.05，0.06)	0.04	0.0369	0.0517
[0.06，0.07)	0.02	0.0211	0.0222
[0.07，0.08)	0.02	0.0206	0.0179
[0.08，0.09)	0.02	0.0185	0.0276
[0.09，0.1]	0.02	0.0197	0.0199

2. 月度环比波动率分析

图 7-13 为两种案例集合中各案例曲线离散点和历史数据月度间的环比波动率分布情况。从图 7-13 中可以看出两种案例集合的月度间的环比波动率分布都是较为贴近历史数据的，说明生成的案例曲线的连续性整体上符合历史实际情况。

根据上述分析，可以得到如下结论：

（1）基于仿真的物资调价参数决策方法设计的案例生成规则，可以使生成的仿真案例具有较好的曲线连续性，贴近历史数据。

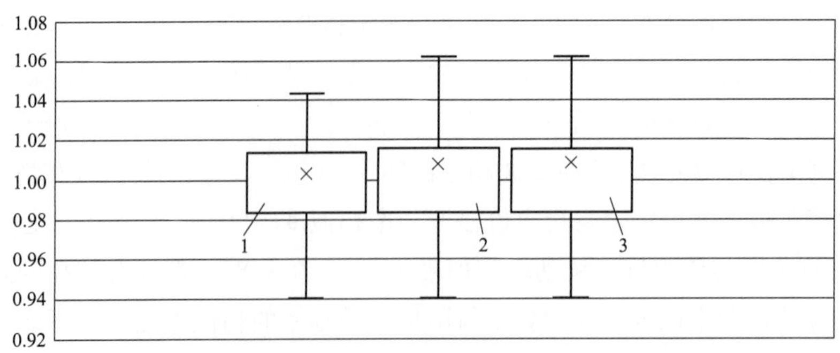

图 7-13　两种案例集合中各案例曲线离散点和历史数据月度间的环比波动率分布情况

1—历史数据；2—使用优化算法；3—未使用优化算法

（2）在仿真案例集生成时运用 OCBA 优化算法，可以使生成的案例集波动率的分布情况更符合实际情况，优化了仿真计算过程。

7.5.4　仿真实验与决策分析

实验决策分析首先对比分析调价参数组合中各项参数对最终月结算单价的影响效果，然后展示整体的仿真计算分析结果，再通过 TOPSIS 方法对各调价参数组合进行评估，为决策者进行调价参数组合的选择提供决策支持。

1. 调价参数组合中各项参数对调价效果的影响

（1）分担比例 β_k 对调价效果的影响。相比调价参数组合 1，调价参数组合 2 在各波动区间内设置的风险分担比例 β_k 较低，调价参数组合 1 和调价参数组合 2 的仿真计算结果分析及具有不同分担比例的调价参数组合调整后的月结算价分布情况分别如图 7-14 和图 7-15 所示。从展示的拟合优度、箱型图来看，调价参数组合 2 调价后的稳定性更好，即波动区间内分担比例越低的调价参数组合，其最终得到的物资结算单价更接近于出厂价且分布范围越小，调价的稳定性越好。

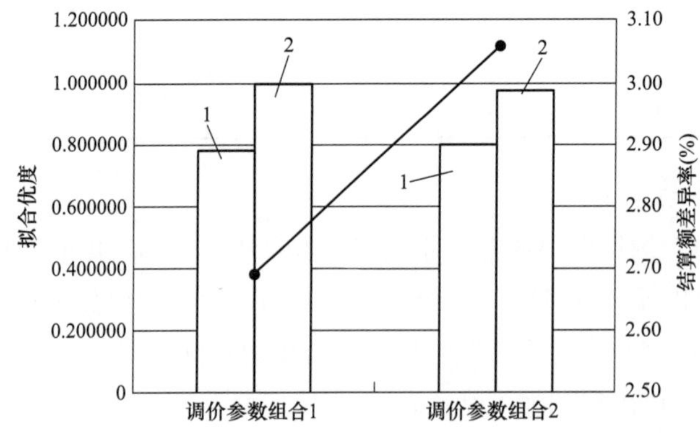

图 7-14　调价参数组合 1 和调价参数组合 2 的仿真计算结果分析

1—拟合优度 1；2—拟合优度 2；—●— —结算额差异率

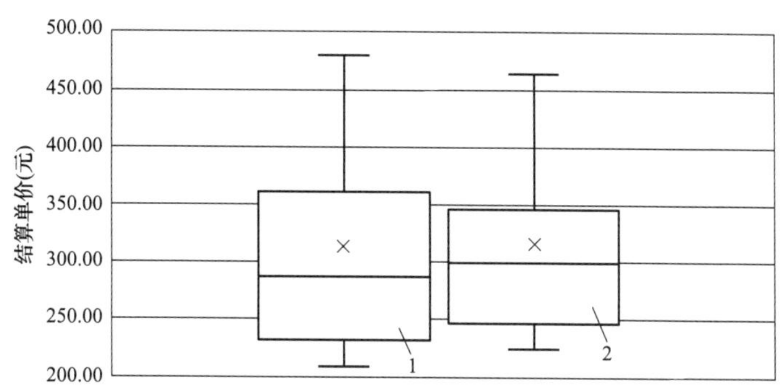

图 7-15　具有不同分担比例的调价参数组合调整后的月结算价分布情况

1—调价参数组合 1；2—调价参数组合 2

（2）波动区间数目 k 对月结算单价的影响。相比调价参数组合 2，调价参数组合 4 设置的波动区间数目 k 更多。调价参数组合 2 和调价参数组合 4 的仿真计算结果分析及具有不同波动区间数目的调价方法调整后的月结算价分布情况分别如图 7-16 和图 7-17 所示。从展示的拟合优度、箱型图等指标可以发现，调价参数组合 4 比调价参数组合 2 的稳定性更好。即波动区间数目越多的调价参数组合，其最终得到的物资结算价更接近于出厂价且分布范围越小，调价的稳定性越好。

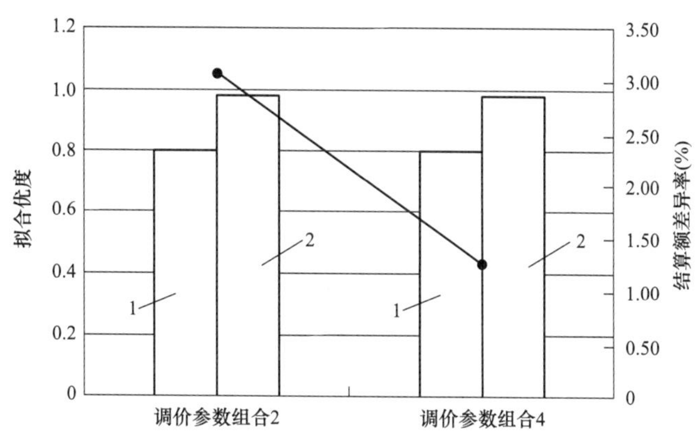

图 7-16　调价参数组合 2 和调价参数组合 4 的仿真计算结果分析

1—拟合优度 1；2—拟合优度 2；—●— —结算额差异率

（3）波动区间界线 α_k 对月结算单价的影响。相比调价参数组合 4，调价参数组合 5 设置的各波动区间界线 α_k 值较大。调价参数组合 4 和调价参数组合 5 的仿真计算结果分析及具有不同波动区间界线的调价参数组合调整后的月结算价分布情况分别如图 7-18 和图 7-19 所示。从展示的拟合优度、箱型图等指标可以发现，调价参数组合 5 比调价参数组合 4 的稳定性更好，即波动区间界线 α_k 值越大的调价参数组合，其最终得到的物资结算价更接近于出厂价且分布范围越小，调价的稳定性越好。

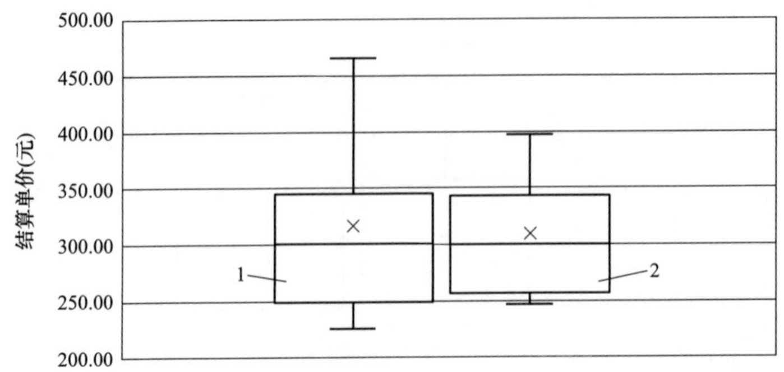

图 7-17　具有不同波动区间数目的调价方法调整后的月结算价分布情况

1—调价参数组合 2；2—调价参数组合 4

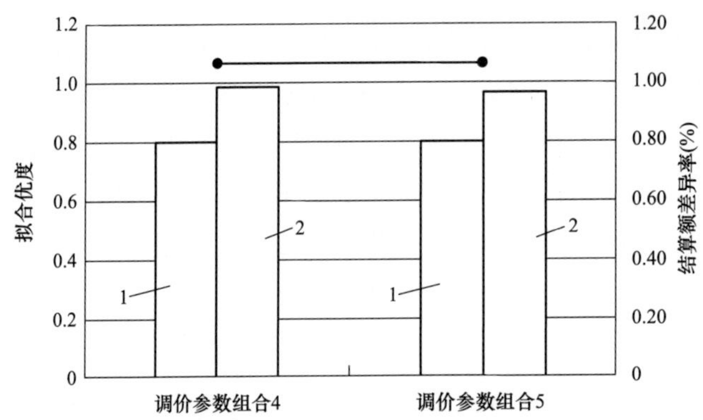

图 7-18　调价参数组合 4 和调价参数组合 5 的仿真计算结果分析

1—拟合优度 1；2—拟合优度 2；—●— —结算额差异率

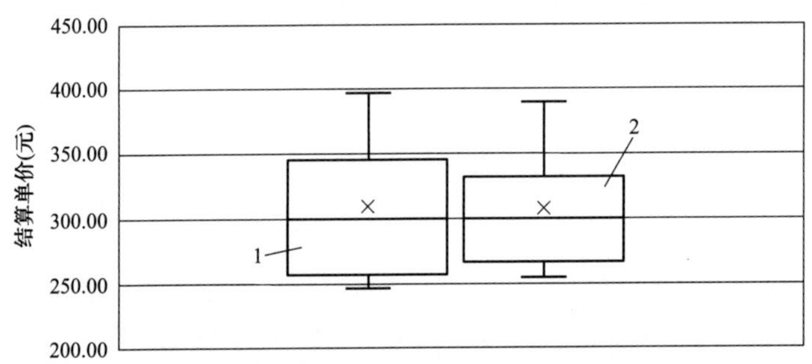

图 7-19　具有不同波动区间界线的调价参数组合调整后的月结算价分布情况

1—调价参数组合 4；2—调价参数组合 5

2. 对决策者选择调价参数组合的决策支持

图 7-20 和图 7-21 分别为 5 种调价参数组合调整后的月结算价分布情况及月结算价分析。5 种调价参数组合的仿真计算结果见表 7-10，其中，结算额差异率（μ）、调整后的价格波动率（U_j）与 0（0 表示价格未发生变化）的拟合优度 R_1^2 、调整后的价格波

动率（U_j）曲线和原波动率（V_j）的余弦相似度 R_2^2 三项指标，每一个仿真案例均有对应计算值，此处取均值；对箱体高低和箱体长度，每一种调价参数组合对应一个值，箱体高低、箱体长度计算公式如下：

$$箱体高低=\frac{|结算单价中位数-出厂单价|}{出厂单价}\times 100\% \tag{7-36}$$

$$箱体长度=\frac{(结算单价最大值-结算单价最小值)+(结算单价\ 3/4\ 位值-结算单价\ 1/4\ 位值)}{2} \tag{7-37}$$

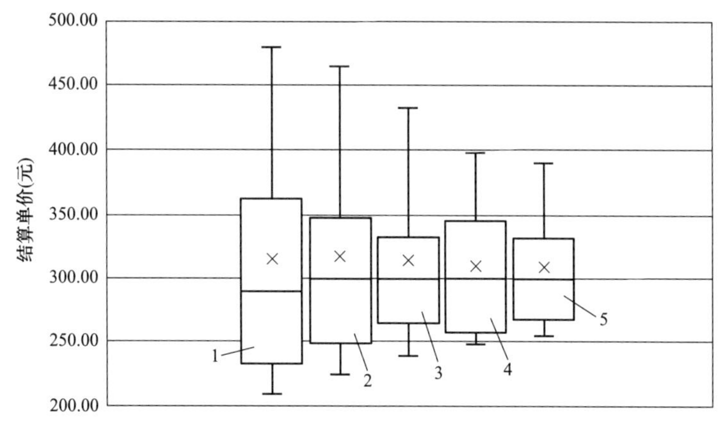

图 7-20　5 种调价参数组合调整后的月结算价分布情况

1—调价参数组合 1；2—调价参数组合 2；3—调价参数组合 3；4—调价参数组合 4；5—调价参数组合 5

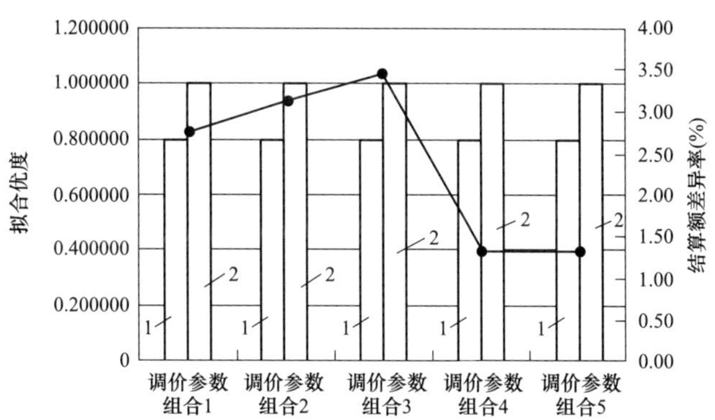

图 7-21　5 种调价参数组合调整后的月结算价分析

1—拟合优度 1；2—拟合优度 2；—●— 结算额差异率

由于存在多个指标，无法直接确定最优调价参数组合，故采用 TOPSIS 方法进行综合评估。5 种调价参数组合的仿真评估分析结果见表 7-11。选择的最佳参数组合为组合 5，而调价参数组合 4 与其得分相近，表明在决策者当前选定价格走势下，调价参数组合 4 和调价参数组合 5 较好地兼顾了调价的市场性与稳定性，决策者可以再次选择价格走势，选择在多种价格走势下调价效果良好的调价参数组合。

表 7-10　　5 种调价参数组合的仿真计算结果

调价参数组合	结算额差异率	R_1^2	R_2^2	箱体高低	箱体长度
1	2.47%	0.797	1.000	1.0000	199.98
2	2.86%	0.800	0.994	0.0000	169.98
3	3.20%	0.806	0.977	0.0000	131.23
4	1.13%	0.790	0.997	0.0000	118.49
5	1.13%	0.795	0.987	0.0000	99.99

表 7-11　　5 种调价参数组合的仿真评估分析结果

评估指标	结算额差异率	R_1^2	R_2^2	箱体高低	箱体长度	D_i^+	D_i^-	C_i
权重	0.1267	0.4043	0.2783	0.1080	0.0828			
调价参数组合 1	0.4746	0.4468	0.4513	1.0000	0.6026	0.3278	0.0812	0.1986
调价参数组合 2	0.5499	0.4486	0.4487	0.0000	0.5122	0.1927	0.2944	0.6044
调价参数组合 3	0.6145	0.4520	0.4407	0.0000	0.3954	0.2302	0.2920	0.5592
调价参数组合 4	0.2176	0.4427	0.4499	0.0000	0.3570	0.0052	0.3718	0.9863
调价参数组合 5	0.2176	0.4459	0.4454	0.0000	0.3013	0.0039	0.3718	0.9896

7.5.5 仿真结果验证

对仿真结果进行验证，选取该项目中 2016～2018 年的水泥消耗量和实际价格，选用结算额差异率、调整后的价格波动率与 0（0 表示价格未发生变化）的拟合优度 R_1^2、调整后的价格波动率曲线和原波动率的拟合优度 R_2^2 这三项指标对实际调价效果进行评估，作为仿真结果验证的参考数据，权重采用表 7-8 中的数据，基准价 M_0 取 2015 年的中位数 290 元/袋。

5 种调价参数组合的实际计算结果见表 7-12，其 TOPSIS 方法实际评估分析结果见表 7-13。可以看出，调价参数组合 4 得分最高，调价参数组合 5 与之相近，这与仿真实验结果一致，说明基于仿真的决策方法通过定量与定性相结合，能够科学有效地选取调价参数组合，为决策者提供支持。

表 7-12　　5 种调价参数组合的实际计算结果

调价参数组合	结算额差异率	R_1^2	R_2^2
1	0.11%	0.641	1.0
2	0.10%	0.631	0.995
3	0.09%	0.632	0.981
4	0.06%	0.627	0.998
5	0.05%	0.604	0.987

表 7-13　　5 种调价参数组合的 TOPSIS 方法实际评估分析结果

评估指标	结算额差异率	R_1^2	R_2^2	D_i^+	D_i^-	C_i
权重	0.1608	0.3362	0.3047			
调价参数组合 1	0.5689	0.4568	0.4507	0.1608	0.0148	0.0843
调价参数组合 2	0.5208	0.4502	0.4485	0.1330	0.0300	0.1841
调价参数组合 3	0.4709	0.4509	0.4421	0.1041	0.0579	0.3576
调价参数组合 4	0.3135	0.4473	0.4499	0.0138	0.1484	0.9150
调价参数组合 5	0.2915	0.4305	0.4449	0.0145	0.1608	0.9172

7.6　工程物资调价决策工具

在工程物资供应链的日常管理中，一个科学合理的调价方法可以保证物资供应链的正常运行，同时也方便决策者（管理者）进行供应链的日常管理。本书在基于仿真的决策方法的原理基础上，设计了一个相应的桌面型工具，辅助实际工作中合同制订者（决策者）进行调价方法的选择。

在实际工程项目中，物资信息价格指数的参考来源有多个，不同权威机构（信息源）公布的数据在波动程度和连续性上存在着差异，在制定调价方法时需要考虑各信息源的选取比例。在本书设计的调价决策工具中，由 36 个离散点组成价格波动曲线，曲线分为 3 段，每段长度为 12，价格波动类型分为 6 种（不同信息源有不同的波动类型取值）。物资调价决策工具输入界面如图 7-22 所示，决策者需要在“合同价”列输入合同价，“基准价”列输入各信息的基准价，在“初始选择范围”以及“后两段选择范围”输入未来可能会发生的价格波动情形的类别号，在“消耗量”行输入物资的消耗量。

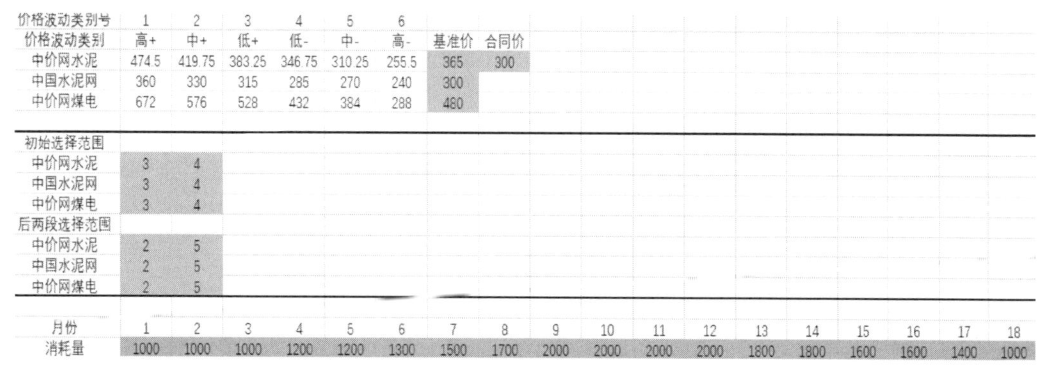

图 7-22　物资调价决策工具输入界面

物资调价决策工具会基于历史数据自动生成未来可能会产生的几种价格波动范围，

图 7-22 中类别号 1～6 代表了其所在列的价格波动类型，决策者通过选择对应数字范围来选择价格波动情形。如后两段选择范围第一行框格为 2 和 5，代表决策者选取了中价网水泥后两段有 4 类价格波动类型：中等幅度的上涨情形、低等幅度的上涨情形、低等幅度的下降情形、中等幅度的下降情形。

在上述数据输入完毕后，工具会在选取的价格变化范围内生成 1000 个仿真案例，每个案例代表一种具体的价格走势。同时，工具根据波动区间的数目、各波动区间的界线、各区间内的风险分担率和不同信息价格参考源的选取比例四项参数确定了 44 种调价方法。工具会计算仿真案例集合在 44 种调价方法下的月结算单价和结算总额，并生成相应的箱型图，为决策者进行调价方法的选择提供决策支持。图 7-23、图 7-24 分别为月结算单价的分布情况、结算总额的分布情况。图 7-23 和图 7-24 中从左至右依次为调价方法 1～调价方法 4。

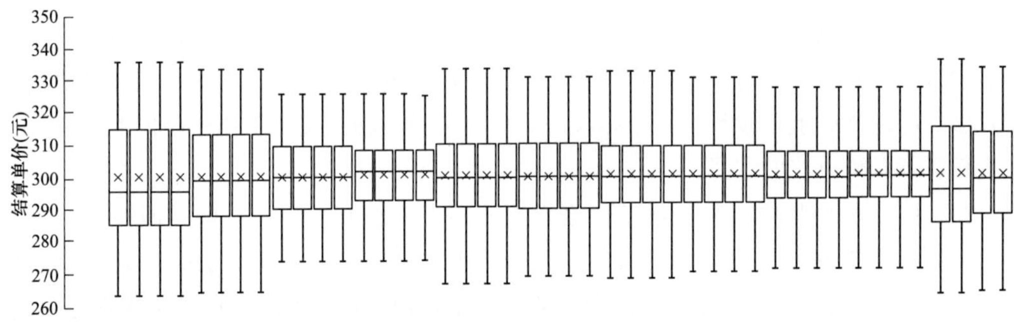

图 7-23　月结算单价的分布情况

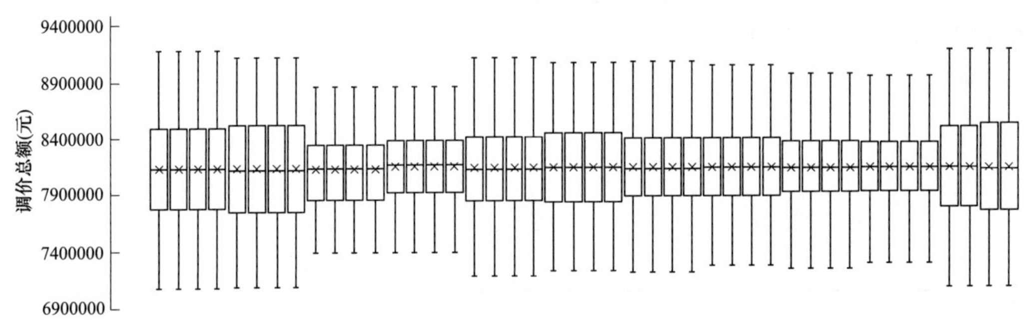

图 7-24　结算总额的分布情况

7.7 本 章 小 结

方便科学的物资调价方法对于物资供应链风险管理有着重要的意义，它是物资采购中应对物资价格波动风险的一项常见风险应对措施。本章综合考虑分层处理价格波动、风险分担等因素建立了一个工程物资调价计算模型，并设计了一个基于仿真的决策方法，为决策者进行调价方法的选择提供决策支持。基于仿真的决策方法设定了若干规则，辅助决策者进行价格变化情形的判断，随后按照一定的规则在预测的价格变化情形内生成大量仿真案例，最后对仿真案例集合进行计算，并采用TOPSIS方法对调价效果进行综合评估，为物资采购合同制订者确定调价参数组合提供决策支持。在仿真案例生成过程中，还采用了OCBA算法提高仿真计算资源的利用率，优化整体仿真效果。

本章结合实际工程项目中的数据进行了相关的计算实验，验证了所设计的基于仿真的决策方法具有科学合理性，同时能为决策者进行调价方法的选择提供决策支持。根据基于仿真的决策方法的原理，设计了一个桌面型物资调价决策工具，可以为决策者进行调价方法的选择提供便捷的决策支持。

参考文献

[1] 张秋陵，肖光宏．工程项目材料价差调差方法的探讨和分析［J］．重庆建筑，2007，6（9）：40-42.

[2] 李健．建设工程合同中Base Date“基准日期”的意义［J］．建筑，2018，19（9）：60-62.

[3] 张松，周坚．施工合同调价方法的改进——修正中准价法［J］．技术经济与管理研究，2005，26（6）：62-63.

[4] 翟卫伟．“造价信息差额调整法”存在的问题及改进建议［J］．建筑经济，2016，37（8）：50-52.

[5] 杜亚灵，胡雯拯．风险分担对工程项目管理绩效影响的实证研究［J］．管理评论，2014，26（10）：46-55.

[6] Martinus P，Stephen O. Good project governance for proper risk allocation in public-private partnerships in Indonesia［J］. International Journal of Project Management，2006，24（7）：622-634.

[7] Lam K C，Wang D，Lee P T K，et al. Modelling risk allocation decision in construction contracts［J］. International Journal of Project Management，2007，25（5）：485-493.

[8] 刘俊颖，闫鹏，尹贻林．风险偏好视角下工程项目风险分担研究［J］．科技进步与对策，2016，33（16）：96-101.

[9] 周利安．基于层次分析法的项目风险分担评价模型［J］．计算机与数字工程，2008，36（12）：40-43.

[10] Jin X H. Model for efficient risk allocation in privately financed public infrastructure projects using neuro-fuzzy techniques［J］. Journal of Construction Engineering & Management，2011，137（11）：1003-1014.

[11] Hsu C C，Chen C Y. Applications of improved grey prediction model for power demand forecasting［J］. Energy Conversion and Management，2003，44（14）：2241-2249.

[12] Patel J，Shah S，Thakkar P，et al. Predicting stock and stock price index movement using trend deterministic data preparation and machine learning techniques［J］. Expert Systems with Applications，2015，42（1）：259-268.

[13] Anil K J. Data clustering：50 years beyond k-means［J］. Pattern Recognition Letters，2010，

31 (8): 651-666.

[14] Agarwal M, Jaiswal R, Pal A. k-means++ under approximation stability [J]. Theoretical Computer Science, 2015, 588: 37-51.

[15] 李春生，王耀南．聚类中心初始化的新方法［J］. 控制理论与应用，2010，27（10）：1435-1440.

[16] 郁启麟．k-means 算法初始聚类中心选择的优化［J］. 计算机系统应用，2017，26（5）：170-174.

[17] Chen C H, Lin J, Yücesan E, et al. Simulation budget allocation for further enhancing the efficiency of ordinal optimization [J]. Discrete Event Dynamic Systems, 2000, 10 (3): 251-270.

[18] 董晋峰，华克强，蔡毓峰．基于物理意义的 OCBA 理论以及对概率分析 OCBA 理论的完善［J］. 自动化与仪表，2005，21（S1）：16-21.

[19] Wind Y, Saaty T L. Marketing applications of the analytic hierarchy process [J]. Management Science, 1980, 26 (7): 641-658.

[20] Hwang C L, Yoon K. Multiple attribute decision making [M]. Springer-Verlag, Berlin, Heidelberg, 1981.

[21] Sargent R G. Verification and validation of simulation models [J]. Journal of Simulation (S1747-7778), 2013, 7 (1): 12-24.

[22] 王子才，张冰，杨明．仿真系统的校核、验证与验收（VV&A）：现状与未来［J］. 系统仿真学报，1999，11（5）：321-325.

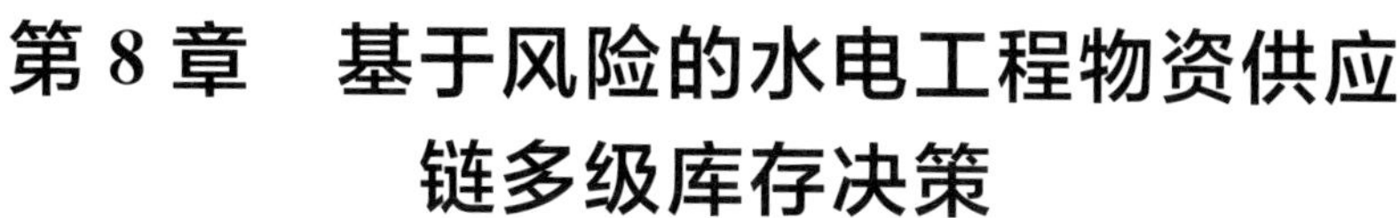

第 8 章　基于风险的水电工程物资供应链多级库存决策

8.1 引　　言

库存管理历来都被视为抵御风险和不确定性的一项重要手段。传统的库存管理主要从单个节点的角度来考虑，但从供应链的整体角度看，这种方式显然不够。在供应链环境下，不同层次节点之间的库存存在相互影响。因此，要实现对供应链库存的全局优化与控制，从多级库存控制角度出发进行库存管理就显得更加合理而有效。

国内外关于多级库存问题的研究，主要集中在构建不同供应链结构的多级库存优化模型上。Eruguz 等[1]对供应链多级库存优化的保证服务型模型展开综述，介绍了不同假设下基本模型的扩展模型，不同供应链结构下的模型求解方法和模型在实际工业应用中的情况。Zhou 等[2]将联合补货策略应用于库存系统中，建立起一个多产品的多级库存控制模型，在最小化库存成本的目标下确定最优订货量和最优订货周期。Dai 等[3]考虑由零售商、工厂和中间商组成的串型供应链结构，提出了三种需求类型的多级库存模型并给出相应求解步骤。Noordhoek 等[4]研究多级分销网络中单商品服务受限的库存优化问题，提出一种包含分散搜索的仿真优化方法来优化（s，S）库存策略。熊浩[5]通过分析多级库存中独立需求和相关需求的库存构成情况，推导出各个节点的库存成本构成，从而构建基于混合需求的多级库存协同订货模型。袁红卫[6]研究工程项目背景下的供应链多级库存成本优化问题，构建了一个由材料生产商、材料分销商和施工承包商组成的，考虑材料需求和订货不确定性的工程材料三级库存优化模型。

多级库存问题的求解方法多采用启发式算法和仿真优化法。卫忠等[7]提出考虑需求满足率、时间、成本的多级库存控制的多目标优化模型，设计了对外层库存策略和内层物流分配方案分别寻优的双层求解方法。宋立冲[8]研究一个考虑库存费用和缺货费用的多级库存控制问题，在当前级库存缺货时，采用向上级仓库订货和从同级仓库调货的两种补货方式，然后建立模型并设计遗传算法求解。闫军[9]设计了一种改进的免疫遗传算法求解供应链多级库存成本优化模型。周剑桥[10]考虑由供应网络、核心企业和分销网络构成的供应链多级库存系统，建立起多级库存控制优化模型，以确定各节点的最大库存量和订货临界点，并基于模型特点设计了物流过程仿真器，采用遗传算法求解。Chinello 等[11]提出了一个识别供应链库存优化主要驱动因素的应用框架，设计了一个用于评估驱动因素影响情况的仿真建模方法，并基于一个玩具制造商案例进行说明。

目前，多级库存优化模型一般用于确定最优库存策略或各节点的安全库存，且主要基于各种库存成本的计算，将它们直接应用于实际的工程物资供应链管理尚有一定距离。多级库存计划作为水电工程物资供应链运行阶段的一项主要工作内容，担负着应对物资需求保障风险的责任，对维持工程物资供应链的稳定、保证建设进度和工程质量有着重要作用。因此，从工程应用的实际角度出发，围绕多级库存计划开展工程物资供应链多级库存决策研究具有较强的工程实践意义。

本章依托雅砻江流域梯级水电开发工程的实际背景，开展水电工程物资供应链的多级库存决策研究。基于多级库存计划基本原理，首先介绍水电工程物资供应链多级库存计划方法；然后考虑物资需求保障风险，对多级库存重要参数的配置方法展开讨论；再以实际案例说明基于风险的多级库存决策整体流程；最后介绍多级库存决策方法在已上线的运营监控系统中的应用情况。

8.2 多级库存计划的一般方法

8.2.1 物料需求计划

物料需求计划（material requirement planning，MRP）是一种较精确的生产计划与库存控制方法，常用于企业生产或服务过程中涉及的物料结构为多个层次的运行组织。其基本目标是协调生产或服务中物料需求和库存之间的差距。

MRP 的输入和输出逻辑图如图 8-1 所示。首先，将最终产品的主生产计划、产品结构信息和物料库存信息等作为输入，编制所有较低层次物料（零部件和原材料）的需求计划，包括物料的采购计划和生产进度计划；然后，逐层向下编制计划，直至所需物料都有明确的采购或生产备货的发起时间和数量。

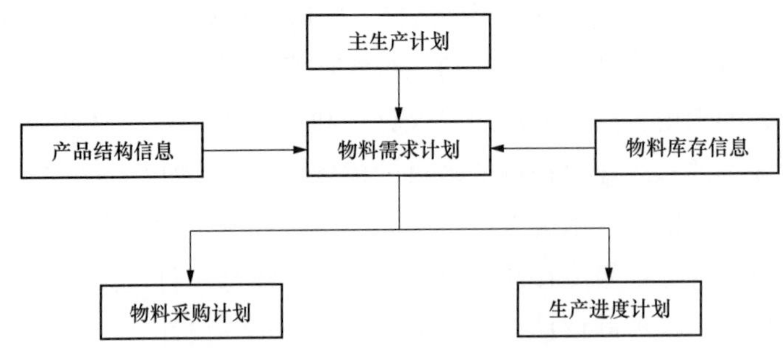

图 8-1　MRP 的输入和输出逻辑图

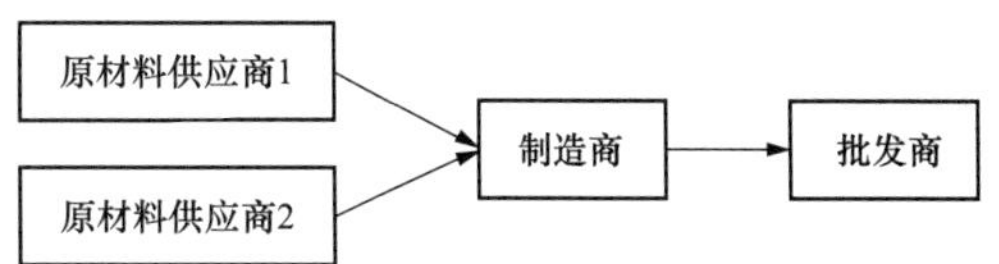

图 8-2　MRP 适用的多级库存计划编制供应链结构

适用的多级库存计划编制供应链结构如图 8-2 所示。根据总生产进度计划中规定的产品最终交货日期和数量、现有库存量、预计到货量以及产品结构等信息，MRP 便可把最终产品的生产进度计划具体化为整个供应链生产顺序中详细的订货进度计划。

与 MRP 计算有关的基本数量概念见表 8-1。

表 8-1　　与 MRP 计算有关的基本数量概念

基本数量	具体含义
安全库存量	为应对各种不确定因素，仓库中需要保持的最低库存量
毛需求量	物料在某个时间周期内的需求量
预计可用库存量	某物料在当前周期且在库的可用库存量。可针对期初和期末分别定义： 期初预计可用库存量一般等于上期末预计可用库存量； 当期末预计可用库存量＝上期末预计可用库存量－当期毛需求量＋当期计划接收量＋当期计划产出量
计划接收量	根据加工单或采购单已经发放、预计在本周期内收到的物料数量
净需求量	生产中必须满足的需求量，若现有库存量和计划接收量能满足毛需求和安全库存的要求，则净需求量为 0；否则，净需求量＝毛需求量＋安全库存量－计划接收量－上期末预计可用库存量
计划产出量	根据净需求量，考虑物料生产的批量策略、废品率和均衡生产等因素，得到在当前周期要产出的物料数量。对外部采购的物料而言，指计划到货量
计划投入量	考虑物料供应或加工的提前期而确定的当前周期物料开始投入生产或启动采购的数量。数量与计划接收量相等，但时间上相差一个加工或订货提前期。对外部采购的物料而言，指计划订货量

MRP 的运算逻辑如下：

（1）确定提前期、安全库存、订货批量、毛需求量等数据。

（2）根据计划前的现有库存量和在途货物数量，确定预计可用库存量和计划接收量。

（3）从第一个周期开始，依次计算各周期的净需求量、计划产出量和预计可用库存量。首先根据净需求量的大小，确定当期计划产出量。当净需求量不大于 0 时，当期计划产出量为 0；当净需求量大于 0 时，表示该周期需要一定数量的计划产出，由净需求量和物料生产的批量策略可确定当期计划产出量（对外部采购的物料而言，指计划到货量）。然后计算当期末预计可用库存量。

（4）确定各周期的计划产出量（计划到货量）和预计可用库存量后，将计划产出量（计划到货量）向前移动一个提前期得到计划投入量（计划订货量）。

（5）当前级物料的计划投入量总和将作为下一级物料的总需求量，用以进行下一级的 MRP 逻辑运算。

8.2.2 分销资源计划

分销资源计划（distribution resource planning，DRP）是 MRP 原理和技术在库存分销网络的延伸，是一种适用于多级库存控制的方法。

以物流中心为核心的供应链系统为例，DRP 的输入和输出逻辑图如图 8-3 所示。DRP 是以市场需求文件、供应商资源文件和物流中心库存文件等为基础编排出分销资源计划，包括向上游供应商的订货计划和向下游零售商的送货计划。

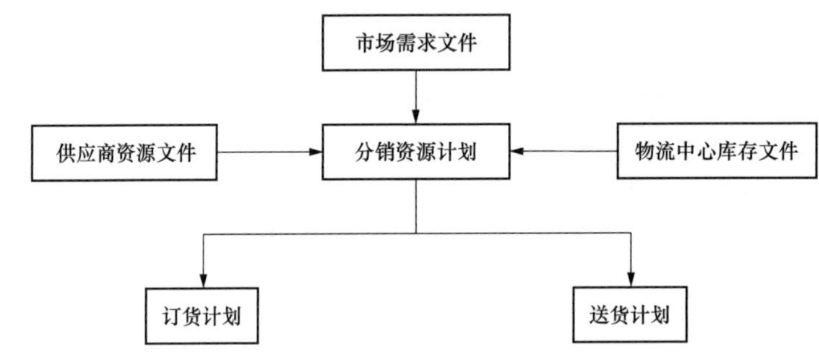

图 8-3 DRP 的输入和输出逻辑图

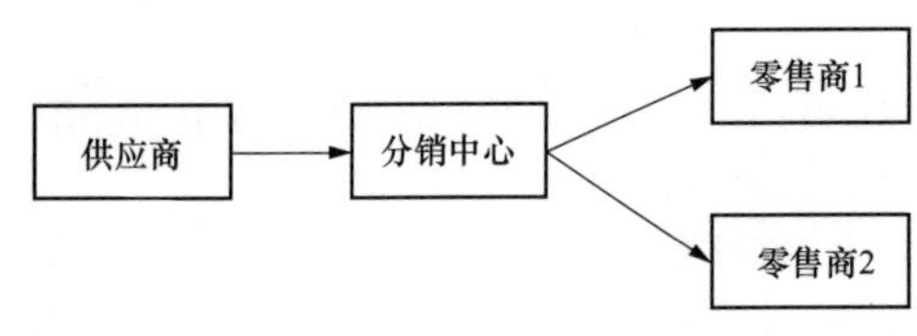

图 8-4 DRP 适用的供应链结构

DRP 的处理次序是从配送网络的最基层网点到物流中心逐渐“浓缩”，DRP 适用的供应链结构如图 8-4 所示。

DRP 的计算步骤如下：

（1）根据市场预测和客户订单，确定每个下游零售商的需求计划，即每个周期的需求量。在需求计划中规定产品品种、规格、数量和交货日期。

（2）正确掌握各零售商处各种产品的实际库存量以及相关库存数据，如安全库存量。

（3）正确规定各零售商处各种产品订购的提前期、订购周期和订购批量等参数信息。

（4）通过 MRP 运算逻辑确定下游各零售商对于各种产品的总需求量或者订货量。

（5）将多个零售商的每种产品的订货计划汇总作为分销中心的需求信息，同样运用 MRP 运算逻辑，确定分销中心向上一级供应商的订货计划。

8.3 水电工程物资供应链多级库存计划

工程物资供应链运行的内在驱动过程主要是，由工程进度计划形成的预制品需求计划驱动编排预制品生产计划以及对工程物资的需求计划，再沿供应链进一步上溯得到工程物资供应计划甚至工程物资生产与交付计划等。

水电工程物资供应链的多级库存计划一般是针对从工程承包商处提出的物资需求计划所驱动的，包括中转储备系统和供应商在内的上游供应链成员的批量计划。

本节将从水电开发工程中实际存在的两种工程物资供应链结构出发，对工程物资供应链多级库存计划问题进行描述；然后在多级库存计划基本原理的基础上，设计基于 DRP 的多级库存计划方法。

8.3.1　问题描述

在雅砻江流域梯级水电开发工程中存在两种工程物资供应链结构，与之对应的，存在两种多级库存系统。图 8-5 为两种工程物资供应链结构，图 8-5（a）为二级供应链结构对应二级库存系统，包括供应商工厂库存和承包商施工现场库存；而图 8-5（b）为三级供应链结构则对应三级库存系统，包括供应商工厂库存、中转储备系统库存和承包商施工现场库存等。雅砻江流域梯级水电开发工程普遍采用甲供物资的工程物资供应链管理方式，因此多级库存计划的制订由业主总体负责。

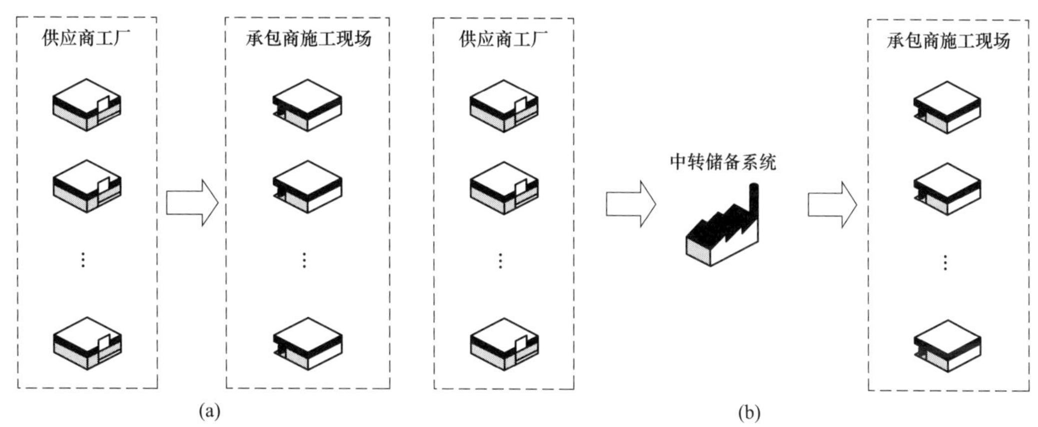

图 8-5　两种工程物资供应链结构

（a）二级供应链结构；（b）三级供应链结构

不同的工程物资具有不同的供应链结构，不同结构所对应的多级库存计划内容也有所不同。下面以预拌混凝土拌和系统为例，分别介绍两种工程物资供应链结构下的多级库存计划内容。需要注意的是，在每个计划期之前，各拌和系统需在施工监理和业主核定下，根据其预拌混凝土需求以及施工现场的物资库存确定施工现场的物资需求计划。

（1）二级供应链结构下，施工现场的物资从供应商工厂直接调拨，供应商工厂自身的物资需求则通过自生产的方式满足。工程业主根据各拌和系统（施工现场）上报的物资需求计划、施工现场的物资库存，衡量供应商的供应能力后，制订面向各拌和系统（施工现场）的物资调拨计划；继而根据汇总的物资调拨计划，结合供应商的现有库存和生产能力，制订面向供应商的物资生产计划。这就形成了二级工程物资供应链的二级库存计划。

（2）三级供应链结构下，施工现场的物资由中转储备系统直接调拨，而中转储备系统的物资由供应商工厂供应，供应商工厂则通过自生产的方式不断补充物资。工程业主根据各拌和系统（施工现场）的物资需求计划、施工现场的物资库存以及中转储备系统的供应能力，制订面向各拌和系统（施工现场）的物资调拨计划；继而汇总物资调拨计划，并结合中转储备系统的现有库存、供应商的供应能力和综合绩效等，制订面向供应商的物资采购计划；最后汇总物资采购计划，结合供应商厂内的现有库存、生产能力等，制订面向供应商的物资生产计划；这就形成了三级工程物资供应链的三级库存计划。

在工程物资供应链多级库存计划中，面向施工现场的物资调拨计划需要确定上级供应链节点向施工现场调拨各种物资的时间点和调拨量，面向供应商的物资采购计划需要确定下级供应链节点向供应商采购物资的订货时间点和订货量，面向供应商的物资生产计划需要确定供应商生产物资的时间点和生产量。需要注意的是，二级供应链结构下，通过汇总面向施工现场的物资调拨计划，可以得到总的面向供应商的物资采购计划。此外，多级库存计划也要考虑物资供应的提前期、各供应链节点的合理库存水平等，以协调各级计划的制订，使整个供应链流畅高效地运行。

8.3.2 基于 DRP 的多级库存计划方法

DRP 是 MRP 在分销网络中的具体应用，适用于多级库存系统的库存控制。雅砻江流域梯级水电开发工程中工程物资供应链的结构与分销网络的一般构型类似，因此对于雅砻江流域梯级水电开发工程中的工程物资供应链，设计基于 DRP 的多级库存计划方法，用以制订工程物资在一个计划期内的多级库存计划。

两种供应链结构下基于 DRP 的多级库存计划原理如图 8-6 所示。它们的共同点在于，制订某一级库存计划时，上一级计划（如各承包商需求计划、物资调拨计划、物资采购计划）将作为当前级库存计划的需求计划，然后结合当前级库存的其他信息和库存策略（如调拨策略、订货策略、生产策略）进行库存决策，以确定当前级库存计划。

下面分别介绍两种供应链结构下基于 DRP 的多级库存计划方法的具体内容。

1. 二级供应链结构下基于 DRP 的多级库存计划方法

二级供应链结构下基于 DRP 的多级库存计划方法的具体流程如图 8-7 所示。以 L 水电站建设的实际情况为例，其水泥供应存在二级供应链结构，即施工现场的水泥需求直接由供应商满足。这种二级供应链结构下的多级库存计划发生在各施工现场和水泥供应商之间。主要过程：首先根据各施工现场基础数据和库存策略，制订面向各施工现场的物资调拨计划；然后汇总各供应商所负责施工现场的物资调拨计划，并结合供应商库存

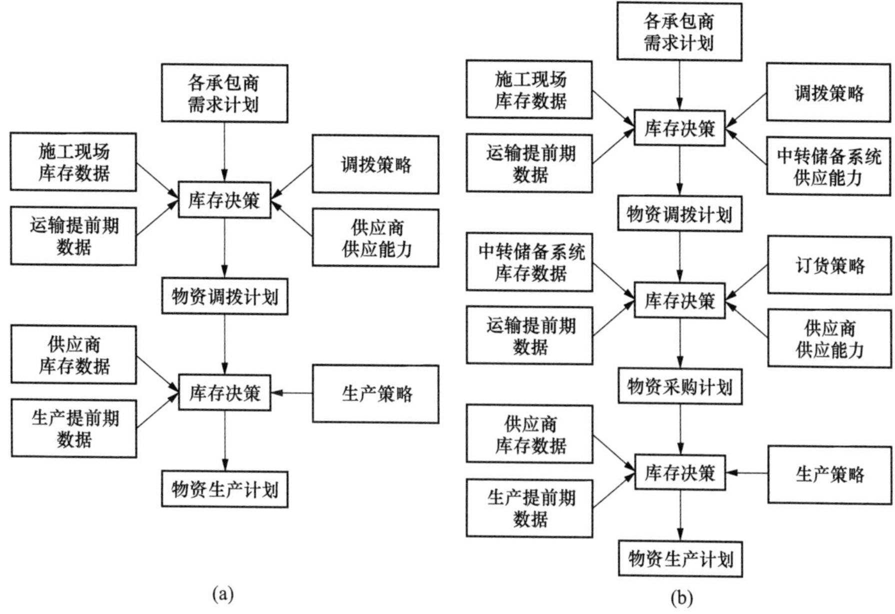

图 8-6　两种供应链结构下基于 DRP 的多级库存计划原理图

（a）二级供应链结构下基于 DRP 的多级库存计划原理图；

（b）三级供应链结构下基于 DRP 的多级库存计划原理图

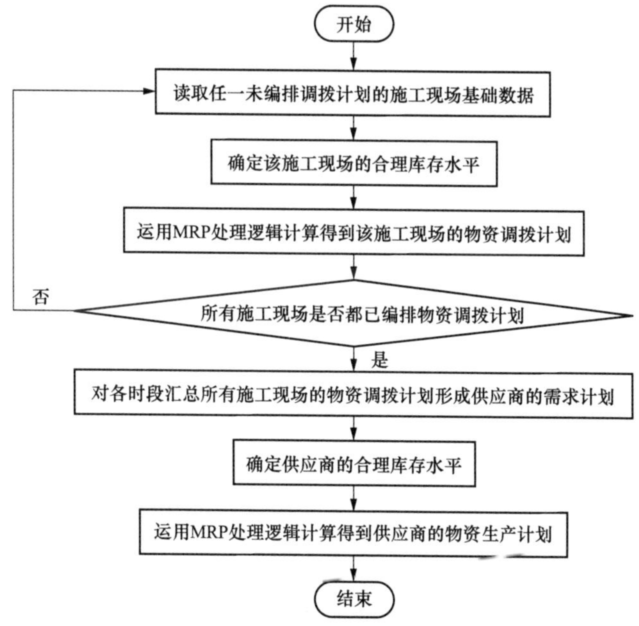

图 8-7　二级供应链结构下基于 DRP 的多级库存计划方法的具体流程图

信息和库存策略，制订面向各供应商的物资生产计划。

二级供应链结构下基于 DRP 的多级库存计划中，施工现场的基础数据是多级库存计划的输入，然后在 DRP 原理下将逐步输出面向施工现场的物资调拨计划和面向供应商的物资生产计划。

（1）施工现场的基础数据。基础数据包括物资需求计划、现场库存信息和合理库存水平。

1）物资需求计划具体是指一个计划期内每个时段分别需要多少物资。一个计划期通常为 1 个工程月，即上月 26 日至下月 25 日。目前，工程业主只有各施工现场对各种工程物资的月需求计划总量；若要将多级库存计划细化到每日运行中，则需要根据计划期内的月需求计划总量确定计划期内的每日需求量。

2）现场库存信息是指施工现场存储哪些供应商的哪些物资及对应储量。

3）合理库存的设置是为了应对施工现场消耗和供应的不确定性所带来的供应保障风险，希望可用库存一直维持在某一个水平。在我国大中型水电工程施工组织中，合理库存水平通常取一定时段内的工程物资需求量并结合库存储备容量来确定。

（2）面向施工现场的物资调拨计划。针对各施工现场的各种工程物资，首先确定其合理库存水平，然后在维持施工现场库存保持合理库存水平的前提下，由供应商向各施工现场调拨对应物资。面向施工现场的物资调拨计划作为多级库存计划的第一级库存计划，应用了 MRP 运算逻辑。对于单个施工现场某一项工程物资，调拨计划的编排步骤如下。

1）确定一个计划期内的每日毛需求量。每日毛需求量根据施工现场基础数据中的物资需求计划确定。

2）确定预计可用库存和计划接收量的初始值。计划期前一天的预计可用库存即为预计可用库存的初始值，是进行计划前的现有库存量。计划期第一天的计划接收量即为计划接收量的初始值，是前一阶段末的调拨计划在本阶段的到货情况。

3）确定当日净需求量。调拨计划从计划期的第一天开始制订，因此调拨计划中包含的各项数据从计划期的第一天开始计算。

当日净需求量＝max{当日毛需求量＋合理库存水平－当日计划接收量－前一日末预计可用库存量，0}。

4）确定当日调拨接收量。根据批量策略确定调拨接收量。在供应商向施工现场的物资调拨中，采用最小订货批量（设为 20）的直接批量法：若当日净需求量小于 20，用现场库存满足当日净需求，故当日调拨接收量为 0；否则，按直接批量法调拨物资。由于供应商有供货上限，因此，若物资在某施工现场的当日净需求量不大于供应商供货上限×(该施工现场当日净需求量/所有施工现场当日净需求量之和)，则当日调拨接收量为当日净需求量；否则，当日调拨接收量为供应商供货上限×(该施工现场当日净需求量/所有施工现场当日净需求量之和)。

5）确定当日末预计可用库存。当日末预计可用库存为前一日末预计可用库存－当日毛需求量＋当日计划接收量＋当日调拨接收量。

6）确定计划期内每日净需求量、每日调拨接收量和每日末预计可用库存。重复步骤 3)～5）可以逐日计算出一个计划期内的每日净需求量、每日调拨接收量和每日末预计可用库存。

7）确定计划期内每日调拨出库量。由于供应商工厂离各施工现场较近，因此物资供应的提前期设为 1 天。将前面步骤确定的一个计划期内的每日调拨接收量向前移动 1 天，即获得供应商的每日调拨出库量。至此，面向单个施工现场某项物资的调拨计划编制完成。

（3）面向供应商的物资生产计划。汇总供应商所负责施工现场某项物资的调拨计划，以作为供应商对该项物资的需求计划，并作为第二级库存计划即面向供应商的物资生产计划的输入。确定供应商的合理库存水平后，在维持供应商合理库存水平的前提下，应用 MRP 运算逻辑制订面向供应商的物资生产计划。单个供应商某一项工程物资生产计划的编排步骤与面向施工现场的物资调拨计划相似。

1）确定一个计划期内的每日毛需求量。每日毛需求量根据供应商的物资需求计划确定。

2）确定预计可用库存和计划接收量的初始值。计划期前一天的预计可用库存即为预计可用库存的初始值，是进行计划前的现有库存量。计划期第一天的计划接收量即为计划接收量的初始值，是前一阶段末的生产计划在本阶段的产出情况。

3）确定当日净需求量。当日净需求量＝max{当日毛需求量＋合理库存水平－当日计划接收量－前一日末预计可用库存量，0}。

4）确定当日计划产出量。根据批量策略确定计划产出量。在供应商的物资生产中，按水泥供应商一次性大批量生产的实际情况确定计划产出量。将水泥供应商的一次性生产量设为固定值 3000t，若供应商当日净需求量大于 0，则当日的计划产出量为 3000t。

5）确定当日末预计可用库存。当日末预计可用库存＝前一日末预计可用库存－当日毛需求量＋当日计划接收量＋当日计划产出量。

6）确定计划期内每日净需求量、每日计划产出量和每日末预计可用库存。重复步骤 3)～5）可以逐日计算出一个计划期内的每日净需求量、每日计划产出量和每日末预计可用库存。

7）确定计划期内每日计划投入量。供应商生产提前期设为 3 天。将前面步骤确定的一个计划期内的每日计划产出量向前移动 3 天，即获得供应商的每日计划投入量，从而得到供应商物资生产计划的开始时间和生产量。至此，面向单个供应商某项物资的调拨计划编制完成。

2. 三级供应链结构下基于 DRP 的多级库存计划方法

三级供应链结构下基于 DRP 的多级库存计划方法的具体流程如图 8-8 所示。以 L 水电站建设的实际情况为例，其粉煤灰供应存在三级供应链结构，施工现场的粉煤灰需求由中转储备系统满足，中转储备系统的粉煤灰需求由供应商满足。这种三级供应链结构下的多级库存计划发生在各施工现场、中转储备系统和供应商之间。主要过程：首先根据各施工现场基础数据和库存策略制订面向各施工现场的物资调拨计划；然后汇总各中转储备系统所负责施工现场的物资调拨计划，并结合中转储备系统的库存信息和库存策略制订面向各供应商的物资采购计划；最后汇总各供应商所负责中转储备系统的物资采购计划，并结合供应商的库存信息和库存策略制订面向各供应商的物资生产计划。

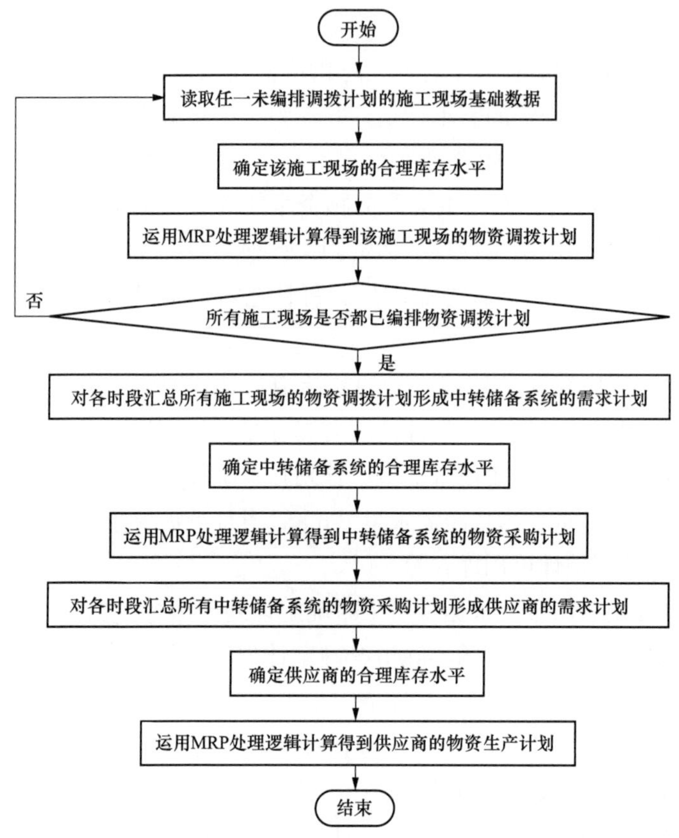

图 8-8 三级供应链结构下基于 DRP 的多级库存计划方法的具体流程图

三级供应链结构下基于 DRP 的多级库存计划中，施工现场的基础数据是多级库存计划的输入，然后在 DRP 原理下将逐步输出面向施工现场的物资调拨计划、面向供应商的物资采购计划和面向供应商的物资生产计划。

（1）施工现场的基础数据。基础数据包括物资需求计划、现场库存信息和合理库存水平。

（2）面向施工现场的物资调拨计划。针对各施工现场的各种工程物资，首先确定其合理库存水平，然后在维持施工现场合理库存水平的前提下，由中转储备系统向各施工现场进行对应物资的调拨。对于单个施工现场某一项工程物资，调拨计划的编排步骤与二级供应链结构中面向施工现场的物资调拨计划相似。其中，计划期、提前期和最小订货批量需根据实际情况调整。

（3）面向供应商的采购计划。汇总中转储备系统所负责施工现场某项物资的调拨计划，以作为中转储备系统对该项物资的需求计划，并作为第二级库存计划即面向供应商的采购计划的输入。根据中转储备系统的库存容量和消耗情况，确定中转储备系统的合理库存水平。在维持中转储备系统合理库存水平的前提下，应用MRP运算逻辑制定面向供应商的物资采购计划。对于单个供应商某一项工程物资，采购计划的编排步骤如下。

1）确定一个计划期内的每日毛需求量。每日毛需求量根据中转储备系统的物资需求计划确定。

2）确定预计可用库存和计划接收量的初始值。计划期前一天的预计可用库存即为预计可用库存的初始值，是进行计划前的现有库存量。计划期第一天的计划接收量即为计划接收量的初始值，是前一阶段末的采购计划在本阶段的到货情况。

3）确定当日净需求量。当日净需求量＝max{当日毛需求量＋合理库存水平－当日计划接收量－前一日末预计可用库存量，0}。

4）确定当日计划到货量。根据批量策略确定计划到货量。在中转储备系统向供应商的物资采购中，采用最小订货批量的直接批量法；若当日净需求量低于最小订货批量，则当日计划到货量为0；否则，按直接批量法采购物资，当日计划到货量等于当日净需求量。

5）确定当日末预计可用库存。当日末预计可用库存＝前一日末预计可用库存－当日毛需求量＋计划接收量＋当日计划到货量。

6）确定计划期内每日净需求量、每日计划到货量和每日末预计可用库存。重复步骤3)～5）可以逐日计算出一个计划期内的每日净需求量、每日计划到货量和每日末预计可用库存。

7）确定计划期内每日计划订货量。设置中转储备系统的采购提前期，将前面步骤确定的一个计划期内的每日计划到货量向前移动一个采购提前期，即获得中转储备系统的每日计划订货量。至此，面向单个中转储备系统某项物资的采购计划编制完成。

（4）面向供应商的生产计划。汇总供应商所负责中转储备系统某项物资的采购计划，作为供应商对该项物资的需求计划，并作为第三级库存计划即面向供应商的物资生产计划的输入。根据供应商的库存容量和消耗情况，确定供应商的合理库存水平。在维持供应商合理库存水平的前提下，应用MRP运算逻辑制订物资生产计划。单个供应商某一项工程物资生产计划的编排步骤与二级供应链结构中面向供应商的物资生产计划相似。其中，计划期、提前期和计划产出量的批量策略需根据实际情况调整。

8.4 基于风险的多级库存参数配置方法

在工程物资供应链多级库存决策中，除了多级库存计划方法之外，计划时所使用的各种参数和策略也十分重要，它们直接影响到计划的结果。供应链上各个环节始终存在的不确定性因素，是工程物资供应链风险的源头。库存管理历来都被视为抵御风险和不确定性的一项重要手段。工程物资供应链多级库存与供应链上的各个环节息息相关。因此，多级库存决策可为工程物资供应链的风险管理提供支持。本节将提出工程物资供应链多级库存决策中物资需求预测的方法，并考虑工程物资供应链的需求保障风险，设计包括提前期与批量策略、合理库存水平、库存警戒线等在内的多级库存重要参数的配置方法。

8.4.1 物资需求预测方法

工程物资供应链多级库存计划的基础是各承包商上报的各施工现场的工程物资需求计划。目前，在雅砻江流域梯级水电开发工程中，工程业主只有各施工现场对各种工程物资的月需求计划总量（简称月计划量）。若要将多级库存计划细化到每日运行中，需要对施工现场各种工程物资在计划期内的每日需求量做出预测。

一种简单的预测方法是将某物资的“月计划量/计划期天数”作为计划月内该物资每日需求量的预测值，称为月计划量的日平均法。本节将介绍另外两类适用于工程物资供应链施工现场的每日需求量预测方法，并选出实际应用中较为满意的物资需求预测方法。数据来源：L水电站建设工程大坝标段散装普硅水泥 2017 年 2 月 26 日～12 月 25 日每日消耗量的历史数据。

1. 时间序列分析法

通过绘制 2017 年 L 工程大坝标段散装普硅水泥日消耗量折线图（如图 8-9 所示），可以发现该历史数据时间序列主要是不规则运动。一般情况下，这种时间序列可以选择移动平均法、指数平滑法等进行预测。

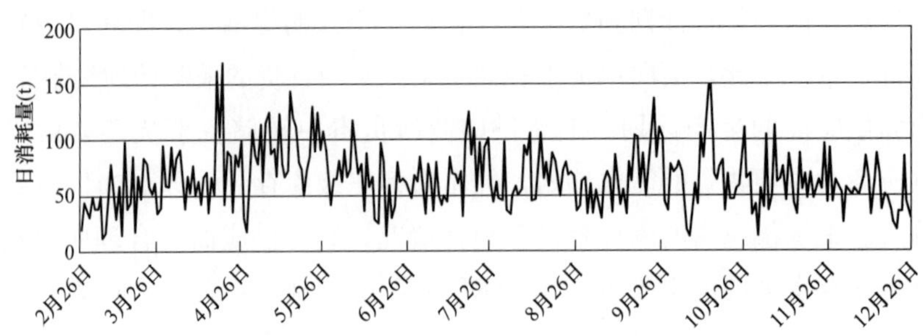

图 8-9 2017 年 L 工程大坝标段散装普硅水泥日消耗量折线图

（1）移动平均法。移动平均法是通过选择固定步长，对时间序列逐期移动求得平均数作为下一期的预测值，主要有简单移动平均法和加权移动平均法。由于后者权值确定困难，实际应用中采用不多，故主要使用前者。

简单移动平均法中一次移动平均法最为典型。设 X_t 为时间序列中时间点 t 的观测值，则在第 t 时间点的移动平均值为 $S_t^{(1)}$ ，其一次移动平均预测模型为：

$$Y_{t+1}=\frac{X_t+X_{t-1}+\cdots+X_{t-n+1}}{n}=S_t^{(1)} \tag{8-1}$$

$$Y_{t+1}=\frac{\sum_{k=0}^{n-1}X_{t-k}}{n}=\frac{\sum_{k=0}^{n-1}X_{t-k}+X_{t-n}-X_{t-n}}{n}=\frac{\sum_{k=1}^{n}X_{t-k}}{n}+\frac{X_t-X_{t-n}}{n}=Y_t+\frac{X_t-X_{t-n}}{n} \tag{8-2}$$

式中：X_t 为最新观察值；X_{t-n} 为最早观察值；Y_{t+1} 为下一期的预测值；$S_t^{(1)}$ 为第 t 期的一次移动平均值；n 为移动平均的项数。

式（8-2）说明第 $t+1$ 期的预测值 Y_{t+1} 是在第 t 期的预测值 Y_t 的基础上加上一个修正项 $(X_t-X_{t-n})/n$ ，修正项的作用和 n 的大小有关。对于同样大小的变化量 X_t-X_{t-n} ，n 越大，修正作用越小，对数据的平滑能力越强；反之，n 越小，则修正作用越大，但平滑能力减小。因此，对 n 的选择不同，其预测结果不同。一次移动平均法认为各期数据对将要发生的数据的影响是同等的。每次只能预测最近一期的数值，逐期移动，逐期预测。而且 n 的选取有很大的随意性，预测精度较差，适合数据变化不大的近期预测。

优点：计算量少，能较好地反映时间序列的趋势及其变化。简单移动平均法可以根据近期的历史数据调整未来预测值。

缺点：只能短期预测，针对本章讨论的问题，它只能用来预测未来一天的需求量，无法预测未来一个月的每日需求量；且未充分使用时间序列的所有数据，存在预测值滞后于实际值的情况。

（2）简单指数平滑法。指数平滑法是以移动平均法为基础，但与移动平均法不同的是，指数平滑法利用全部的历史数据并为之加权，且近期数据的权数大，远期数据的权数小。典型的一次指数平滑法的预测模型为：

$$Y_{t+1}=S_t^{(1)} \tag{8-3}$$

$$S_t^{(1)}=\alpha X_t+(1-\alpha)S_{t-1}^{(1)} \tag{8-4}$$

$$Y_{t+1}=Y_t+\alpha(X_t-Y_t) \tag{8-5}$$

式中：$S_t^{(1)}$ 为 t 期一次指数平滑预测值；X_t 为 t 期实际观察值；Y_{t+1} 为下期的预测值；α 为平滑常数，即权重系数，$0\leqslant\alpha\leqslant 1$。

从式（8-4）可以看出，新的平滑值等于权重系数 α 乘以 t 期观察值加上 $(1-\alpha)$ 乘以上一期的预测值，α 取值越大，说明近期观察值的作用也越大。故式（8-4）可以化为式（8-5）。（$X_t - Y_t$）表示 t 期观察值与预测值的差即预测误差。当 α 取值大时，误差也被放大，所以 α 取值要适当。如果时间序列的长期趋势比较稳定，应取较小的 α 值（0.05～0.2）；如果时间序列具有迅速明显的变动倾向，则应取较大的 α 值（0.2～0.7），使时间序列中最近数据的作用更多地反映在预测中。

采用指数平滑预测模型时，要用到初始平滑值 $S_0^{(1)}$ 。$S_0^{(1)}$ 的确定有 3 种方法：①用第一期观察值 $S_0^{(1)}=X_1$ ；②取 1、2、3 期观察值加权平均；③专家评估。如果数据点较多（50 个以上），可以用实际值 X 来代替；若数据点较少，则不能忽略初始值的影响，此时可采用前几个数据的平均值作为初始值。

优点：一次指数平滑法是有效的短期预测法，简单、易用，只要很少的数据量，当预测数据发生根本性变化时还可以进行自我调整。

缺点：只能短期预测，同样的，它只能被用来预测未来一天的需求量，无法预测未来一个月的每日需求量。

（3）基于月计划量的移动平均法。分析简单移动平均法和简单指数平滑法的优点和弊端后，基于月计划量的移动平均法是本书设计的一种每日需求量预测方法。这种方法可以对未来一个月的每日需求量进行预测。其基本思想：根据历史数据计算每日消耗量占当月消耗总量的比例，将月计划量与该比值相乘作为计划月内每日需求量预测值。

具体操作：借鉴移动平均法，固定步长，若步长为 3，则计算最近三个月（工程月）每日消耗量占当月消耗总量的比值，然后取三个月中同一日的平均比值作为计划月当日的需求量预测比例。计划月日需求量预测值＝月计划量 × 日需求量预测比例。以基于月计划量的移动平均法预测 2017 年 11 月 26 日的日需求量为例，见表 8-2。

表 8-2　　基于月计划量的移动平均法预测 2017 年 11 月 26 日的日需求量

统计内容	实际数据			预测数据
日期	2017 年 10 月 26 日	2017 年 9 月 26 日	2017 年 8 月 26 日	2017 年 11 月 26 日
日消耗量（t）	109.63	103.00	37.42	51.94
月消耗总量（t）	1911.60	2066.73	2026.31	1240
日消耗量/月消耗总量	0.0574	0.0498	0.0185	0.0419

根据历史数据，首先计算 2017 年 10 月 26 日、2017 年 9 月 26 日和 2017 年 8 月 26 日每日消耗量占当月消耗总量的比值。然后取其平均值（0.0574＋0.0498＋0.0185）÷3＝0.0419 作为 2017 年 11 月 26 日的日需求量预测比例。最后，已知 2017 年 11 月 26 日所属的工程月月计划量为 1240t，由 1240×0.0419＝51.94t 得到 2017 年 11 月 26 日的日需求量预测值。

该方法有一些特殊处理：每个工程月的天数均以本月 26～31 日加上次月 1～25 日处理，若某些月份没有 31 日，则将其实际值计为 0；计算预测值时，若某月无 31 日，则将该月 31 日的需求量预测值并入次月 1 日的预测值中。

2. 同期预测法

在水电站工程建设中，按照电站全周期建设过程，总体可分为两个施工阶段，主要包括工程前期建设阶段和主体工程建设阶段。在工程前期建设过程中，主要包括施工现场场内外交通和营地建设等“三通一平”（水通、电通、道路通和场地平整）项目，施工项目点多面广，其工程物资总体需求较少且波动较大；在主体工程建设阶段，主要分为挡水建筑物、泄水建筑物及引水发电系统等工程项目，对工程物资需求量大且总体波动较少。

制约水电工程建设的工程节点主要在主体工程建设阶段，故该阶段工程物资的需求预测凸显出重要性。在水电工程主体工程建设阶段，施工现场在一年中的施工情况可分为三个时期：正常施工期（3～5月、9～11月）、汛期（6～8月）和冬季（12月～次年2月）。而同一时期中的月份具有相似的施工特点，因此同期预测法的基本思想是，将历史数据按这三个时期分类，求各时期下的每日需求比例平均值，再乘以计划月的月计划量，从而得到计划月的每日需求量预测值。

以预测L工程2017年11月26的日需求量为例，同期预测法的具体过程：2017年11月26日所属工程月在三个时期中属于冬季，冬季的历史数据来自2016年11月26日～2017年1月25日的实际数据。同期预测法计算结果见表8-3，首先计算2016年11月26日和2016年12月26日的日消耗量占当月消耗总量的比值；然后取其平均值（0.0270+0.1585）÷2=0.0928作为2017年11月26日的日需求量预测比例；最后，已知2017年11月26日所属的工程月月计划量为1240t，由1240×0.0928=115.03t得到2017年11月26日的日需求量预测值。

表8-3　　同期预测法计算结果

统计内容	实际数据		预测数据
日期	2016年11月26日	2016年12月26日	2017年11月26日
日消耗量（t）	60.13	123.74	115.03
月消耗总量（t）	2228.27	780.46	1240
日消耗量/月消耗总量	0.0270	0.1585	0.0928

该方法包括一些特殊处理：对历史数据中的工程月（26日～次月25日）按31天求每日需求比例的均值，此为基础数据。在计划月中，有的月份有31天，有的月份有30天。如遇30天的计划月，将基础数据中的31日与次月1日的比例之和作为计划月1日的预测比例。

3. 需求预测方法的选择

预测方法的评价方法较为常用的是比较均方误差，用*MSE*表示。*MSE*越小，说明预测值与实际值越接近，预测方法越好。*MSE*的计算公式为：

$$MSE=\frac{\sum_{i=1}^{m}(y_i-\hat{y}_i)^2}{m} \tag{8-6}$$

式中：m 为样本个数；y_i 为实际值；$\hat{y}_i$ 为预测值。

对 L 工程大坝标段散装普硅水泥 2017 年 2 月 26 日～2017 年 12 月 25 日的水泥日需求量分别用基于月计划量的移动平均法、同期预测法和月计划量的日平均法做预测。三种日需求量预测方法的均方误差对比如图 8-10 所示。

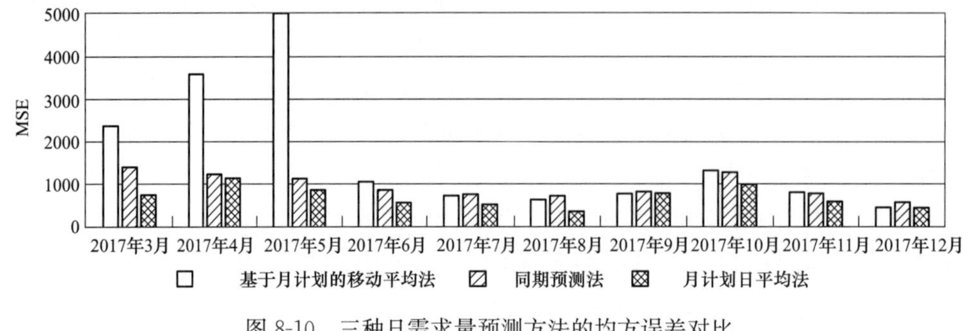

图 8-10　三种日需求量预测方法的均方误差对比

由图 8-10 可以发现，在 2017 年的 10 个样本工程月中，同期预测法和月计划量的日平均法的 *MSE* 普遍较小。在基于月计划量的移动平均法的 *MSE* 较小的工程月，即 7、8、9、11、12 月，同期预测法和月计划量的日平均法的 *MSE* 也较小。此外，对三种日需求量预测方法下样本 303 个数据总体进行统计，结果见表 8-4。

表 8-4　　三种日需求量预测方法下样本总体统计结果

统计内容	基于月计划量的移动平均法	同期预测法	月计划量的日平均法
MSE	1667.89	950.84	701.92
最大正偏差	182.32	147.36	64.14
最大负偏差	−137.41	−102.38	−109.13

由表 8-4 可知，月计划量的日平均法的总体情况显著优于前两种方法，而同期预测法的总体情况显著优于基于月计划量的移动平均法。因此，对施工现场物资每日需求量做预测时，月计划量的日平均法和同期预测法是比较好的选择。

8.4.2　提前期与批量策略

在工程物资供应链多级库存计划中，无论是物资调拨计划中的调拨策略、物资采购计划中的订货策略还是物资生产计划中的生产策略，都需要确定发出指令的时间和批量大小。其中，发出指令的时间与提前期有关，发出指令的批量大小与批量策略有关。由于工程物资供应链中物资需求保障风险的存在，多级库存计划中的提前期应当根据工程物资供应链风险预警做出动态调整，以作为应对物资需求保障风险的事前预防措施。

1. 提前期

一般情况下，提前期由正常情况下供应完成时间的均值确定。

在工程物资供应链风险管理体系中，通过比较某一风险因素的监测结果与其对应的预警阈值，可以预警未来一段时间内该风险因素所对应的风险事件是否发生以及可能造成的损失。其中，风险损失的表现形式有时间损失、经济损失等。也就是说，当某一风险因素的监测结果大于其预警阈值，就需要采取相应措施来应对相关的风险事件。下面以水泥供应为例说明。

对于面向施工现场的水泥调拨计划的提前期和面向供应商的水泥采购计划的提前期而言，水泥需求保障风险中的发货风险和运输风险都会影响水泥从供应商仓库到达施工现场或者中转储备系统的时间，具体的风险事件包括发货滞后、运输中断和运输用时延长。若根据风险预警，“运输用时延长”在计划月中的某段时间很可能发生，且时间损失是1天，而正常情况下的提前期假设是1天，则这段时间的提前期应在原来的基础上加上时间损失补偿，即提前期应调整为2天。若三个风险事件都可能发生，则提前期补偿的时间损失取这三个风险事件中最大的时间损失。

对于面向供应商的水泥生产计划的提前期而言，水泥需求保障风险中影响水泥生产时间的具体风险事件是生产暂停或推迟。同样地，若该风险事件在风险预警下的结果很可能发生，则水泥生产计划的提前期需要在原来的基础上补偿相应的时间损失。

2. 批量策略

在工程物资供应链系统中，最常用的批量策略有以下几种。

（1）直接批量法（lot for lot）：物资需求的批量等于净需求量，也称为按需订货法（as required），往往适用于生产或订货数量和时间基本上能给予保证的物资，或者所需物资价值较高，不允许过多地生产或保存的物资。

（2）固定批量法（fixed quantity）：每次加工或订货数量相同，但加工或订货周期不一定相同，一般用于订货费用较大的物料。固定批量的大小根据直观分析和经验判断决定，也可以按净需求量的一定倍数作为批量。在工程物资供应链多级库存计划中，固定批量法的实际应用如下：

在固定批量法中，净需求量和预计可用库存的计算方法与8.3.2条所述一致，但每次的计划产出量（或计划到货量）要求是固定批量的整数倍。当净需求量大于0时，计划产出量（或计划到货量）为最接近净需求量的固定批量的整数倍；当净需求量小于0时，订货接收量为0。其中整数倍数的确定方法是对净需求量除以固定批量的商按四舍五入取整。例如，某物资某日的净需求量为6552，若6552>0且固定批量为200，则计划产出量（或计划到货量）=ROUND(6552/200，0)×200=6600。

（3）固定周期法（fixed time）：每次加工或订货间隔周期相同，但加工或订货的数量不一定相同。一般用于内部加工自制品的生产计划，目的是便于控制。订货周期根据经验选定。在工程物资供应链多级库存计划中，固定周期法的实际应用如下。

在固定周期法中，预计可用库存的计算方法与8.3.2条所述一致，但一般取一个固定周期内总的净需求量作为该周期的计划产出量（或计划到货量）。不同于8.3.2条介绍的净需求量的计算方式，固定周期法在计算一个固定周期内总的净需求量之前，根据已知的每日毛需求量信息计算该固定周期内总的毛需求量。当固定周期总的毛需求量不为 0 时，该固定周期内总的净需求量＝该固定周期内总的毛需求量＋合理库存水平－计划接收量－前一日末预计可用库存；否则该固定周期内总的净需求量为 0。将计算所得固定周期内总的毛需求量和总的净需求量的值赋给固定周期的第一日，而固定周期内其余日毛需求量和净需求量设为 0。

若当日净需求量大于 0，当日计划产出量（或计划到货量）的计算分为两种情况：若前一日末预计可用库存＋当日计划接收量＋当日净需求量－当日毛需求量大于库存容量，则说明直接将当日净需求量作为当日计划产出量（或计划到货量）会导致当日库存超过库存容量，是不合理的，因此，当日计划产出量（或计划到货量）＝库存容量－前一日末预计可用库存－当日计划接收量＋当日毛需求量；否则，当日计划产出量（或计划到货量）为当日净需求量。若当日净需求量不大于 0，则当日计划产出量（或计划到货量）为 0。

例如，对于面向供应商的某项物资生产计划，设固定周期为 3 天，供应商的合理库存水平为 20 016，计划接收量为 0，前一日末预计可用库存为 16 322，库存容量为 30 500。第一个固定周期内总的毛需求量：2858＋1842＋958＝5658，则该固定周期内总的净需求量：5658＋20 016－0－16 322＝9352，因 9352＞0 且 16 322＋0＋9352－2858＝22 816 小于库存容量 30 500，所以该固定周期内第一日的计划产出量为 9352，而其余两日计划产出量（或计划到货量）为 0。按同样的方法，将计划期依序划分为若干固定周期，并计算各固定周期内每日的计划产出量。

一般情况下，施工现场申请调拨指令较频繁，与上级供应链节点距离较近，因此主要采用直接批量法。而在三级供应链结构下，供应商距离中转储备系统较远、供货提前期较长，所以使用固定批量法或固定周期法较多，或者组合使用多种策略。

8.4.3 合理库存水平设置方法

在水电工程物资供应链多级库存系统中，爆仓、断货等事件的发生与供应链节点的库存设置有着密切的关系。而将供应链上各节点的库存维持在合理库存水平附近可以作为应对物资需求保障风险的一项事前预防措施。因此，工程物资供应链多级库存计划的制订策略是使供应链上各节点的库存维持在合理库存水平附近波动。合理库存水平的设置可以有两种方式：①根据经验设置；②设定若干合理库存水平，根据仿真结果结合评价指标选取满意的合理库存水平。

1. 经验分析法

在经验分析法下，专家综合考虑某一供应链节点未来几日需求量总和的心理预期与部分库存容量，设置合理库存水平。例如，施工现场的合理库存水平＝min｛当日起未来 20 日需求量总和，80％库存容量｝；中转储备系统的合理库存水平＝min｛当日起未来15日需求量总和，80%库存容量}；供应商的合理库存水平为当日起未来7日需求量总和。

2. 仿真分析法

以确定施工现场某项物资的合理库存水平为例，仿真分析法的技术路线分为三步：

（1）设置若干合理库存水平，并制订对应的物资调拨计划。

（2）在不同仿真环境下，对不同合理库存水平下制订的物资调拨计划进行仿真。

（3）以爆仓、断货、库存低于7日需求总量、库存低于14日需求总量等为指标，统计仿真结果，评价并选择满意的合理库存水平。根据最终确定的合理库存水平制订最终的物资调拨计划。

关于仿真的相关内容，CSCM联合研究组在《工程物资供应链管理与物流调度》一书中的工程供应链多级协同运作仿真一节中已做详细介绍。

3. 合理库存水平设置案例

下面以L工程大坝标段散装普硅水泥为例，介绍其2018年4月的合理库存水平设置过程。基础信息见表8-5。

表8-5　基础信息

施工标段	供应物资	月计划量（t）	库存容量（t）	期初库存（t）	工程月天数（天）
大坝标	散装普硅水泥	1350	900	527.06	31

（1）设置若干合理库存水平。以施工现场库存容量的100%、90%、80%、70%、60%设置五条合理库存水平，并制订对应的物资调拨计划，五种合理库存水平下的部分调拨计划见表8-6。

表8-6　五种合理库存水平下的部分调拨计划　　单位：t

合理库存水平/库存容量	3/26	3/27	3/28	3/29	3/30	3/31	4/1	4/2	4/3	4/4
100%	442	36	36	29	0	60	46	48	36	41
90%	352	36	36	29	0	60	46	48	36	41
80%	262	36	36	29	0	60	46	48	36	41
70%	172	36	36	29	0	60	46	48	36	41
60%	82	36	36	29	0	60	46	48	36	41

（2）仿真操作与结果统计。在不考虑消耗波动的情况下，不同合理库存水平在物资调拨计划中的差别主要体现在计划月前几天的调拨量中。通过仿真手段，在不同合理库存水平的物资调拨计划中加入消耗量波动、发货量波动、运输时间波动以及各种物资需求保障风险，根据仿真统计结果对比不同合理库存水平的安全程度。

首先，设置以下4种仿真环境。

1）正常波动：消耗量波动和发货量波动均为上下限±0.3的三角分布，运输时间为{下限，众数，上限}＝{8h，12h，16h}的三角分布。

2）运输中断：在正常波动下，加入运输中断风险，考虑计划月第1～5天的运输中断。

3）发货滞后1：在正常波动下，加入发货滞后风险，考虑滞后1天的概率为0.1，滞后2天的概率为0.05。

4）发货滞后2：在正常波动下，加入发货滞后风险，考虑滞后1天的概率为0.2，滞后2天的概率为0.1。

然后，在工程物资供应链库存仿真工具中，输入两类基本数据：计划月在同期预测法下的每日需求量预测值；某一合理库存水平下的每日调拨出库量。统计1000次仿真结果，见表8-7。其中，以“爆仓平均天数”为例，计划月天数设为31天，爆仓平均天数为$\frac{\sum_{i=0}^{31} D_i \times T_i}{1000}$，$D_i$表示在一个计划月中有$i$天爆仓，$T_i$表示1000次仿真中有$i$天爆仓的次数。

表8-7　　1000次仿真统计结果

仿真环境	合理库存水平/库存容量	爆仓		断货		库存低于7日需求总量		库存低于14日需求总量	
		发生概率	平均天数（天）	发生概率	平均天数（天）	发生概率	平均天数（天）	发生概率	平均天数（天）
正常波动	100%	0	0	0	0	0	0	1	29.968
	90%	0	0	0	0	0	0	1	30
	80%	0	0	0	0	0	0	1	29.994
	70%	0	0	0	0	0	0	1	29.999
	60%	0	0	0	0	0	0	1	29.998
运输中断	100%	0.001	0.027	0	0	0	0	1	29.969
	90%	0	0	0	0	0	0	1	29.99
	80%	0	0	0	0	0	0	1	29.999
	70%	0	0	0	0	0.001	0.001	1	29.994
	60%	0	0	0	0	0	0	1	30
发货滞后1	100%	0.142	3.708	0	0	0.042	0.048	1	25.577
	90%	0.093	1.755	0	0	0.046	0.056	1	25.974
	80%	0.010	0.048	0	0	0.045	0.054	1	25.043
	70%	0	0	0	0	0.058	0.071	1	27.609
	60%	0	0	0	0	0.044	0.046	1	29.486

续表

仿真环境	合理库存水平/库存容量	爆仓		断货		库存低于 7 日需求总量		库存低于 14 日需求总量	
		发生概率	平均天数（天）	发生概率	平均天数（天）	发生概率	平均天数（天）	发生概率	平均天数（天）
发货滞后 2	100%	0.285	7.019	0	0	0.074	0.109	1	21.470
	90%	0.205	3.034	0	0	0.079	0.100	1	21.186
	80%	0.03	0.132	0	0	0.065	0.084	1	21.357
	70%	0	0	0	0	0.066	0.080	1	25.469
	60%	0	0	0	0	0.074	0.084	1	29.121

（3）合理库存水平的评价与选择。

1）计算各仿真环境下各种合理库存水平发生 4 种库存事件的持续时间。记 A、B、C、D 分别为爆仓、断货、库存小于 7 日需求总量、库存小于 14 日需求总量，4 种库存事件持续时间统计结果见表 8-8。

表 8-8　　4 种库存事件持续时间统计结果

仿真环境	合理库存水平/库存容量	A 持续时间（天）	B 持续时间（天）	C 持续时间（天）	D 持续时间（天）
正常波动	100%	0.000	0.000	0.000	29.968
	90%	0.000	0.000	0.000	30
	80%	0.000	0.000	0.000	29.994
	70%	0.000	0.000	0.000	29.999
	60%	0.000	0.000	0.000	29.998
运输中断	100%	0.027	0.000	0.000	29.969
	90%	0.000	0.000	0.000	29.99
	80%	0.000	0.000	0.000	29.999
	70%	0.000	0.000	0.000	29.994
	60%	0.000	0.000	0.000	30
发货滞后 1	100%	3.708	0.000	0.048	25.577
	90%	1.755	0.000	0.056	25.974
	80%	0.048	0.000	0.054	25.043
	70%	0.000	0.000	0.071	27.609
	60%	0.000	0.000	0.046	29.486
发货滞后 2	100%	7.019	0.000	0.109	21.470
	90%	3.034	0.000	0.100	21.186
	80%	0.132	0.000	0.084	21.357
	70%	0.000	0.000	0.080	25.469
	60%	0.000	0.000	0.084	29.121

2）对 5 种合理库存水平在各评价维度下进行打分。一类是根据某一仿真环境下的

某库存事件的持续时间进行排序打分，分值为 1～5 分，持续时间越短的合理库存水平分值越高。另一类是根据在保障供应的前提下库存水平越低越好的原则进行排序打分，分值为 1～5 分，合理库存水平越低的分值越高。5 种合理库存水平各评价维度下的打分结果见表 8-9。

表 8-9　　5 种合理库存水平各评价维度下的打分结果

仿真环境	合理库存水平/库存容量	评价指标				库存水平
		A	B	C	D	
正常波动	100%	1	1	1	5	1
	90%	1	1	1	1	2
	80%	1	1	1	4	3
	70%	1	1	1	2	4
	60%	1	1	1	3	5
运输中断	100%	1	1	2	5	1
	90%	2	1	2	4	2
	80%	2	1	2	2	3
	70%	2	1	1	3	4
	60%	2	1	2	1	5
发货滞后 1	100%	1	1	4	4	1
	90%	2	1	2	3	2
	80%	3	1	3	5	3
	70%	4	1	1	2	4
	60%	4	1	5	1	5
发货滞后 2	100%	1	1	1	3	1
	90%	2	1	2	5	2
	80%	3	1	3	4	3
	70%	4	1	5	2	4
	60%	4	1	3	1	5

3）对各评价指标打分（0～10 分）并做归一化，以确定各评价指标的重要性程度，范围设置在 0～1。在施工现场库存管理中，避免断货的重要性最高，低库存以及库存小于 14 日需求总量的两项指标重要性最低。给专家打分，可得 5 项评价指标的重要性程度见表 8-10。

表 8-10　　5 项评价指标的重要性程度

评价指标	A	B	C	D	降库存
分值	3	10	7	1	0.5
重要性程度	0.14	0.47	0.33	0.05	0.02

4）对某一仿真环境下的某一合理库存水平计算综合评价值。综合评价值 $=\sum$(评价指标的重要性程度 × 评价指标的打分结果）。根据综合评价值对各种合理库存水平进行排序，综合评价值最高的合理库存水平在该仿真环境下为最优，排序为 1。5 种合理库存水平在 4 种仿真环境下的综合排序结果见表 8-11。

表 8-11　　　　5 种合理库存水平在 4 种仿真环境下的综合排序结果

仿真环境	合理库存水平/库存容量	综合评价值	综合排序
正常波动	100%	1.19	1
	90%	1.02	5
	80%	1.19	2
	70%	1.12	4
	60%	1.19	3
运输中断	100%	1.51	4
	90%	1.63	1
	80%	1.56	3
	70%	1.30	5
	60%	1.56	2
发货滞后 1	100%	2.12	3
	90%	1.58	4
	80%	2.16	2
	70%	1.53	5
	60%	2.81	1
发货滞后 2	100%	1.09	5
	90%	1.67	4
	80%	2.12	3
	70%	2.84	1
	60%	2.16	2

5）合理库存水平综合比较。5 种合理库存水平的综合比较结果见表 8-12。表 8-12 中，数值小表示排序靠前，是较优的选择，决策者可以根据自己对实际风险环境的侧重来选择最终的合理库存水平。从总体上看，80%和 60%库存容量的合理库存水平在 4 种环境下的表现都比较好，因此这两种合理库存水平比较满意。

表 8-12　　　　5 种合理库存水平综合比较结果

合理库存水平/库存容量	正常波动排序	运输中断排序	发货滞后 1 排序	发货滞后 2 排序
100%	1	4	3	5
90%	5	1	4	4
80%	2	3	2	3
70%	4	5	5	1
60%	3	2	1	2

8.4.4 库存警戒线设置方法

设置施工现场库存警戒线的目的在于提醒施工现场的调度员，当实时库存降到库存警戒线水平附近时，需要紧急安排补货，这是作为应对物资需求保障风险的事中应急措施。

1. 经验分析法

在经验分析法下，库存警戒线可以根据经验，综合考虑某一节点未来几日需求量总和的心理预期与部分库存容量确定。例如，施工现场的库存警戒线＝max｛当日起未来7日需求量总和，30％库存容量｝；中转储备系统的库存警戒线＝ max｛当日起未来5日需求量总和，30％库存容量｝；供应商的库存警戒线为当日起未来3日需求量总和。

2. 仿真分析法

库存警戒线的主要衡量指标是断货概率不超过某个规定值。例如，一级库存警戒线是在各种环境下，断货概率不超过0.05的库存水平；二级库存警戒线是在各种环境下，断货概率不超过0.10的库存水平。由于发生断货事件与一个月的每日消耗量和供应环境（如运输中断、发货滞后）等多种因素有关，因此借助工程物资供应链库存仿真工具模拟各种仿真环境来帮助确定计划月的库存警戒线是一个比较实用的方式。这种方法设置的库存警戒线是一个动态的库存水平。

下面以L工程大坝标段散装普硅水泥为例，介绍其2018年4月的库存警戒线的设置过程。

（1）以仿真分析法确定的施工现场的合理库存水平作为期初库存，根据同期预测方法确定施工现场的每日需求量预测值后，制订计划月面向施工现场的物资调拨计划，大坝标段2018年4月部分日需求量预测值与面向大坝标段2018年4月部分调拨计划分别见表8-13和表8-14。

表8-13　　大坝标段2018年4月部分日需求量预测值　　单位：t

日期	3月26日	3月27日	3月28日	3月29日	3月30日	3月31日	4月1日	4月2日	4月3日	4月4日	4月5日
需求	32.55	36.14	36.46	35.52	29.60	17.07	42.75	45.88	47.69	36.18	41.03

表8-14　　面向大坝标段2018年4月部分调拨计划　　单位：t

日期	3月26日	3月27日	3月28日	3月29日	3月30日	3月31日	4月1日	4月2日	4月3日	4月4日	4月5日
计划调拨量	69	36	36	29	0	60	46	48	36	41	43

（2）在5％施工现场库存容量到50％施工现场库存容量之间，以5％库存容量步长设置10条库存水平线。

（3）将施工现场计划月的每日需求量预测值和面向该施工现场的物资调拨计划作为工程物资供应链库存仿真工具的两个输入数据。以第（2）步所设置的库存水平线为期初库存，分别在不同的仿真环境下（正常波动、运输中断、发货滞后）进行仿真，统计施工现场的断货概率。各库存警戒线在不同仿真环境下的断货概率见表8-15。

表8-15　各库存警戒线在不同仿真环境下的断货概率

库存警戒线/库存容量	仿真环境断货概率			
	正常波动	运输中断	发货滞后1	发货滞后2
50%	0	0	0	0
45%	0	0	0	0
40%	0	0	0	0
35%	0	0	0	0
30%	0	0	0.001	0
25%	0	0.004	0.005	0.004
20%	0	0.959	0.055	0.079
15%	0.011	1	0.277	0.356
10%	0.171	1	0.722	0.747
5%	0.893	1	0.952	0.946

（4）将一级库存警戒线定义为断货概率不超过0.05的库存水平；将二级警戒线定义为断货概率不超过0.1的库存水平（库存警戒线的定义可根据实际要求更改）。以确定一级库存警戒线为例，首先确定不同仿真环境下断货概率为0.05所处的库存水平区间，然后在所有的区间节点中取其中最高的库存水平作为一级库存警戒线。由表8-15可以确定断货概率不超过5%和断货概率不超过10%的库存水平区间，即警戒线库存水平区间见表8-16。因此，一级库存警戒线为25%库存容量，二级库存警戒线为25%库存容量。

表8-16　警戒线库存水平区间

库存警戒线	正常波动		运输中断		发货滞后1		发货滞后2	
	上限	下限	上限	下限	上限	下限	上限	下限
断货概率不大于5%	15%	10%	25%	20%	25%	20%	25%	20%
断货概率不大于10%	15%	10%	25%	20%	20%	15%	20%	15%

8.5　基于风险的多级库存决策案例

在工程物资供应链的日常运行管理中，多级库存计划为业主提供重要的调拨、采购和生产等决策建议。借助工程物资供应链风险管理体系，多级库存决策可以根据风险预警调整多级库存重要参数，从而更加灵活地调整多级库存计划结果。基于风险的多级库存决策内容及其先后顺序：①基于风险预警确定多级库存计划各提前期；②确定各供应链节点的合理库存水平；③制订多级库存计划；④确定供应链各节点的库存警戒线。

为辅助实际工作中多级库存计划的制订，本书作者根据多级库存决策方法原理设计了两个桌面型小工具：工具 A 整合了每日需求预测、多级库存计划制订和相关图表输出等多项功能，操作者只需输入基本参数即可自动获得多级库存计划结果；工具 B 具有统计仿真结果，确定多级库存计划中供应链节点的合理库存水平的功能。

本节将以制订 L 工程散装普硅水泥 2018 年 4 月（工程月）多级库存计划为例，介绍基于风险的多级库存决策过程。该工程物资供应链为二级供应链结构，因此多级库存计划包括面向施工现场的物资调拨计划和面向供应商的物资生产计划。

8.5.1 基于风险预警确定多级库存计划各提前期

L 工程散装普硅水泥多级库存计划的提前期包括面向各施工现场（大坝标段、GZB 泄水标段、引水发电厂房标段）的物资调拨计划的提前期和面向供应商（YAXN 水泥）的物资生产计划的提前期。调整提前期的步骤如下。

（1）提取工程物资供应链水泥需求保障风险中影响提前期的月度风险预警结果。

（2）确定基于风险预警的提前期。

影响物资调拨计划提前期的风险事件为发货滞后、运输中断和运输用时延长，影响提前期的月度风险预警结果与调整后的提前期结果见表 8-17。其中，面向引水发电厂房标段的发货滞后风险和运输用时延长风险很可能发生，且时间损失分别为 0.5 天和 1 天，因此提前期补偿的时间损失为 max｛0.5，1｝＝1 天，面向引水发电厂房标段的物资调拨计划的提前期调整为 1＋1＝2 天。而面向其他施工现场的各项风险事件均在安全范围内，故其提前期保持为正常值。

表 8-17　　影响提前期的月度风险预警结果与调整后的提前期结果

风险事件		时间损失（天）			
		大坝标段	GZB 泄水标段	引水发电厂房标段	YAXN 水泥供应商
影响调拨计划	发货滞后	0	0	0.5	—
	运输中断	0	0	0	—
	运输用时延长	0	0	1	—
影响生产计划	生产暂停或推迟	—	—	—	0
提前期补偿的时间损失		0	0	1	0
正常提前期		1	1	1	1
基于风险预警的提前期		1	1	2	1

影响物资生产计划提前期的风险事件为生产暂停或推迟，其月度风险预警结果见表 8-17，时间损失为 0。因此，基于风险预警的提前期保持为正常值。

8.5.2 确定各节点合理库存水平

基于风险预警调整多级库存计划各提前期后，进一步确定供应链各节点的合理库存水平。供应商的合理库存水平采用经验分析法确定。施工现场的合理库存水平采用仿真分析法确定，其具体流程如图 8-11 所示。

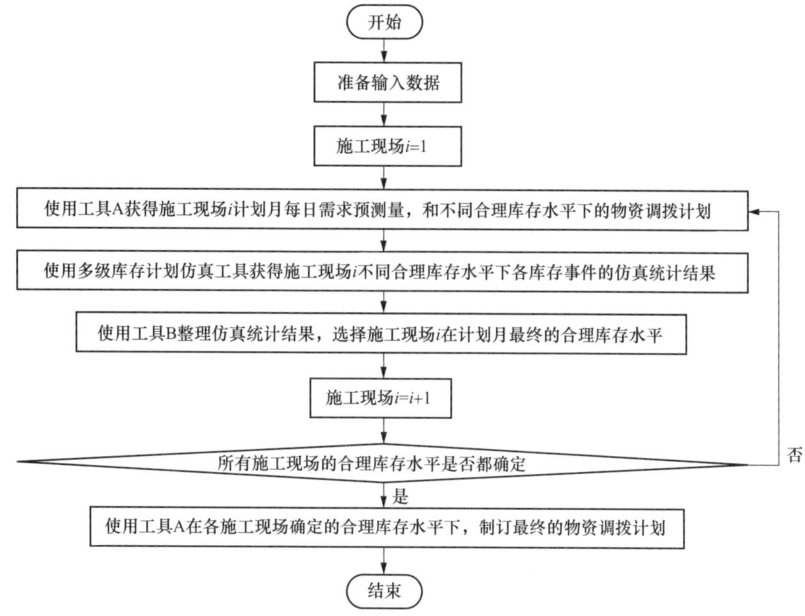

图 8-11　施工现场的合理库存水平具体流程图

下面以大坝标段为例，说明借助多级库存决策桌面型工具（工具 A、工具 B 和工程物资供应链库存仿真工具）确定施工现场合理库存水平的过程。

1. 准备输入数据

在制订多级库存计划前，需要收集的基础数据见表 8-18。

表 8-18　　大坝标段 2018 年 4 月多级库存计划基础数据

序号	数据名称	具体内容
1	计划期	2018 年 3 月 26 日～4 月 25 日
2	施工现场的月计划量	1350t
3	施工现场的期初库存	527.06t
4	供应商厂内期初库存	2800t
5	供应商供给其他业主项目的月计划量	150t

2. 获取施工现场物资需求计划与物资调拨计划

（1）输入计划月参数。在工具 A“计划月供应参数设置”标签中输入多级库存计划的各相关参数，工具 A“计划月供应参数设置”标签如图 8-12 所示，其中“计划期”的开始与结束时间、“月计划”“期初库存（现场）”“厂内期初库存”以及供应商供给其他业主的“其他项目月计划”是必填参数。若某施工标段“无计划”时，则在“月计划”项目下填“0”。

计划期	2018/3/26	2018/4/25	单位：吨											

	施工标段	月计划	期初库存（现场）	最小订货批量	提前期	库存容量	合理库存水平：库存容量占比	合理库存水平：仿真开关	供应商	厂内期初库存	最大日供货量	一次生产量	安全库存天数	生产提前期
散装普硅水泥	12.5大坝标	1350	527.06	20	1	900	1	开	[illegible]	2800	1000	3000	7	1
	[illegible]	0	4162.95	20	1	6000	0.8							
	[illegible]	0	263.40											
	14.16引水发电标	4800	3214.66	20	2	4500	0.8	关	二郎山	/	/	/	/	/

	施工标段	月计划	期初库存（现场）	最小订货批量	提前期	库存容量	合理库存水平：库存容量占比	合理库存水平：仿真开关	供应商	厂内期初库存	最大日供货量	一次生产量	安全库存天数	生产提前期
袋装普硅水泥	12.5大坝标	380	116.05	20	1	600	0.8	关	二郎山	4000	1000	3000	7	1
	14.16引水发电标	180	88.00	20	1	400	0.8							
	[illegible]	0	0.00	20	1	1000	0.8							
	[illegible]	0	816.50											

	施工标段	月计划	期初库存（现场）	最小订货批量	提前期	库存容量	合理库存水平：库存容量占比	合理库存水平：仿真开关	供应商	厂内期初库存	最大日供货量	一次生产量	安全库存天数	生产提前期
中热水泥	[illegible]	4000	3658.99	20	1	4500	0.8	关	[illegible]	5000	1000	3000	7	1

供应商	其他项目月计划
雅安西南	150
二郎山	200
[illegible]	0

注：目前其他项目月计划是随意设置的

填写说明：	[illegible]	[illegible]
	计划期、月计划、现场和厂内期初库存、其他项目月计划	必填
	其他参数	选填
	库存容量占比、仿真开关	必填

注：为进行"合理库存水平仿真"，修改"库存容量占比"前，先将"仿真开关"打开，确定各施工标段最终的合理库存水平之后，将"仿真开关"关闭

图 8-12　工具 A“计划月供应参数设置”标签

（2）获取施工现场的物资需求计划。工具 A“同期预测每日需求量”标签（见图 8-13）采用同期预测法对施工现场在计划月的每日需求量进行预测，散装普硅水泥大坝标区域“预测（或实际）需求量”一行的数据，即为 2018 年 4 月的每日需求量的预测值。

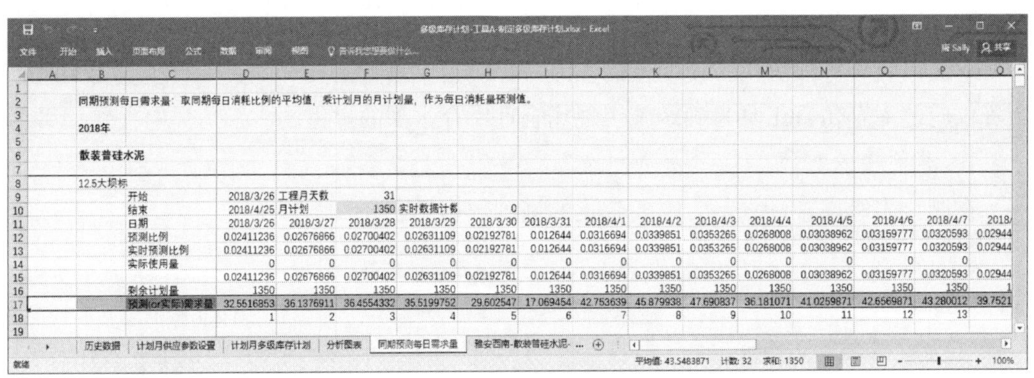

同期预测每日需求量：取同期每日消耗比例的平均值，乘计划月的月计划量，作为每日消耗量预测值。

2018年

散装普硅水泥

12.5大坝标

	D	E	F	G	H	I	J	K	L	M	N	O	P	Q
开始	2018/3/26	工程月天数	31											
结束	2018/4/25	月计划	1350	实时数据计数	0									
日期	2018/3/26	2018/3/27	2018/3/28	2018/3/29	2018/3/30	2018/3/31	2018/4/1	2018/4/2	2018/4/3	2018/4/4	2018/4/5	2018/4/6	2018/4/7	2018/
预测比例	0.02411236	0.02676866	0.02700402	0.02631109	0.02192781	0.012644	0.0316694	0.0339851	0.0353265	0.0268008	0.03038962	0.03159777	0.0320593	0.02944
实时预测比例	0.02411236	0.02676866	0.02700402	0.02631109	0.02192781	0.012644	0.0316694	0.0339851	0.0353265	0.0268008	0.03038962	0.03159777	0.0320593	0.02944
实际使用量	0	0	0	0	0	0	0	0	0	0	0	0	0	
	0.02411236	0.02676866	0.02700402	0.02631109	0.02192781	0.012644	0.0316694	0.0339851	0.0353265	0.0268008	0.03038962	0.03159777	0.0320593	0.02944
剩余计划量	1350	1350	1350	1350	1350	1350	1350	1350	1350	1350	1350	1350	1350	1
预测(or实际)需求量	32.5516853	36.1376911	36.4554332	35.5199752	29.602547	17.069454	42.753639	45.879938	47.690837	36.181071	41.0259871	42.6569871	43.280012	39.7521
	1	2	3	4	5	6	7	8	9	10	11	12	13	

图 8-13　工具 A“同期预测每日需求量”标签

（3）获取不同合理库存水平下面向施工现场的物资调拨计划。在工具 A“计划月供应参数设置”标签中，打开散装普硅水泥“大坝标”的“仿真开关”处下拉菜单，选择“开”，设置其“库存容量占比”为“1”，具体如图 8-14 所示。

在工具 A“计划月多级库存计划”标签（见图 8-15）“月计划”区域的散装普硅水泥“大坝标”行提取数据，即为合理库存水平为“100%库存容量”下 2018 年 4 月的调拨计划。

按上述步骤依次提取库存容量占比分别为“1”“0.9”“0.8”“0.7”“0.6”5 种合理库存水平下面向施工现场的物资调拨计划。

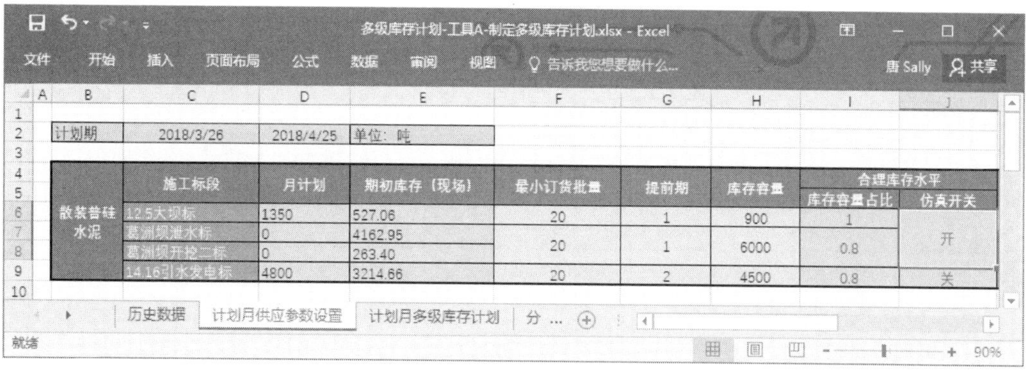

图 8-14　打开“仿真开关”

图 8-15　工具 A“计划月多级库存计划”标签

将施工现场的需求计划和 5 种合理库存水平下的物资调拨计划输入工程物资供应链库存仿真工具，在不同仿真环境下进行仿真并统计仿真结果。

3. 确定最终合理库存水平

在经过仿真工具的仿真后，使用工具 B 对仿真统计结果进行整理，并确定施工现场最终的合理库存水平。

（1）输入相关参数。在工具 B“参数设置”标签（见图 8-16）中输入合理库存水平仿真分析的相关参数，其中“计划期”的开始和结束时间、“月计划”、“仿真次数”及“各库存事件重要性程度”是必填参数。其他数据可以根据要求更改。若某施工标段“无计划”时，则在“月计划”区域填“0”。

（2）输入仿真统计结果。在工具 B“输入仿真统计结果”标签（见图 8-17）中，将大坝标段 5 种合理库存水平在不同仿真环境中得到的仿真统计结果输入对应区域。

（3）整理仿真统计结果。在工具 B“合理库存水平统计表”标签（见图 8-18）中，可以获得大坝标段 5 种合理库存水平的综合比较结果。纵向看图 8-18 中的 1～5 是在不同仿真环境下对 5 种合理库存水平优劣的排序，“1”表示最优，“5”表示最差。决策者

多级库存计划-工具B-合理库存水平仿真分析.xlsx - Excel

计划期	2018/3/26	2018/4/25	单位：吨

	施工标段	库存容量	月计划	仿真次数	工程月天数	实际月消耗量与月计划的波动上限比例	实际月消耗量与月计划的波动下限比例
散装普硅水泥	12.5大坝标	900	1350	1000	31	30%	-30%
	葛洲坝泄水标 葛洲坝开挖二标	6000	0	1000	31	30%	-30%
	14.16引水发电标	4500	4800	1000	31	30%	-30%

	施工标段	库存容量	月计划	仿真次数	最小订货批量	实际月消耗量与月计划的波动上限比例	实际月消耗量与月计划的波动下限比例
袋装普硅水泥	12.5大坝标	600	380	1000	31	30%	-30%
	14.16引水发电标	400	180	1000	31	30%	-30%
	葛洲坝泄水标 葛洲坝开挖二标	1000	0	1000	31	30%	-30%

	施工标段	库存容量	月计划	仿真次数	最小订货批量	实际月消耗量与月计划的波动上限比例	实际月消耗量与月计划的波动下限比例
中热水泥	14.16引水发电标	4500	4000	1000	31	30%	-30%

各库存事件重要性程度				
爆仓	断货	库存小于7日需求总量	库存小于14日需求总量	库存大小
3	10	7	1	0.5
0.14	0.47	0.33	0.05	0.02

填写说明：	单元格颜色	填写要求
	计划期、月计划、仿真次数、重要性程度打分	必填
	其他参数	选填

参数设置 | 输入仿真统计结果 | 合理库存水平-统计表 | 合理库存水平-统计图 ...

图 8-16　工具 B“参数设置”标签

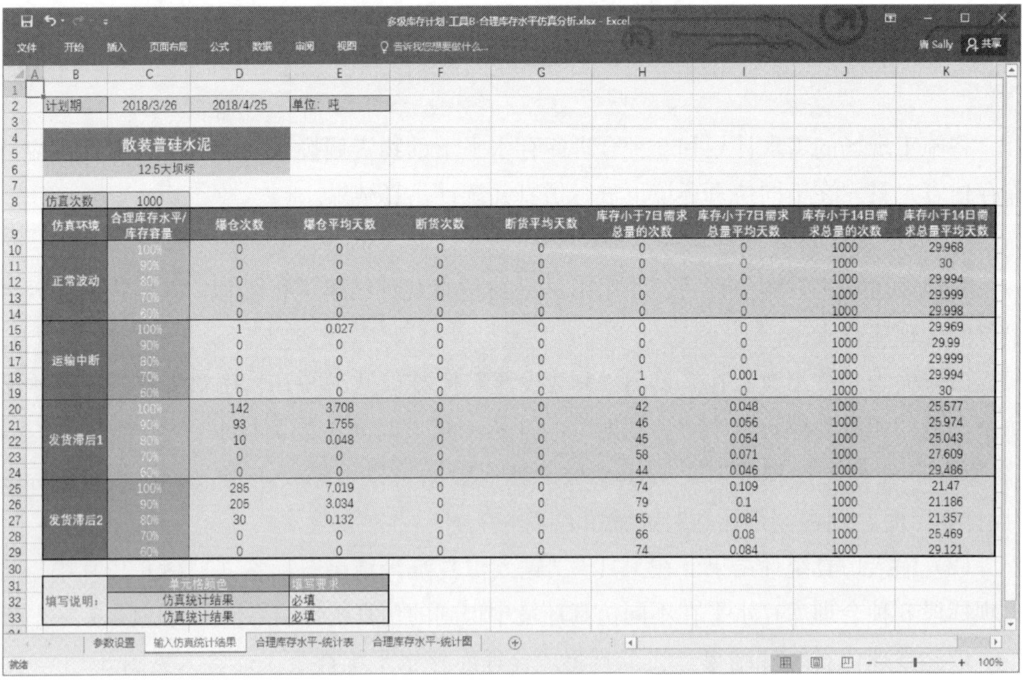

多级库存计划-工具B-合理库存水平仿真分析.xlsx - Excel

计划期	2018/3/26	2018/4/25	单位：吨

散装普硅水泥

12.5大坝标

仿真次数	1000

仿真环境	合理库存水平/库存容量	爆仓次数	爆仓平均天数	断货次数	断货平均天数	库存小于7日需求总量的次数	库存小于7日需求总量平均天数	库存小于14日需求总量的次数	库存小于14日需求总量平均天数
正常波动	100%	0	0	0	0	0	0	1000	29.968
	90%	0	0	0	0	0	0	1000	30
	80%	0	0	0	0	0	0	1000	29.994
	70%	0	0	0	0	0	0	1000	29.999
	60%	0	0	0	0	0	0	1000	29.998
运输中断	100%	1	0.027	0	0	0	0	1000	29.969
	90%	0	0	0	0	0	0	1000	29.99
	80%	0	0	0	0	0	0	1000	29.999
	70%	0	0	0	0	1	0.001	1000	29.994
	60%	0	0	0	0	0	0	1000	30
发货滞后1	100%	142	3.708	0	0	42	0.048	1000	25.577
	90%	93	1.755	0	0	46	0.056	1000	25.974
	80%	10	0.048	0	0	45	0.054	1000	25.043
	70%	0	0	0	0	58	0.071	1000	27.609
	60%	0	0	0	0	44	0.046	1000	29.486
发货滞后2	100%	285	7.019	0	0	74	0.109	1000	21.47
	90%	205	3.034	0	0	79	0.1	1000	21.186
	80%	30	0.132	0	0	65	0.084	1000	21.357
	70%	0	0	0	0	66	0.08	1000	25.469
	60%	0	0	0	0	74	0.084	1000	29.121

填写说明：	单元格颜色	填写要求
	仿真统计结果	必填
	仿真统计结果	必填

参数设置 | 输入仿真统计结果 | 合理库存水平-统计表 | 合理库存水平-统计图

图 8-17　工具 B“输入仿真统计结果”标签

可以横向比较这 5 种合理库存水平，选择比较满意的结果。

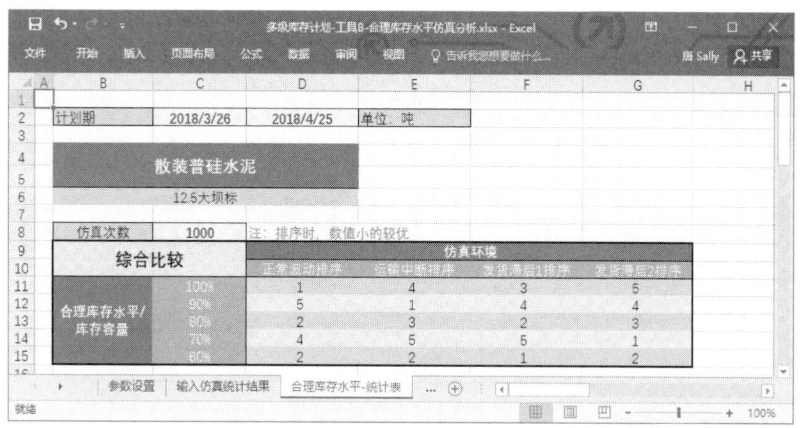

计划期	2018/3/26	2018/4/25	单位：吨

散装普硅水泥

12.5大坝标

仿真次数	1000	注：排序时，数值小的较优

综合比较		仿真环境			
		正常波动排序	运输中断排序	发货滞后1排序	发货滞后2排序
合理库存水平/库存容量	100%	1	4	3	5
	90%	5	1	4	4
	80%	2	3	2	3
	70%	4	5	5	1
	60%	2	2	1	2

图 8-18　工具 B“合理库存水平统计表”标签

（4）选择最终合理库存水平。从总体看，80％和 60％库存容量的合理库存水平在 4 种环境下的表现都比较好，因此这两种合理库存水平比较满意。最终将大坝标段的合理库存水平定为 60％库存容量。

8.5.3　制订多级库存计划

确定供应链各节点在计划月的合理库存水平之后，使用工具 A 制订最终的多级库存计划。

1. 输入多级库存参数

在“工具 A”的“计划月供应参数设置”标签输入最终确定的多级库存参数，包括基于风险预警的提前期、合理库存水平等，注意关闭“仿真开关”，具体如图 8-19 所示。

图 8-19　输入多级库存参数

2. 多级库存计划运算

工具 A“水泥供应商-散装普硅水泥-月计划”标签中是根据基于 DRP 的多级库存计划方法设计的多级库存计划自动计算工作表。

第一部分是多级库存计划的基础数据，即各施工现场的物资需求计划、现场库存信息和合理库存水平。工具 A“水泥供应商-散装普硅水泥-月计划”标签第一部分如图 8-20 所示。

	A	B	C	D	E	F	G	H	I	J	K	L	M	N	O
1	散装普硅水泥	2018年4月	多级库存月计划												
2															
3			工程月天数	31											
4	施工标段	月计划	期初库存（现库存容量		3月26日	3月27日	3月28日	3月29日	3月30日	3月31日	4月1日	4月2日	4月3日	4月4日	4月5日
5	大坝标	1350	527.06	900	32.55169	36.1376911	36.45543	35.51998	29.60255	17.06945	42.75364	45.87994	47.69084	36.18107	41.02599
6	GZB泄水标	0	4426.35	6000	0	0	0	0	0	0	0	0	0	0	0
7	GZB开挖二标	0			0	0	0	0	0	0	0	0	0	0	0
8					0	0	0	0	0	0	0	0	0	0	0
9															
10															
11	施工标段	库存容量占比													
12	大坝标	0.6	0												
13	GZB泄水标	0.8	0												
14	GZB开挖二标														
15															
16	GZB泄水标和开挖二标可合并														
17															
18	施工标段	部分库存容量													
19	大坝标	540	合理库存水平		540	540	540	540	540	540	540	540	540	540	540
20	GZB泄水标	4800			0	0	0	0	0	0	0	0	0	0	0
21	GZB开挖二标														
22															

图 8-20 工具 A“水泥供应商-散装普硅水泥-月计划”标签第一部分

第二部分是面向各施工现场的物资调拨计划具体计算内容。工具 A“水泥供应商-散装普硅水泥-月计划”标签第二部分如图 8-21 所示。

	A	B	C	D	E	F	G	H	I	J	K	L	M	N	O
24	调拨计划														
25	注：调拨计划采用最小订货批量的直接批量法。当净需求小于最小订货批量时，不申请调拨而是用现场库存满足净需求；当净需求超过最小订货批量时则按直接批量法调拨物资。提前期设为1														
26															
27	大坝标			最小订货批量		20		提前期	1		订货上限				
28		初始	3/26	3/27	3/28	3/29	3/30	3/31	4/1	4/2	4/3	4/4	4/5	4/6	4/7
29	毛需求量		32.5516853	36.13769	36.45543	35.5199752	29.60255	17.06945	42.75364	45.87994	47.69084	36.18107	41.02599	42.65699	43.28001
30	合理库存水平		540	540	540	540	540	540	540	540	540	540	540	540	540
31	日收货量														
32	预计可用库存	527.06	494.508	540.371	539.915	540.395	539.793	522.723	539.970	540.090	540.399	540.218	540.192	539.535	540.255
33	净需求		45.492	81.629	36.085	35.605	29.207	17.277	60.030	45.910	47.601	35.782	40.808	42.465	43.745
34	调拨接收量		0	82	36	36	29	0	60	46	48	36	41	42	44
35	计划调拨量	0	82	36	36	29	0	60	46	48	36	41	42	44	39
36															
37															
38	GZB			最小订货批量		20		提前期	1		订货上限				
39		初始	3/26	3/27	3/28	3/29	3/30	3/31	4/1	4/2	4/3	4/4	4/5	4/6	4/7
40	毛需求量		0	0	0	0	0	0	0	0	0	0	0	0	0
41	合理库存水平		0	0	0	0	0	0	0	0	0	0	0	0	0
42	泄水标收货量		0	31.08	0	0	0	0	0	0	0	0	0	0	61.42
43	开挖二标收货量		0	0	0	0	0	0	0	0	0	0	0	0	0
44	日收货量														
45	预计可用库存	4426.35	4426.350	4426.350	4426.350	4426.350	4426.350	4426.350	4426.350	4426.350	4426.350	4426.350	4426.350	4426.350	4426.350
46	净需求		0.000	0.000	0.000	0.000	0.000	0.000	0.000	0.000	0.000	0.000	0.000	0.000	0.000
47	调拨接收量		0	0	0	0	0	0	0	0	0	0	0	0	0
48	计划调拨量	0	0	0	0	0	0	0	0	0	0	0	0	0	0
49															

图 8-21 工具 A“水泥供应商-散装普硅水泥-月计划”标签第二部分

第三部分是汇总面向各施工现场的物资调拨计划，以作为面向供应商的物资生产计划的需求计划，并进行物资生产计划的具体计算内容。工具 A“水泥供应商-散装普硅水泥-月计划”标签第三部分如图 8-22 所示。

	A	B	C	D	E	F	G	H	I	J	K	L	M	N	O
50															
51	大坝标	0	82	36	36	29	0	60	46	48	36	41	42	44	39
52	GZB	0	0	0	0	0	0	0	0	0	0	0	0	0	0
53	调拨需求汇总	*0*	*82*	*36*	*36*	*29*	*0*	*60*	*46*	*48*	*36*	*41*	*42*	*44*	*39*
54															
55	YAXN 厂内期初	2300			供应商库存上限一般较大										
56	安全库存水平（平均7日需求）		289	255	255	260	273	317	296	299	293	295	299	299	317
57	供应商供货上限	1000													
58															
59	**固定批量法**														
60	散装普硅水泥			一次生产量	3000		提前期	1							
61		初始	3/26	3/27	3/28	3/29	3/30	3/31	4/1	4/2	4/3	4/4	4/5	4/6	4/7
62	毛需求量		86.8387097	40.83871	40.83871	33.8387097	4.83871	64.83871	50.83871	52.83871	40.83871	45.83871	46.83871	48.83871	43.83871
63	合理库存水平		289	255	255	260	273	317	296	299	293	295	299	299	317
64	前期接收量														
65	预计可用库存	2800	2713.16129	2672.323	2631.484	2597.64516	2592.806	2527.968	2477.129	2424.29	2383.452	2337.613	2290.774	2241.935	2198.097
66	净需求		0	0	0	0	0	0	0	0	0	0	0	0	0
67	生产接收量		0	0	0	0	0	0	0	0	0	0	0	0	0
68	计划生产量	0	0	0	0	0	0	0	0	0	0	0	0	0	0
69															

YAXN-散装普硅水泥-月计划　YAXN-散装普硅水泥-实时计划　ELS-袋装+散装普硅 ...

图 8-22　工具 A“水泥供应商-散装普硅水泥-月计划”标签第三部分

3. 输出多级库存计划表

在工具 A“计划月多级库存计划”标签输出面向供应商的物资生产计划和面向各施工现场各种物资的调拨计划，输出多级库存计划表如图 8-23 所示。

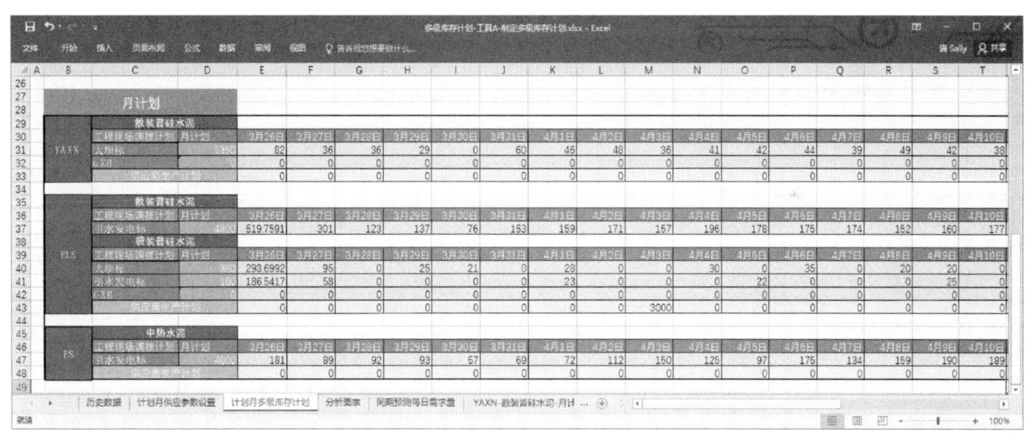

月计划																		
YAXN	散装普硅水泥																	
	工程现场调拨计划	月计划	3月26日	3月27日	3月28日	3月29日	3月30日	3月31日	4月1日	4月2日	4月3日	4月4日	4月5日	4月6日	4月7日	4月8日	4月9日	4月10日
	大坝标	[illegible]	82	36	36	29	0	60	46	48	36	41	42	44	39	49	42	38
	GZB	[illegible]	0	0	0	0	0	0	0	0	0	0	0	0	0	0	0	0
	[illegible]		0	0	0	0	0	0	0	0	0	0	0	0	0	0	0	0
ELS	散装普硅水泥																	
	工程现场调拨计划	月计划	3月26日	3月27日	3月28日	3月29日	3月30日	3月31日	4月1日	4月2日	4月3日	4月4日	4月5日	4月6日	4月7日	4月8日	4月9日	4月10日
	引水发电标	[illegible]	519.7591	301	123	137	76	153	159	171	157	196	178	175	174	152	160	177
	袋装普硅水泥																	
	工程现场调拨计划	月计划	3月26日	3月27日	3月28日	3月29日	3月30日	3月31日	4月1日	4月2日	4月3日	4月4日	4月5日	4月6日	4月7日	4月8日	4月9日	4月10日
	大坝标	[illegible]	293.6992	95	0	25	21	0	28	0	0	30	0	35	0	20	20	0
	引水发电标	[illegible]	186.5417	58	0	0	0	0	23	0	0	0	22	0	0	0	25	0
	GZB	[illegible]	0	0	0	0	0	0	0	0	0	0	0	0	0	0	0	0
	[illegible]		0	0	0	0	0	0	0	0	3000	0	0	0	0	0	0	0
ES	中热水泥																	
	工程现场调拨计划	月计划	3月26日	3月27日	3月28日	3月29日	3月30日	3月31日	4月1日	4月2日	4月3日	4月4日	4月5日	4月6日	4月7日	4月8日	4月9日	4月10日
	引水发电标	[illegible]	181	89	92	93	57	69	72	112	150	125	97	175	134	159	190	189
	[illegible]		0	0	0	0	0	0	0	0	0	0	0	0	0	0	0	0

历史数据　计划月供应参数设置　计划月多级库存计划　分析图表　同期预测每日需求量　YAXN-散装普硅水泥-月计 ...

图 8-23　输出多级库存计划表

4. 输出多级库存计划图

水泥供应商散装普硅水泥的厂内物资预计库存变化和生产计划（见图 8-24），以及各施工现场大坝标段散装普硅水泥的预计库存变化和调拨计划（见图 8-25）可在工具 A“分析图表”标签中直接获得。

8.5.4　确定各节点库存警戒线

L 工程散装普硅水泥在供应链各节点的库存警戒线包括各施工现场（大坝标段、

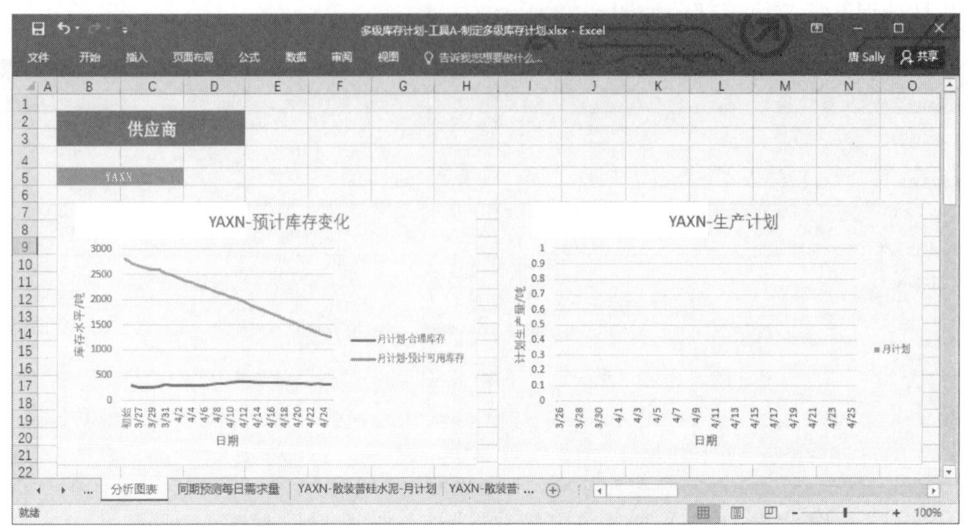

图 8-24　水泥供应商散装普硅水泥的厂内物资预计库存变化和生产计划

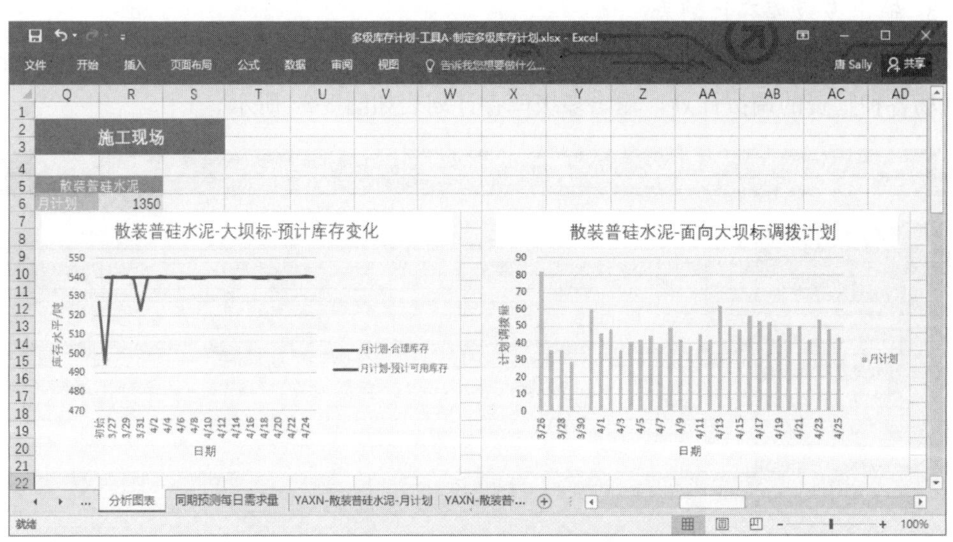

图 8-25　各施工现场大坝标段散装普硅水泥的预计库存变化和调拨计划

GZB 泄水标段、引水发电厂房标段）的库存警戒线和供应商（YAXN 水泥）的库存警戒线。

库存警戒线的确定可以采用经验分析法，也可采用仿真分析法。具体的方法在 8.4.4 条已做详细说明。

8.6　多级库存决策在运营监控系统的应用

基于风险的工程物资供应链多级库存决策方法，包括两种供应链结构下基于 DRP

的多级库存计划方法、与多级库存计划紧密相关的参数配置方法，以及多级库存决策流程。基于多级库存决策的研究成果，雅砻江公司的运营监控系统在“工程建设”模块对工程物资供应链多级库存决策方法进行了落地实现。

目前运营监控系统的“工程建设”模块，针对“工程物资”开发了以下两个功能。

（1）供应信息查询：用于适时查看与工程物资相关的数据和图表。

（2）决策辅助系统：用于制订各类工程物资的多级库存计划，以及对多级库存计划进行仿真分析。

1. 供应信息查询

供应信息查询功能展示了各类工程物资的供应情况、需求计划、采购计划、供应链节点的库存情况和历史供应情况。

（1）工程物资概况界面（见图 8-26）展示了某项目单位某类工程物资的需求计划和采购计划的总体完成情况、现场库存总体情况，以及出入库分析图。

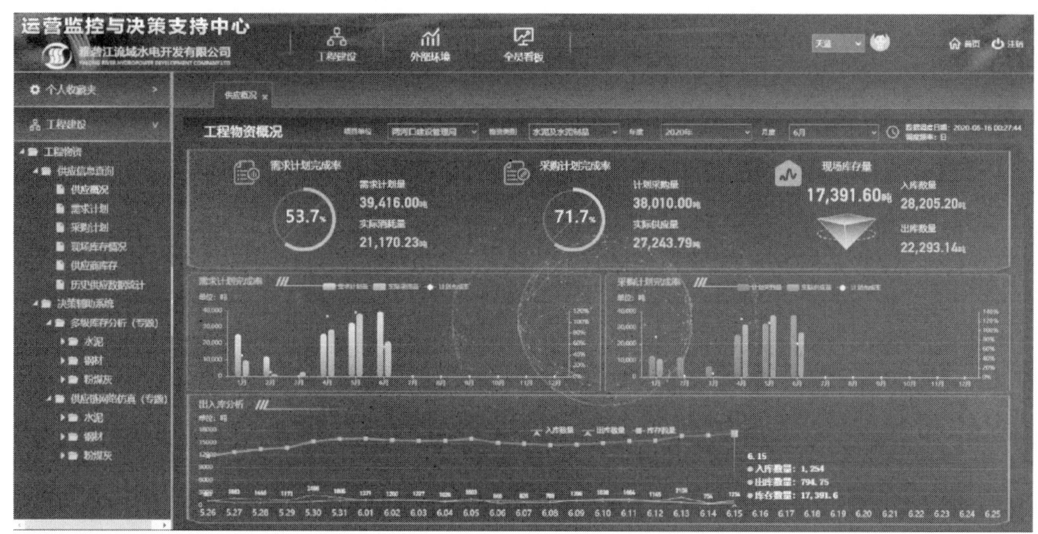

图 8-26　工程物资概况界面

（2）需求计划界面（见图 8-27）展示了某项目单位某标段（即施工现场）各类工程物资需求计划的当月完成情况和历史完成情况。

（3）采购计划界面（见图 8-28）展示了某项目单位某标段（即施工现场）各类工程物资采购计划的当月完成情况和历史完成情况。

（4）现场库存情况界面（见图 8-29）展示了某项目单位某标段（即施工现场）各类工程物资的库存变化情况、当日出入库数量和库存，以及当月出入库分析折线图。

（5）供应商库存界面（见图 8-30）展示了某项目单位合作供应商各类工程物资的当期库存量和当月累计发货数量，并展示了供应商当月库存量和发货数量变化的折线图。

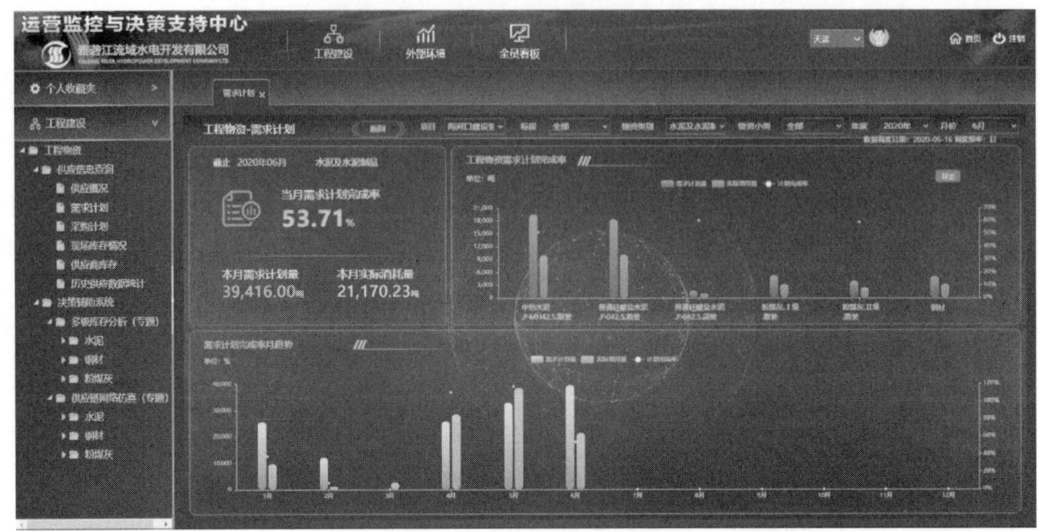

图 8-27　需求计划界面

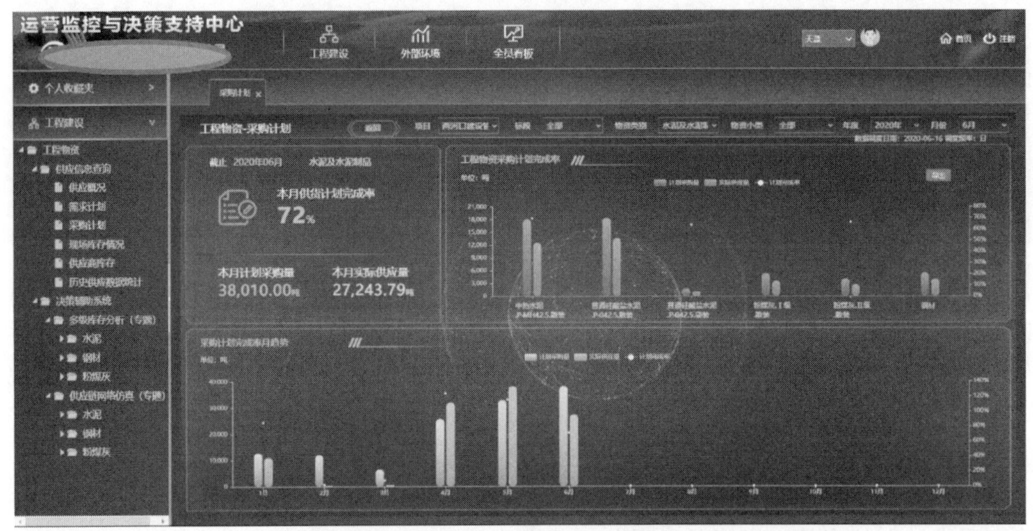

图 8-28　采购计划界面

（6）历史供应数据统计界面（见图 8-31）展示了各类工程物资的历史累计用量，并从年度消耗量和月度消耗量两个角度，展示了各类工程物资的历史消耗情况。

2. 决策辅助系统

决策辅助系统包含两个子功能模块，分别是“多级库存分析（专题）”“供应链网络仿真（专题）”，用于多级库存计划的制订和仿真。

（1）多级库存分析（专题）。不同的工程物资具有不同的供应链结构。针对不同工

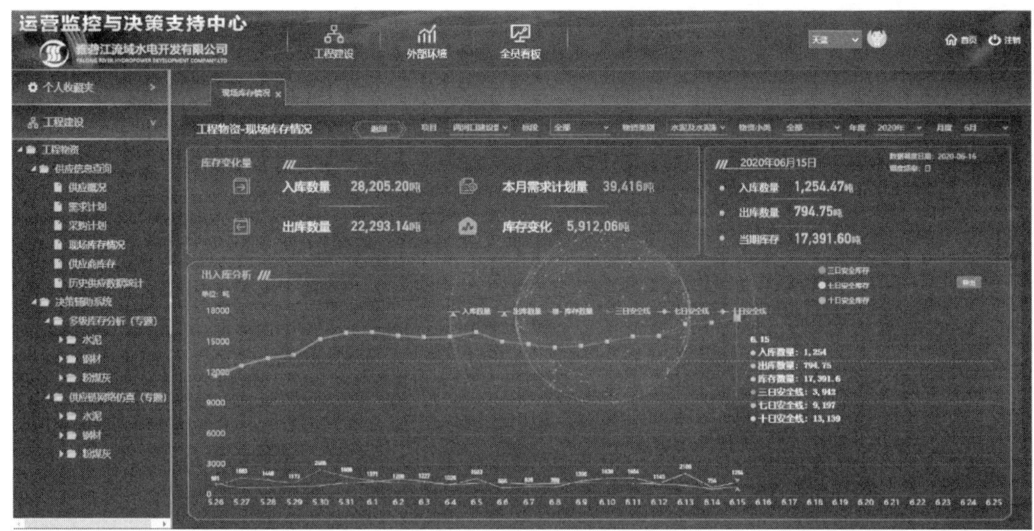

图 8-29　现场库存情况界面

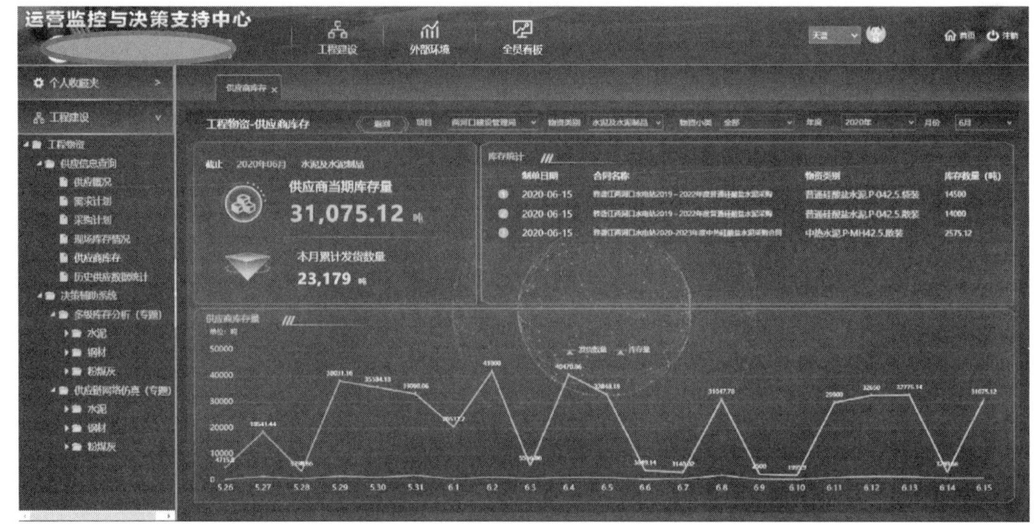

图 8-30　供应商库存界面

程物资，多级库存分析（专题）模块在设置多级库存计划的相关参数后，可以自动输出与多级库存计划相关的结果。

1）中热水泥的参数详情界面（见图 8-32）展示了中热水泥多级库存计划中施工现场和供应商的相关参数设置信息。

2）中热水泥的计划月库存计划界面（见图 8-33）以数据表的形式展示了面向施工

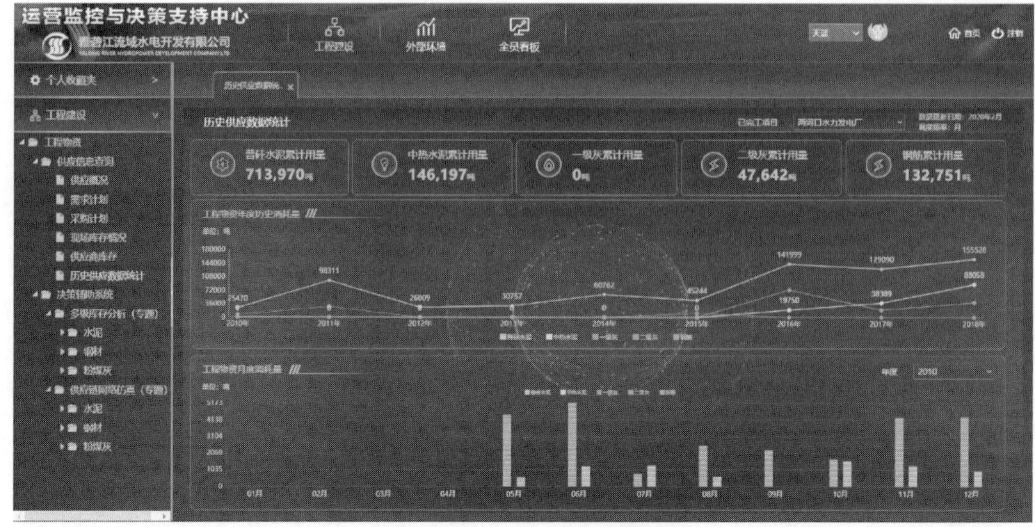

图 8-31　历史供应数据统计界面

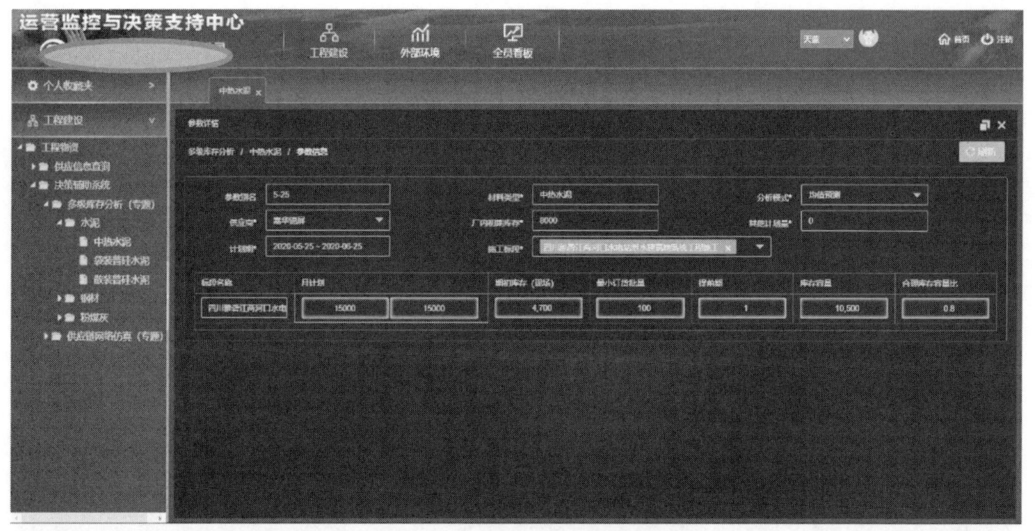

图 8-32　中热水泥参数详情界面

现场的物资调拨计划，包括计划月内施工现场的每日毛需求量、合理库存水平、预计可用库存、净需求、订货接收量和计划订货量。

3）中热水泥的施工现场库存计划界面（见图 8-34）以折线图的形式展示了施工现场在计划月内的合理库存、预计可用库存、计划订货量和预测消耗量的变化情况。

4）中热水泥的施工调拨与供应商生产关系界面（见图 8-35）以组合图的形式展示了二级供应链结构下施工现场总订货计划和供应商生产计划等信息。

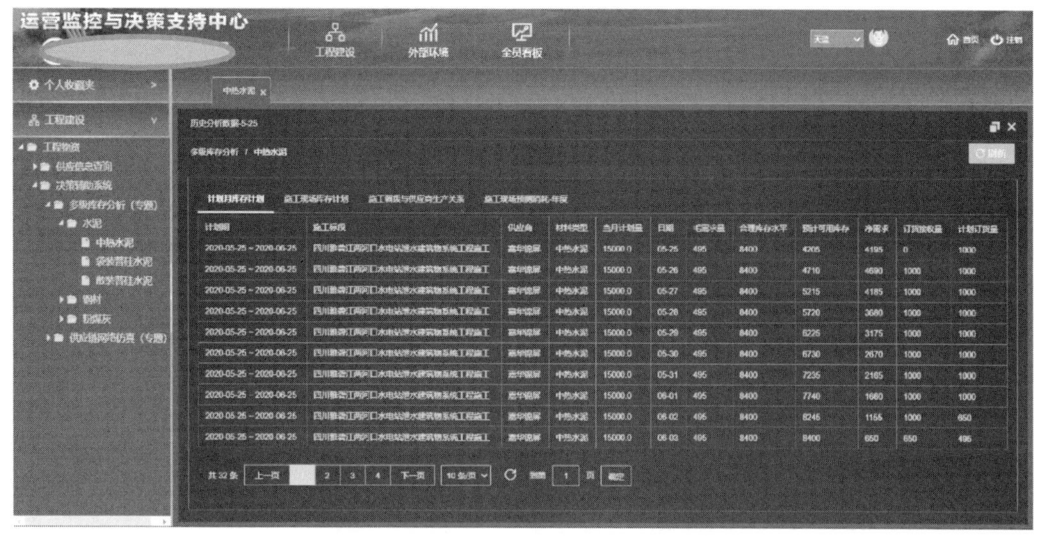

计划期	施工标段	供应商	材料类型	当月计划量	日期	毛需求量	合理库存水平	预计可用库存	净需求	订货接收量	计划订货量
2020-05-25 ~ 2020-06-25	四川雅砻江两河口水电站泄水建筑物系统工程施工	嘉华锦屏	中热水泥	15000.0	05-25	495	8400	4205	4195	0	1000
2020-05-25 ~ 2020-06-25	四川雅砻江两河口水电站泄水建筑物系统工程施工	嘉华锦屏	中热水泥	15000.0	05-26	495	8400	4710	4690	1000	1000
2020-05-25 ~ 2020-06-25	四川雅砻江两河口水电站泄水建筑物系统工程施工	嘉华锦屏	中热水泥	15000.0	05-27	495	8400	5215	4185	1000	1000
2020-05-25 ~ 2020-06-25	四川雅砻江两河口水电站泄水建筑物系统工程施工	嘉华锦屏	中热水泥	15000.0	05-28	495	8400	5720	3680	1000	1000
2020-05-25 ~ 2020-06-25	四川雅砻江两河口水电站泄水建筑物系统工程施工	嘉华锦屏	中热水泥	15000.0	05-29	495	8400	6225	3175	1000	1000
2020-05-25 ~ 2020-06-25	四川雅砻江两河口水电站泄水建筑物系统工程施工	嘉华锦屏	中热水泥	15000.0	05-30	495	8400	6730	2670	1000	1000
2020-05-25 ~ 2020-06-25	四川雅砻江两河口水电站泄水建筑物系统工程施工	嘉华锦屏	中热水泥	15000.0	05-31	495	8400	7235	2165	1000	1000
2020-05-25 ~ 2020-06-25	四川雅砻江两河口水电站泄水建筑物系统工程施工	嘉华锦屏	中热水泥	15000.0	06-01	495	8400	7740	1660	1000	1000
2020-05-25 ~ 2020-06-25	四川雅砻江两河口水电站泄水建筑物系统工程施工	嘉华锦屏	中热水泥	15000.0	06-02	495	8400	8245	1155	1000	650
2020-05-25 ~ 2020-06-25	四川雅砻江两河口水电站泄水建筑物系统工程施工	嘉华锦屏	中热水泥	15000.0	06-03	495	8400	8400	650	650	495

图 8-33　中热水泥计划月库存计划界面

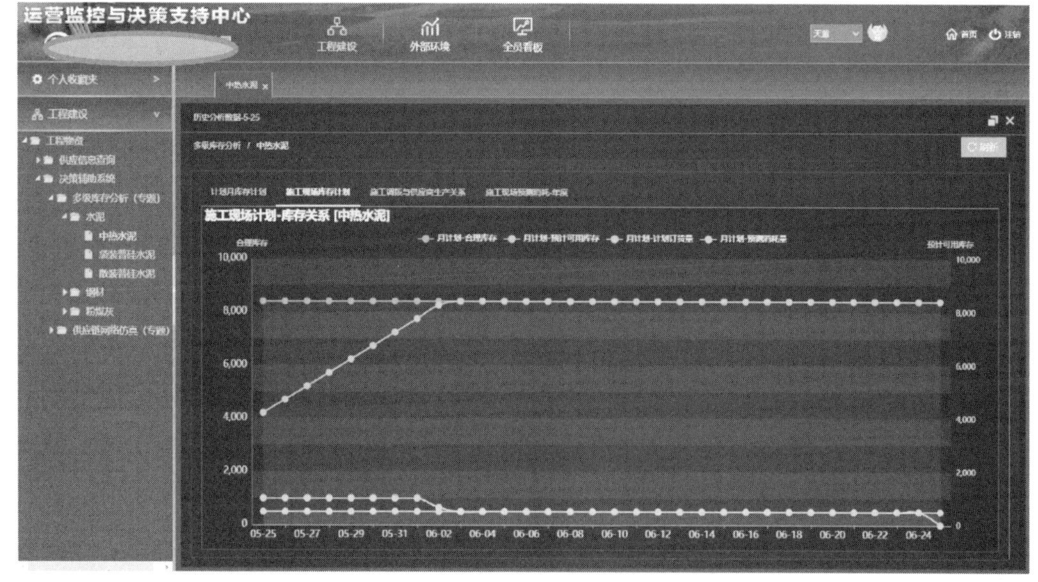

图 8-34　中热水泥施工现场库存计划界面

5）Ⅰ级粉煤灰的施工调拨与供应商生产关系界面（见图 8-36）以组合图的形式展示了三级供应链结构下施工现场总订货计划、中转库的计划订货量和供应商生产计划等信息。

6）中热水泥的施工现场预测消耗年度界面（见图 8-37）以折线图的形式展示了中热水泥在某施工现场按同期预测法计算的年度每日消耗占比。

（2）供应链网络仿真（专题）。针对不同工程物资，供应链网络仿真（专题）模块

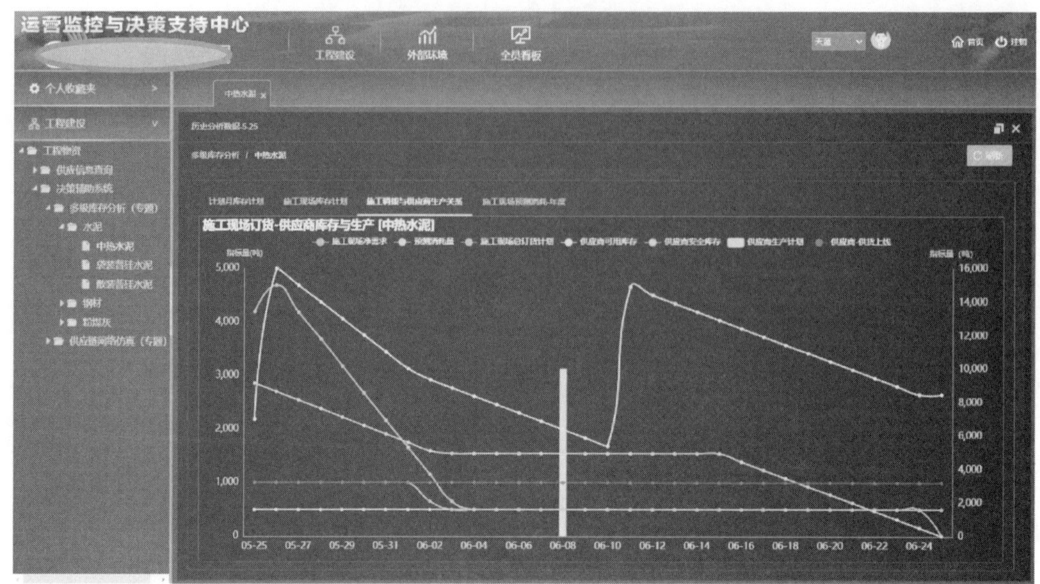

图 8-35　中热水泥施工调拨与供应商生产关系界面

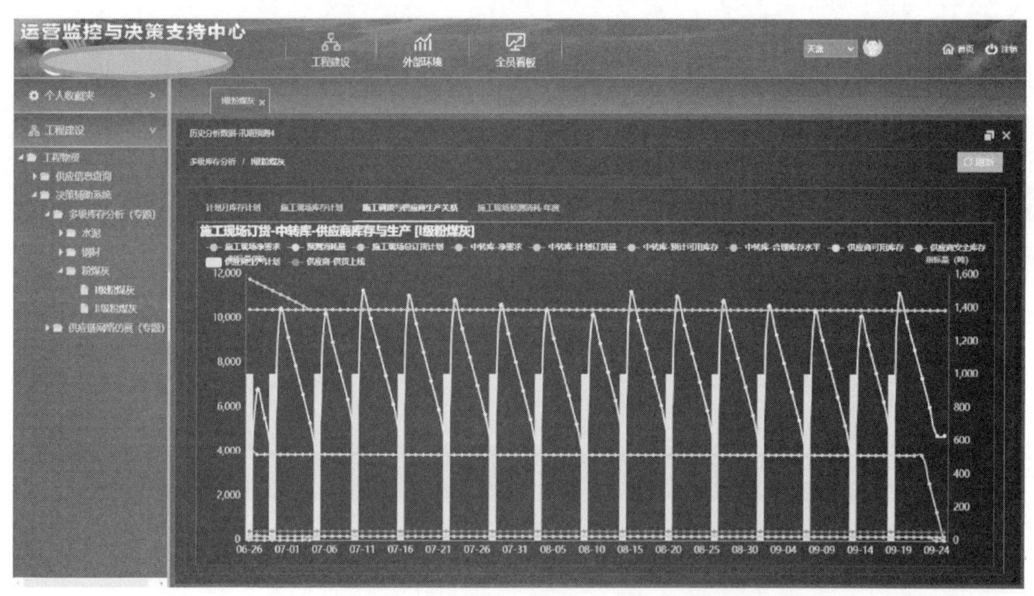

图 8-36　Ⅰ级粉煤灰施工调拨与供应商生产关系界面

在设置仿真参数后，可对多级库存分析（专题）模块输出的多级库存计划进行仿真并输出仿真结果。

1）中热水泥的参数详情界面（见图 8-38）展示了进行仿真之前需要设置的基础参数和风险参数等。

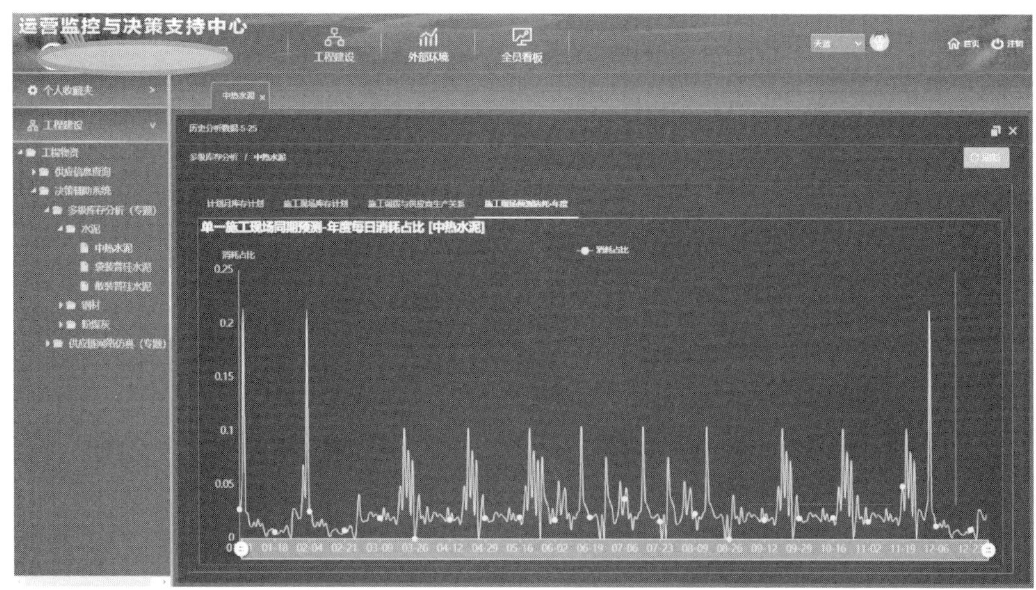

图 8-37　中热水泥施工现场预测消耗年度界面

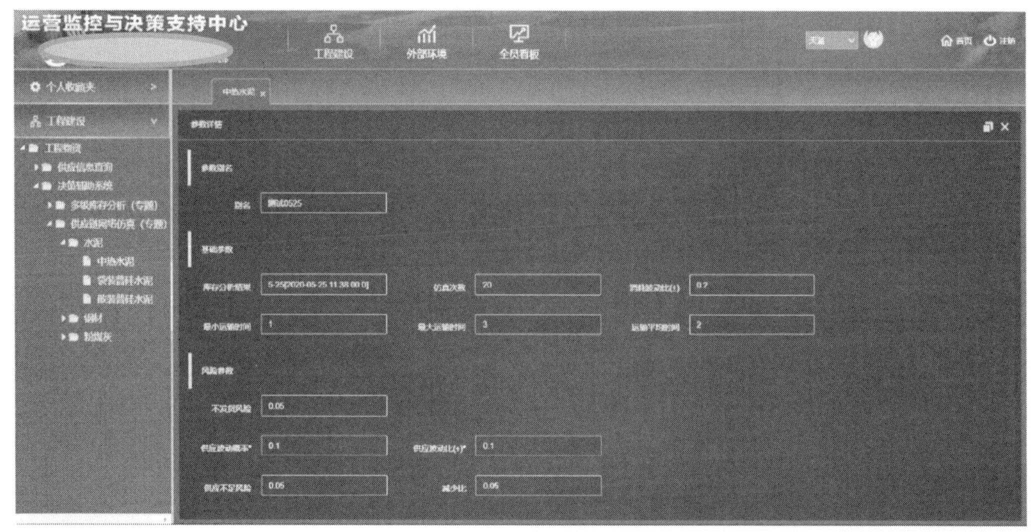

图 8-38　中热水泥参数详情界面

2）中热水泥的仿真结果界面（见图 8-39）展示了对中热水泥面向施工现场的物资调拨计划仿真的结果。其中统计了各类库存事件的发生情况，如爆仓、库存水平低于 7 天安全库存、断货等，并展示了停工和低于 7 天安全库存的时间分布，以及现场库存变化情况。

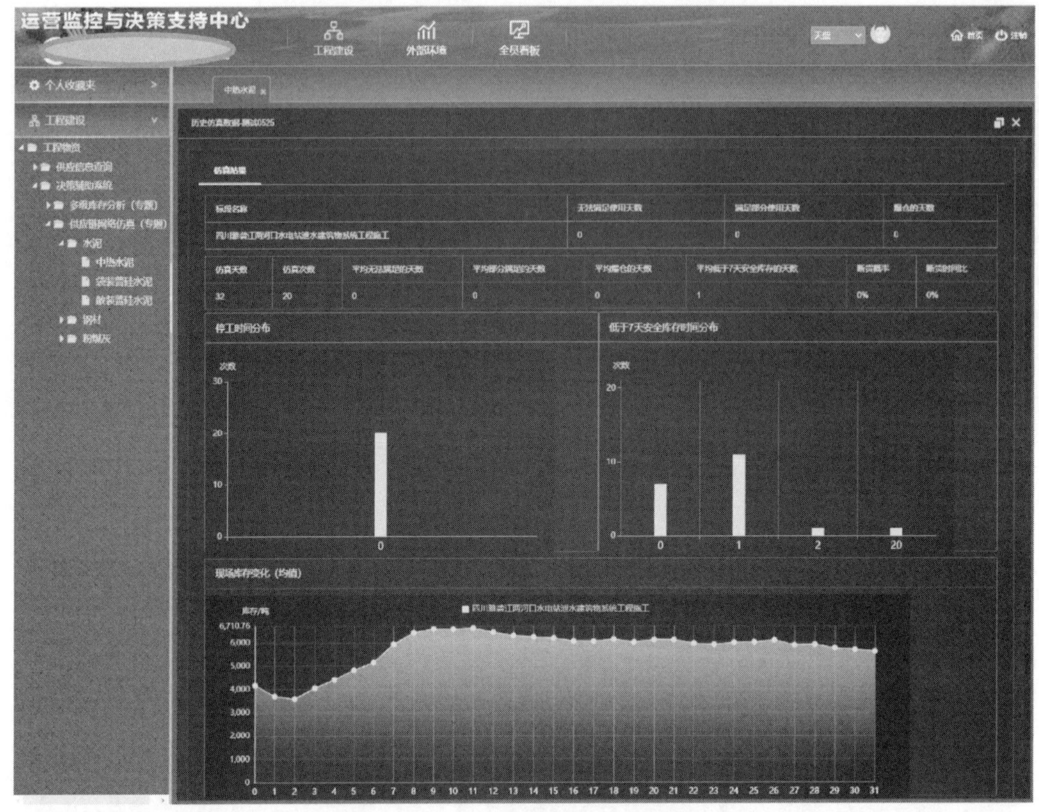

图 8-39　中热水泥仿真结果界面

8.7 本 章 小 结

工程物资供应链多级库存决策旨在为工程物资供应链的日常运作管理提供科学的决策建议，以保障供应链上各节点的物资供需平衡。本章从多级库存计划的一般方法出发，结合雅砻江流域梯级水电开发工程的实际背景，设计了水电工程物资供应链多级库存计划方法；为使多级库存计划更加灵活有效，讨论了施工现场物资日需求量的预测方法和基于风险的多级库存重要参数的配置方法；继而通过具体案例，介绍了基于风险的多级库存决策流程；最后，展示了多级库存决策方法在实际的运营监控系统中的应用情况。

本章紧密结合水电工程实例来阐述基于风险的工程物资供应链多级库存决策方法，并介绍了多级库存决策方法应用于实际运营监控系统的情况。决策离不开数据的支撑，但是在实际应用中，也可以适当结合工程供应链管理者的经验知识对决策结果进行调整。此外，基于多级库存决策方法，调整多级库存计划期，也可以实现不同时间范围的计划。

参 考 文 献

[1] Eruguz A S, Sahin E, Jemai Z, et al. A comprehensive survey of guaranteed-service models for multi-echelon inventory optimization [J]. International Journal of Production Economics, 2016, 172: 110-125.

[2] Zhou W Q, Chen L, Ge H M. A multi-product multi-echelon inventory control model with joint replenishment strategy [J]. Applied Mathematical Modelling, 2013, 37 (4): 2039-2050.

[3] Dai Z, Aqlan F, Gao K. Optimizing multi-echelon inventory with three types of demand in supply chain [J]. Transportation Research Part E: Logistics and Transportation Review, 2017, 107: 141-177.

[4] Noordhoek M, Dullaert W, Lai D S W, et al. A simulation-optimization approach for a service-constrained multi-echelon distribution network [J]. Transportation Research Part E: Logistics and Transportation Review, 2018, 114: 292-311.

[5] 熊浩. 基于混合需求的供应链多级库存协同订货模型 [J]. 计算机应用, 2012, 32 (9): 2631-2633.

[6] 袁红卫. 基于供应链环境下的多级库存优化研究 [D]. 郑州: 华北水利水电大学, 2017.

[7] 卫忠, 徐晓飞, 战德臣, 等. 协同供应链多级库存控制的多目标优化模型及其求解方法 [J]. 自动化学报, 2007, 33 (2): 181-187.

[8] 宋立冲. 供应链中多级库存控制模型研究 [D]. 沈阳: 东北大学, 2012.

[9] 闫军, 丁鑫培, 刘永瑞. 基于免疫遗传算法的供应链库存协同优化研究 [J]. 计算机科学, 2016, 43 (S2): 59-62.

[10] 周剑桥. 多约束单目标供应链多级库存控制模型及求解 [J]. 控制工程, 2017, 24 (3): 511-517.

[11] Chinello E, Herbert-Hansen Z N L, Khalid W. Assessment of the impact of inventory optimization drivers in a multi-echelon supply chain: case of a toy manufacturer [J]. Computers & Industrial Engineering, 2020, 141.

附录A　水泥供应风险因素表

水泥供应风险因素表见表A1。

表A1　水泥供应风险因素表

一级风险因素	二级风险因素	三级风险因素	四级风险因素
A1计划风险	B1.1采购计划不合理	C1.1.1人员分析判断有误	
		C1.1.2需求计划不准确	D1.1.2.1编制过程疏漏
			D1.1.2.2施工进度变化
A2信息沟通风险	B2.1供应决策错误	C2.1.1信息传递不及时或出错	
A3生产风险	B3.1生产暂停或推迟	C3.1.1设备故障	
		C3.1.2生产安全事故	
		C3.1.3停电	
		C3.1.4转产推迟	
		C3.1.5原材料准备不足	
	B3.2物资成品指标接近临界值或超标	C3.2.1人员操作不当	
		C3.2.2生产参数设置不当	
		C3.2.3原材料质量问题	
		C3.2.4转产时库存清理不到位	
	B3.3熟料指标接近临界值或超标	C3.3.1人员操作不当	
		C3.3.2生产参数设置不当	
		C3.3.3原材料质量问题	
		C3.3.4转产时库存清理不到位	
	B3.4厂内质量检验结果不准确	C3.4.1人员操作问题	
		C3.4.2仪器问题	
A4发货风险	B4.1发货滞后	C4.1.1供应链决策错误	D4.1.1.1信息传递不及时或出错
		C4.1.2生产暂停或推迟	
		C4.1.3运输工具紧缺	
		C4.1.4运输中断	
		C4.1.5计划申请、审批不及时	
		C4.1.6发货站点拥堵	
	B4.2不合格产品发货	C4.2.1装车防护措施不当	
		C4.2.2厂内质量检验结果不准确	
		C4.2.3罐车清理不到位	
		C4.2.4规格型号错误	
		C4.2.5库存物资变质	D4.2.5.1仓储设备损坏
			D4.2.5.2库存物资过期

续表

一级风险因素	二级风险因素	三级风险因素	四级风险因素
A5 运输及中转风险	B5.1 库存信息不准确	C5.1.1 出入库信息错误	
		C5.1.2 盘库信息不准确	
	B5.2 运输用时延长	C5.2.1 车皮重编组	
		C5.2.2 车辆故障	
	B5.3 运输中断	C5.3.1 道路异常中断	D5.3.1.1 降雪
			D5.3.1.2 降雨
	B5.4 物资质量受损	C5.4.1 防护措施不当	
	B5.5 库存物资变质	C5.5.1 仓储设备损坏	
		C5.5.2 物资库存过期	D5.5.2.1 人员监控不到位
		C5.5.3 防雨防潮措施不当	
		C5.5.4 堆放违规	
A6 现场收货风险	B6.1 卸货滞后	C6.1.1 卸货人员不到位	
		C6.1.2 接卸货资源故障	
		C6.1.3 当地居民阻拦卸车	
	B6.2 货物损失	C6.2.1 人员操作失误	
	B6.3 卸货安全事故	C6.3.1 人员操作失误	
	B6.4 现场物资断货	C6.4.1 现场库存统计错误	
		C6.4.2 发货滞后	
		C6.4.3 施工需求增加	
	B6.5 接收非本项目物资	C6.5.1 核对货物信息不到位	
	B6.6 混罐	C6.6.1 人员操作失误	
		C6.6.2 核对货物信息不到位	
	B6.7 将合格物资鉴定为不合格物资	C6.7.1 现场检验结果不准确	D6.7.1.1 取样封样不规范
			D6.7.1.2 人员操作问题
			D6.7.1.3 仪器问题
	B6.8 质量争议	C6.8.1 现场检验结果不准确	D6.8.1.1 取样封样不规范
			D6.8.1.2 人员操作问题
			D6.8.1.3 仪器问题
	B6.9 不合格物资用于工程	C6.9.1 现场检验结果不准确	D6.9.1.1 取样封样不规范
			D6.9.1.2 人员操作问题
			D6.9.1.3 仪器问题
		C6.9.2 现场检验结果出具滞后	

续表

一级风险因素	二级风险因素	三级风险因素	四级风险因素
A7 现场仓储风险	B7.1 库存信息不准确	C7.1.1 出入库信息错误	
		C7.1.2 盘库信息不准确	
	B7.2 材料丢失	C7.2.1 偷盗	
	B7.3 仓储安全事故	C7.3.1 人员操作不当	
	B7.4 现场物资断货	C7.4.1 现场库存统计错误	
	B7.5 库存物资变质	C7.5.1 库存物资过期	D7.5.1.1 人员监控不到位
		C7.5.2 防雨防潮措施不当	
		C7.5.3 仓储设备损坏	
		C7.5.4 堆放违规	
	B7.6 不合格物资用于工程	C7.6.1 库存物资变质	
		C7.6.2 出库操作不合理	
A8 现场使用风险	B8.1 物资挪用至其他项目	C8.1.1 承包商管理不到位	
		C8.1.2 监理监督不到位	
	B8.2 物资消耗不合理	C8.2.1 承包商管理不到位	
		C8.2.2 监理监督不到位	

附录 B　粉煤灰供应风险因素表

粉煤灰供应风险因素表见表 B1。

表 B1　　　　**粉煤灰供应风险因素表**

一级风险因素	二级风险因素	三级风险因素	四级风险因素
A1 计划风险	B1.1 采购计划不合理	C1.1.1 人员分析判断有误	
		C1.1.2 需求计划不准确	D1.1.2.1 编制过程疏漏
			D1.1.2.2 施工进度变化
A2 信息沟通风险	B2.1 供应决策错误	C2.1.1 信息传递不及时或出错	
A3 生产风险	B3.1 生产暂停或推迟	C3.1.1 设备故障	
		C3.1.2 生产安全事故	
		C3.1.3 发电负荷受限	
		C3.1.4 转产推迟	
		C3.1.5 原材料准备不足	
	B3.2 物资成品指标接近临界值或超标	C3.2.1 人员操作不当	
		C3.2.2 生产参数设置不当	
		C3.2.3 原材料质量问题	
		C3.2.4 转产时库存清理不到位	
	B3.3 厂内质量检验结果不准确	C3.3.1 人员操作问题	
		C3.3.2 仪器问题	
A4 发货风险	B4.1 发货滞后	C4.1.1 供应链决策错误	D4.1.1.1 信息传递不及时或出错
		C4.1.2 生产暂停或推迟	
		C4.1.3 运输工具紧缺	
		C4.1.4 运输中断	
		C4.1.5 计划申请、审批不及时	
		C4.1.6 发货站点拥堵	
	B4.2 不合格产品发货	C4.2.1 装车防护措施不当	
		C4.2.2 厂内质量检验结果不准确	
		C4.2.3 罐车清理不到位	
		C4.2.4 规格型号错误	
		C4.2.5 库存物资变质	D4.2.5.1 仓储设备损坏
			D4.2.5.2 库存物资过期
		C4.2.6 过期产品出库	

续表

一级风险因素	二级风险因素	三级风险因素	四级风险因素
A5 运输及中转风险	B5.1 库存信息不准确	C5.1.1 出入库信息错误	
		C5.1.2 盘库信息不准确	
	B5.2 运输用时延长	C5.2.1 车皮重编组	
		C5.2.2 车辆故障	
	B5.3 运输中断	C5.3.1 道路异常中断	D5.3.1.1 降雪
			D5.3.1.2 降雨
	B5.4 物资质量受损	C5.4.1 防护措施不当	
	B5.5 库存物资变质	C5.5.1 仓储设备损坏	
		C5.5.2 物资库存过期	D5.5.2.1 人员监控不到位
		C5.5.3 防雨防潮措施不当	
A6 现场收货风险	B6.1 卸货滞后	C6.1.1 卸货人员不到位	
		C6.1.2 接卸货资源故障	
		C6.1.3 当地居民阻拦卸车	
	B6.2 货物损失	C6.2.1 人员操作失误	
	B6.3 卸货安全事故	C6.3.1 人员操作失误	
	B6.4 现场物资断货	C6.4.1 现场库存统计错误	
		C6.4.2 发货滞后	
		C6.4.3 施工需求增加	
	B6.5 接收非本项目物资	C6.5.1 核对货物信息不到位	
	B6.6 混罐	C6.6.1 人员操作失误	
		C6.6.2 核对货物信息不到位	
	B6.7 将合格物资鉴定为不合格物资	C6.7.1 现场检验结果不准确	D6.7.1.1 取样封样不规范
			D6.7.1.2 人员操作问题
			D6.7.1.3 仪器问题
	B6.8 质量争议	C6.8.1 现场检验结果不准确	D6.8.1.1 取样封样不规范
			D6.8.1.2 人员操作问题
			D6.8.1.3 仪器问题
	B6.9 不合格物资用于工程	C6.9.1 现场检验结果不准确	D6.9.1.1 取样封样不规范
			D6.9.1.2 人员操作问题
			D6.9.1.3 仪器问题
		C6.9.2 现场检验结果出具滞后	

续表

一级风险因素	二级风险因素	三级风险因素	四级风险因素
A7 现场仓储风险	B7.1 库存信息不准确	C7.1.1 出入库信息错误	
		C7.1.2 盘库信息不准确	
	B7.2 仓储安全事故	C7.2.1 人员操作不当	
	B7.3 现场物资断货	C7.3.1 现场库存统计错误	
	B7.4 库存物资变质	C7.4.1 库存物资过期	D7.4.1.1 人员监控不到位
		C7.4.2 防雨防潮措施不当	
		C7.4.3 仓储设备损坏	
	B7.5 不合格物资用于工程	C7.5.1 库存物资变质	
		C7.5.2 出库操作不合理	
A8 现场使用风险	B8.1 物资挪用至其他项目	C8.1.1 承包商管理不到位	
		C8.1.2 监理监督不到位	
	B8.2 物资消耗不合理	C8.2.1 承包商管理不到位	
		C8.2.2 监理监督不到位	

附录C 钢筋供应风险因素表

钢筋供应风险因素表见表C1。

表C1 钢筋供应风险因素表

一级风险	二级风险	三级风险	四级风险
A1 计划风险	B1.1 采购计划不合理	C1.1.1 人员分析判断有误	
		C1.1.2 需求计划不准确	D1.1.2.1 编制过程疏漏
			D1.1.2.2 施工进度变化
A2 信息沟通风险	B2.1 供应决策错误	C2.1.1 信息传递不及时或出错	
A3 生产风险	B3.1 生产暂停或推迟	C3.1.1 设备故障	
		C3.1.2 生产安全事故	
		C3.1.3 停电	
		C3.1.4 转产推迟	
		C3.1.5 原材料准备不足	
	B3.2 物资成品指标接近临界值或超标	C3.2.1 人员操作不当	
		C3.2.2 生产参数设置不当	
		C3.2.3 原材料质量问题	
	B3.3 厂内质量检验结果不准确	C3.3.1 人员操作问题	
		C3.3.2 仪器问题	
A4 发货风险	B4.1 发货滞后	C4.1.1 供应链决策错误	D4.1.1.1 信息传递不及时或出错
		C4.1.2 生产暂停或推迟	
		C4.1.3 运输工具紧缺	
		C4.1.4 运输中断	
		C4.1.5 计划申请、审批不及时	
		C4.1.6 发货站点拥堵	
	B4.2 不合格产品发货	C4.2.1 装车防护措施不当	
		C4.2.2 厂内质量检验结果不准确	
		C4.2.3 规格型号错误	
		C4.2.4 库存物资变质	D4.2.4.1 防护措施不当
			D4.2.4.2 库存物资过期

续表

一级风险	二级风险	三级风险	四级风险
A5 运输及中转风险	B5.1 库存信息不准确	C5.1.1 出入库信息错误	
		C5.1.2 盘库信息不准确	
	B5.2 运输用时延长	C5.2.1 车皮重编组	
		C5.2.2 车辆故障	
	B5.3 运输中断	C5.3.1 道路异常中断	D5.3.1.1 降雪
			D5.3.1.2 降雨
	B5.4 物资质量受损	C5.4.1 防护措施不当	
	B5.5 库存物资变质	C5.5.1 防护措施不当	
		C5.5.2 物资库存过期	D5.5.2.1 人员监控不到位
		C5.5.3 防雨防潮措施不当	
A6 现场收货风险	B6.1 卸货滞后	C6.1.1 卸货人员不到位	
		C6.1.2 接卸货资源故障	
		C6.1.3 当地居民阻拦卸车	
	B6.2 卸货安全事故	C6.2.1 人员操作失误	
	B6.3 现场物资断货	C6.3.1 现场库存统计错误	
		C6.3.2 发货滞后	
		C6.3.3 施工需求增加	
	B6.4 接收非本项目物资	C6.4.1 核对货物信息不到位	
	B6.5 将合格物资鉴定为不合格物资	C6.5.1 现场检验结果不准确	D6.5.1.1 取样封样不规范
			D6.5.1.2 人员操作问题
			D6.5.1.3 仪器问题
	B6.6 质量争议	C6.6.1 现场检验结果不准确	D6.6.1.1 取样封样不规范
			D6.6.1.2 人员操作问题
			D6.6.1.3 仪器问题
	B6.7 不合格物资用于工程	C6.7.1 现场检验结果不准确	D6.7.1.1 取样封样不规范
			D6.7.1.2 人员操作问题
			D6.7.1.3 仪器问题
		C6.7.2 现场检验结果出具滞后	
A7 现场仓储风险	B7.1 库存信息不准确	C7.1.1 出入库信息错误	
		C7.1.2 盘库信息不准确	
	B7.2 材料丢失	C7.2.1 偷盗	
	B7.3 仓储安全事故	C7.3.1 人员操作不当	
	B7.4 现场物资断货	C7.4.1 现场库存统计错误	

续表

一级风险	二级风险	三级风险	四级风险
A7 现场仓储风险	B7.5 库存物资变质	C7.5.1 库存物资过期	D7.5.1.1 人员监控不到位
		C7.5.2 防雨防潮措施不当	
		C7.5.3 防护措施不当	
	B7.6 不合格物资用于工程	C7.6.1 库存物资变质	
		C7.6.2 出库操作不合理	
A8 现场使用风险	B8.1 物资挪用至其他项目	C8.1.1 承包商管理不到位	
		C8.1.2 监理监督不到位	
	B8.2 物资消耗不合理	C8.2.1 承包商管理不到位	
		C8.2.2 监理监督不到位	

附录D 风险事件记录表

风险事件记录表见表D1。

表D1 **风险事件记录表**

编号			
事件名称	不合格产品发货		
发生时间	××××年××月××日	发生地点	×××
风险描述	（风险事件持续时间以及其他风险事件信息）		
员工信息			
设备信息			
车辆编号			
运输路线			
物资信息			
物资名称	材料批次	规格型号	材料数量（t）
水泥	××××	P.O42.5	×××
相关风险因素			
不合格产品发货			
过期产品出库			

整改措施及实施效果

供应商：重新生产×××t袋装P.O42.5水泥。

事件损失

财产损失：××××

工程进度损失：××××

负责人签字：×××

盖章：××××年××月××日

注 1. 若事件有未涉及的项目，则在相应的栏目中填“无”。

2. 员工信息应包括本次事件相关员工的姓名、岗位、工号等。

3. 设备信息应包括本次事件相关设备的名称、型号、编号等。

附录 E　雅砻江流域水电工程物资供应链应对措施规划表

雅砻江流域水电工程物资供应链应对措施规划表见表 E1。

表 E1　　　　雅砻江流域水电工程物资供应链应对措施规划表

风险因素	风险事件	适用物资范围	适用供应模式	应对措施						
				事前					事中	事后
				降低风险发生概率	合理性评价			降低风险影响程度		
					人力成本	资金成本	效果			
设备故障	生产暂停或推迟	所有	甲供	定期进行计划检修	低	低	好	厂内设有多套设备	修复故障或更换设备	对故障原因进行分析总结
				对设备进行定期检查和状态监控	低	低	好	保持厂内和其他供应节点一定库存量	消耗库存	
原材料准备不足				驻厂监造监督原材料准备的计划落实情况	低	一般	好	保持厂内和其他供应节点一定库存量	落实原材料备货工作	
转产推迟		水泥						保持厂内和其他供应节点一定库存量		
计划内停窑								保持厂内和其他供应节点一定库存量		
生产安全事故		所有								
停电		水泥、钢筋								
发电负荷受限		粉煤灰						保持厂内和其他供应节点一定库存量		
人员操作不当	熟料指标接近临界值或超标	水泥	甲供、辅协供	合理的人员结构配置	低	低	一般	安排多个熟料库	将接近临界值或超标的熟料单独存放	加强人员培训和考核
生产参数设置不当				通过考核性生产固化参数	一般	低	好			查找原因并整改
				驻厂监造参与参数设置	低	一般	一般			
				加强原材料质量检测和指标控制	低	低	好	及时检测熟料相关指标		查找原因并整改
原材料质量问题				安排多个熟料库，专库专用	低	低	一般			加强人员培训和考核
转产时库存清理不到位				转产前对清理情况进行制度性检查	低	低	好			

续表

风险因素	风险事件	适用物资范围	适用供应模式	应对措施						
				事前					事中	事后
				降低风险发生概率	合理性评价			降低风险影响程度		
					人力成本	资金成本	效果			
人员操作不当	物资成品指标接近临界值或超标	所有	甲供、辅协供	合理的人员结构配置	低	低	一般	安排多个物资成品库	将接近临界值或超标的物资成品单独存放	加强人员培训和考核
生产参数设置不当				通过考核性生产固化参数	一般	低	好			查找原因并整改
				驻厂监造参与参数设置	低	一般	一般			
原材料质量问题				加强原材料质量检测和指标控制	低	低	好	及时检测物资成品相关指标	将受影响物资成品进行隔离	查找原因并整改
转产时库存清理不到位				安排多个熟料库，专库专用	低	低	一般			加强人员培训和考核
				转产前对清理情况进行制度性检查	低	低	好			
仪器问题	厂内质量检验结果不准确	所有	甲供、辅协供	驻厂监造对仪器检定情况进行监督	低	一般	一般		校准或更换仪器	查找原因并整改
				与其他试验室对比检验结果	一般	低	好			
				定期组织对比检验	一般	低	一般			
人员操作问题				定期对人员进行培训	低	低	好		无	加强人员培训和考核
				与其他试验室对比检验结果	一般	低	好			
				定期组织对比检验	一般	低	一般			
施工进度变化	需求计划不准确	所有	甲供						对需求计划进行调整	对供应链成员单位开展考核
编制过程疏漏				召开需求计划编制讨论会	一般	低	一般			对供应链成员单位开展考核
需求计划不准确	采购计划不合理	所有	甲供						对采购计划进行调整	
人员分析判断有误				内部讨论分析	一般	低	好			

续表

风险因素	风险事件	适用物资范围	适用供应模式	应对措施						
				事前					事中	事后
				降低风险发生概率	合理性评价			降低风险影响程度		
					人力成本	资金成本	效果			
信息传递不及时或出错	供应决策错误	所有	甲供、辅协供	建立信息沟通机制	低	低	好			对供应链成员单位开展考核
				对不同渠道的信息进行核对	一般	低	好			对供应决策进行修正
人员监控不到位	库存物资过期	所有	甲供、辅协供	对产品库存时间进行监控	低	低	好			到货验收质量检验
库存物资过期	库存物资变质			略						
仓储设备损坏				对库存设备完好性进行监控	低	低	一般			到货验收质量检验
人员工作失误	规格型号错误	所有	甲供、辅协供	安排相对固定的运输工具	低	低	一般			将详细信息通知收货单位
				装车和过磅过程进行信息核对	低	低	好			现场到货验收时进行信息核对
库存物资变质	不合格产品发货	所有	甲供、辅协供	对库存设备完好性进行监控	低	低	一般			到货验收质量检验
罐车清理不到位				对罐车清理工作进行抽查并定期检查记录	一般	低	好			到货验收质量检验
装车防护措施不当		水泥、粉煤灰		对装车时的防护措施进行检查	低	低	好			到货验收质量检验
厂内质量检验结果不准确		所有		略				略	略	略
规格型号错误				略				略	略	略
				略				略	略	略
计划申请、审批不及时	发货滞后	所有	甲供	对计划申请及审批进度进行监控	低	低	一般	保持现场一定库存量		对供应链成员单位开展考核
								合理安排物资分配，保证关键部位施工		安排补充发货
运输工具紧缺										

续表

风险因素	风险事件	适用物资范围	适用供应模式	应对措施						
				事前					事中	事后
				降低风险发生概率	合理性评价			降低风险影响程度		
					人力成本	资金成本	效果			
供应决策错误	发货滞后	所有	甲供	略				略	略	略
运输中断				略				略	略	略
生产暂停或推迟				略				略	略	略
道路异常中断	运输中断	所有	甲供	对部分路段边坡进行加固处理	一般	高	好	保持现场一定库存量	抢修道路	加大发货量，补充现场库存
									绕道运输	
车辆故障	运输用时延长	所有	甲供						跟踪修理进度	
车皮重编组								跟踪在途时长	跟踪车皮位置	
出入库信息错误	库存信息不准确	所有	甲供	完善出入库登记制度	低	低	好			修正出入库信息
				定期对出入库信息进行检查	一般	低	一般			
盘库信息不准确				对盘库人员进行考核	低	低	一般			修正库存信息
人员监控不到位	库存物资过期	所有	甲供、辅协供	对产品库存时间进行监控	低	低	好			到货验收质量检验
堆放违规	库存物资变质	所有	甲供、辅协供	定期检查仓库，督促整改	一般	低	好		对变质物资进行封存	退货
防雨防潮措施不当				定期检查仓库，督促整改	一般	低	好		对变质物资进行封存	退货
库存物资过期				略					略	略
仓储设备损坏				定期检查仓储设备	一般	低	好		对变质物资进行封存	退货
防护措施不当	物资质量受损	袋装水泥、钢筋	所有	对司机进行教育培训	低	低	好			到货验收外观检查
										到货验收质量检验

续表

风险因素	风险事件	适用物资范围	适用供应模式	应对措施						
				事前					事中	事后
				降低风险发生概率	合理性评价			降低风险影响程度		
					人力成本	资金成本	效果			
卸货人员不到位	卸货滞后	所有	甲供							
当地居民阻拦卸车								保持现场一定库存量		联系当地政府部门进行协调
接卸货资源故障										向公安机关报警
				定期进行设备检修	低	低	好	配备多套设备	修复设备	
人员操作失误	货物损失	水泥、粉煤灰	甲供	对人员进行培训和考核	低	低	好			
发货滞后	现场物资断货	所有	甲供、辅协供	按照需求合理安排发货量	低	低	好	略		安排补充发货
现场库存统计错误										
施工需求增加								合理安排物资分配，保证关键部位施工		
人员操作失误	混罐	水泥、粉煤灰	甲供、辅协供	对员工进行培训和考核	低	低	好		对混罐罐位进行封存	降级使用或退场
核对货物信息不到位				对员工进行培训和考核	低	低	好		对混罐罐位进行封存	降级使用或退场
核对货物信息不到位	接收非本项目物资	所有	甲供	对员工进行培训和考核	低	低	好			物资退场或修改票据及台账等
仪器问题	现场检验结果不准确	所有	甲供、辅协供	与其他试验室对比检验结果	一般	低	好			
				定期组织对比检验	一般	低	一般			
人员操作问题				定期对人员进行培训	低	低	好			加强人员培训和考核
				与其他试验室对比检验结果	一般	低	好			
				定期组织对比检验	一般	低	一般			
取样封样不规范				规范取样封样流程	低	低	好			督促有关单位进行整改
				对取样封样工作进行抽查	低	低	一般			

续表

风险因素	风险事件	适用物资范围	适用供应模式	应对措施						
				事前					事中	事后
				降低风险发生概率	合理性评价			降低风险影响程度		
					人力成本	资金成本	效果			
现场检验结果出具滞后	不合格物资用于工程	所有	甲供、辅协供	对试验室进行考核	一般	低	好		对质检结果异常的物资进行封存	追溯不合格物资使用情况
				对现场库存物资实行先进先出	低	低	一般			对工程实体进行质量检验
现场检验结果不准确				定期组织不同试验室进行对比检验	一般	低	一般			追溯不合格物资使用情况
										对工程实体进行质量检验
现场检验结果不准确	质量争议	所有	甲供、辅协供	定期组织不同试验室进行对比检验	一般	低	一般			对试验单位进行考核
现场检验结果不准确	将合格物资鉴定为不合格物资	所有	甲供、辅协供	定期组织不同试验室进行对比检验	一般	低	一般			通过第三方权威机构检测进行闭合
										对试验单位进行考核
人员操作失误	卸货过程安全事故	所有	甲供	对员工进行培训和考核	低	低	好			
偷盗	材料丢失	袋装水泥、钢筋	甲供	采取安防措施	低	低	好			核对丢失物资信息，更新库存信息
										向公安机关报警
										调整计划，增加发货，补充库存
出入库信息错误	库存信息不准确	所有	甲供	完善出入库登记制度	低	低	好			修正出入库信息
				定期对出入库信息进行检查	一般	低	一般			
盘库信息不准确				对盘库人员进行考核	低	低	一般			修正库存信息

续表

风险因素	风险事件	适用物资范围	适用供应模式	应对措施						
				事前					事中	事后
				降低风险发生概率	合理性评价			降低风险影响程度		
					人力成本	资金成本	效果			
出库操作不合理	不合格物资用于工程	所有	甲供、辅协供	对库存物资实行先进先出	低	低	一般		对过期物资进行封存	追溯不合格物资使用情况
库存物资变质				对库存时间进行监控	低	低	一般			对工程实体进行质量检验
人员监控不到位	库存物资过期	所有	甲供、辅协供	对产品库存时间进行监控	低	低	好			到货验收质量检验
堆放违规	库存物资变质	所有	甲供、辅协供	定期检查仓库，督促整改	一般	低	好		对变质物资进行封存	降级使用或退场
防雨防潮措施不当				定期检查仓库，督促整改	一般	低	好		对变质物资进行封存	降级使用或退场
库存物资过期				略					略	略
仓储设备损坏				定期检查仓储设备	一般	低	好		对变质物资进行封存	降级使用或退场
现场库存统计错误	现场物资断货	所有	甲供、辅协供	按照需求合理安排发货量	低	低	好	保持现场一定库存量		安排补充发货
								合理安排物资分配，保证关键部位施工		
人员操作不当	仓储过程安全事故	所有	甲供	对员工进行培训和考核	低	低	好			
承包商管理不到位	物资挪用至其他项目	所有	甲供							及时对物资进行核销
监理监督不到位										
承包商管理不到位	物资消耗不合理	所有	甲供							
监理监督不到位										

附录 F　风险事件监测内容表

风险事件监测内容表见表 F1。

表 F1　　　　**风险事件监测内容表**

监测内容	指标	监测责任单位/部门	信息来源	监测频率	指标具体描述
生产暂停或推迟	发生原因	机电物资管理部	驻厂监造/供应商	即时	由哪（儿）种风险因素导致
	发生时间	机电物资管理部	驻厂监造/供应商	即时	精确到日期
	持续时长	机电物资管理部	驻厂监造/供应商	即时	2 天以内精确到小时，超过 2 天精确到天
熟料指标接近临界值或超标	发生原因	机电物资管理部	驻厂监造/供应商	即时	由哪（儿）种风险因素导致
	发生时间	机电物资管理部	驻厂监造/供应商	即时	精确到日期
	发生次数	机电物资管理部	驻厂监造/供应商	即时	若一天内发生 2 次以上则进行统计
水泥指标接近临界值或超标	发生原因	机电物资管理部	驻厂监造/供应商	即时	
	发生时间	机电物资管理部	驻厂监造/供应商	即时	精确到日期
	涉及数量	机电物资管理部	驻厂监造/供应商	即时	受影响的水泥数量
不合格产品发货	发生原因	机电物资管理部	驻厂监造/供应商	即时	由哪（儿）种风险因素导致
	发生时间	机电物资管理部	驻厂监造/供应商	即时	精确到日期
	涉及数量	机电物资管理部	驻厂监造/供应商	即时	
供应中断	发生原因	机电物资管理部	供应商	即时	由哪（儿）种风险因素导致
	发生时间	机电物资管理部	供应商	即时	精确到日期
	持续时长	机电物资管理部	供应商	即时	2 天以内精确到小时，超过 2 天精确到天
	涉及供应商	机电物资管理部	供应商	即时	
卸货滞后	发生原因	管理局	承包商/监理单位	即时	由哪（儿）种风险因素导致
	发生时间	管理局	承包商/监理单位	即时	精确到日期
	持续时长	管理局	承包商/监理单位	即时	2 天以内精确到小时，超过 2 天精确到天
	涉及供应商	管理局	承包商/监理单位	即时	
现场物资断货	发生原因	管理局	承包商/监理单位	即时	由哪（儿）种风险因素导致
	发生时间	管理局	承包商/监理单位	即时	精确到日期
	持续时长	管理局	承包商/监理单位	即时	2 天以内精确到小时，超过 2 天精确到天
	涉及标段	管理局	承包商/监理单位	即时	

续表

监测内容	指标	监测责任单位/部门	信息来源	监测频率	指标具体描述
混罐	发生原因	管理局	承包商/监理单位	即时	由哪（几）种风险因素导致
	发生时间	管理局	承包商/监理单位	即时	精确到日期
	受影响物资品种、品牌、规格型号	管理局	承包商/监理单位	即时	
	受影响物资数量	管理局	承包商/监理单位	即时	
不合格物资用于工程	发生原因	管理局	承包商/监理单位	即时	由哪（几）种风险因素导致
	发生时间	管理局	承包商/监理单位	即时	精确到日期
	涉及物资品种、品牌、规格型号	管理局	承包商/监理单位	即时	
	涉及物资数量	管理局	承包商/监理单位	即时	
	影响工程部位	管理局	承包商/监理单位	即时	
	相关损失	管理局	承包商/监理单位	即时	

附录G　风险因素监测内容表

风险因素监测内容表见表G1。

表G1　　风险因素监测内容表

监测内容	指标	监测责任单位/部门	信息来源	监测频率	指标具体描述
设备自然故障	发生时间	机电物资管理部	驻厂监造/供应商	即时	精确到日期
	生产厂	机电物资管理部	驻厂监造/供应商	即时	
	发生部位	机电物资管理部	驻厂监造/供应商	即时	
	发生原因	机电物资管理部	驻厂监造/供应商	即时	
	持续时长	机电物资管理部	驻厂监造/供应商	即时	2天以内精确到小时，超过2天精确到天
计划内停窑	发生时间	机电物资管理部	驻厂监造/供应商	即时	精确到日期
	影响范围	机电物资管理部	驻厂监造/供应商	即时	
	持续时间	机电物资管理部	驻厂监造/供应商	即时	精确到天
停电	发生原因	机电物资管理部	驻厂监造/供应商	即时	
	发生时间	机电物资管理部	驻厂监造/供应商	即时	精确到日期
	持续时长	机电物资管理部	驻厂监造/供应商	即时	2天以内精确到小时，超过2天精确到天
原材料备货情况	品种	机电物资管理部	驻厂监造/供应商	即时	
	备货数量	机电物资管理部	驻厂监造/供应商	即时	是否满足生产需求
施工进度变化及对应物资需求变化	施工进度变化情况	管理局	承包商/监理单位	即时	施工进度与计划相比的偏差程度
	物资需求变化情况	管理局	承包商/监理单位	即时	物资实际消耗进度与计划相比偏差程度
需求计划编制疏漏	责任方	管理局	管理局	即时	
信息传递不及时或出错	责任方	机电物资管理部/管理局	机电物资管理部/管理局	即时	
	具体情况	机电物资管理部/管理局	机电物资管理部/管理局	即时	
道路异常中断	发生原因	机电物资管理部/管理局	供应商/承包商/其他渠道	即时	
	发生时间	机电物资管理部/管理局	供应商/承包商/其他渠道	即时	精确到日期
	发生路段	机电物资管理部/管理局	供应商/承包商/其他渠道	即时	
	持续时长	机电物资管理部/管理局	供应商/承包商/其他渠道	即时	精确到天
	影响范围	机电物资管理部/管理局	供应商/承包商/其他渠道	即时	影响哪些物资品种，哪些供应商

续表

监测内容	指标	监测责任单位/部门	信息来源	监测频率	指标具体描述
当地居民阻拦卸车	发生时间	管理局	承包商/供应商	即时	精确到日期
	持续时长	管理局	承包商/供应商	即时	精确到天
	影响范围	管理局	承包商/供应商	即时	影响哪些物资品种，哪些供应商

附录H 应对措施监测内容表

应对措施监测内容表见表H1。

表H1 应对措施监测内容表

应对措施	监测内容	指标	监测责任单位/部门	信息来源	监测频率	指标具体描述
保持厂内和其他供应节点一定库存量	厂内库存	物资品种	机电物资管理部	驻厂监造/供应商	每天一次	
		物资品牌	机电物资管理部	驻厂监造/供应商	每天一次	包括物资生产厂信息
		规格型号	机电物资管理部	驻厂监造/供应商	每天一次	
		批号	机电物资管理部	驻厂监造/供应商	每天一次	库存物资的批号信息
		入库时间	机电物资管理部	驻厂监造/供应商	每天一次	每一批号入库日期
		数量	机电物资管理部	驻厂监造/供应商	每天一次	
(1) 保持厂内和其他供应节点一定库存量；(2) 完善出入库登记制度；(3) 定期对出入库信息进行检查	中转库存	物资品种	机电物资管理部	转运站/供应商	每天一次	
		物资品牌	机电物资管理部	转运站/供应商	每天一次	包括物资生产厂信息
		规格型号	机电物资管理部	转运站/供应商	每天一次	
		批号	机电物资管理部	转运站/供应商	每天一次	库存物资的批号信息
		入库时间	机电物资管理部	转运站/供应商	每天一次	每一批号入库日期
		数量	机电物资管理部	转运站/供应商	每天一次	
(1) 保持厂内和其他供应节点一定库存量；(2) 保持现场一定库存量；(3) 完善出入库登记制度；(4) 定期对出入库信息进行检查	现场库存	物资品种	管理局	承包商/监理单位	每天一次	
		物资品牌	管理局	承包商/监理单位	每天一次	包括物资生产厂信息
		规格型号	管理局	承包商/监理单位	每天一次	
		批号	管理局	承包商/监理单位	每天一次	库存物资的批号信息
		入库时间	管理局	承包商/监理单位	每天一次	每一批号入库日期
		数量	管理局	承包商/监理单位	每天一次	
加强原材料质量检测和指标控制	原材料技术指标	检测时间	机电物资管理部	驻厂监造/供应商	每次生产前	精确到日期
		供应商	机电物资管理部	驻厂监造/供应商	每次生产前	原材料供应商信息
		相关技术指标	机电物资管理部	驻厂监造/供应商	每次生产前	主要技术指标，如碱含量

续表

应对措施	监测内容	指标	监测责任单位/部门	信息来源	监测频率	指标具体描述
及时检测熟料相关指标	半成品（熟料）技术指标	检测时间	机电物资管理部	驻厂监造/供应商	每次生产	精确到日期
		相关技术指标	机电物资管理部	驻厂监造/供应商	每次生产	需要控制的主要技术指标
及时检测物资成品相关指标	物资成品技术指标（厂内检测）	检测时间	机电物资管理部	驻厂监造/供应商	每批次	精确到日期
		规格型号	机电物资管理部	驻厂监造/供应商	每批次	
		批号	机电物资管理部	驻厂监造/供应商	每批次	
		相关技术指标	机电物资管理部	驻厂监造/供应商	每批次	需要控制的主要技术指标
与其他试验室对比检验结果	物资技术指标检验结果对比	物资品种	机电物资管理部	驻厂监造/供应商/试验中心	每批次	
		物资品牌	机电物资管理部	驻厂监造/供应商/试验中心	每批次	
		规格型号	机电物资管理部	驻厂监造/供应商/试验中心	每批次	
		批号	机电物资管理部	驻厂监造/供应商/试验中心	每批次	
		相关技术指标	机电物资管理部	驻厂监造/供应商/试验中心	每批次	主要技术指标
按照需求合理安排发货量	物资发货情况	物资品种、品牌和规格型号	机电物资管理部	驻厂监造/供应商/试验中心	每天一次	
		发货数量	机电物资管理部	驻厂监造/供应商/试验中心	每天一次	
合理安排物资分配，保证关键部位施工	物资收货情况	物资品种、品牌和规格型号	管理局	承包商/监理单位	每天一次	
		收货数量	管理局	承包商/监理单位	每天一次	
合理安排物资分配，保证关键部位施工	需求计划完成率	物资品种、品牌和规格型号	管理局	承包商/监理单位	每月一次	
		需求计划完成率	管理局	承包商/监理单位	每月一次	月度供应量除以月度需求计划量
对产品库存时间进行监控	厂内库存物资储存时长	厂内库存物资储存时长	机电物资管理部	驻厂监造/供应商	每周一次	精确到天
对罐车清理工作进行抽查并定期检查记录	罐车清理工作落实情况	罐车清理记录	机电物资管理部/管理局	供应商/承包商	每季度一次	可通过监造进行日常抽查

续表

应对措施	监测内容	指标	监测责任单位/部门	信息来源	监测频率	指标具体描述
对产品库存时间进行监控	中转库存物资储存时长	中转库存物资储存时长	机电物资管理部	转运站/供应商	每周一次	精确到天
对产品库存时间进行监控	现场库存物资储存时长	现场库存物资储存时长	管理局	承包商/监理单位	每周一次	精确到天
对试验室进行考核	物资技术指标（现场检测）	检测时间	管理局	承包商/监理单位/试验中心	每周一次	精确到日期
		规格型号	管理局	承包商/监理单位/试验中心	每周一次	
		批号	管理局	承包商/监理单位/试验中心	每周一次	
		相关技术指标	管理局	承包商/监理单位/试验中心	每周一次	需要控制的主要技术指标
合理安排物资分配，保证关键部位施工	物资消耗情况	物资品种、品牌和规格型号	管理局	承包商/监理单位	每天一次	
		消耗数量	管理局	承包商/监理单位	每天一次	
及时对物资进行核销	物资核销情况	物资品种、品牌和规格型号	管理局	承包商/监理单位/管理局	每月一次	
		标段	管理局	承包商/监理单位/管理局	每月一次	
		核销数量	管理局	承包商/监理单位/管理局	每月一次	
		超（欠）耗数量	管理局	承包商/监理单位/管理局	每月一次	
对现场库存物资实行先进先出	物资现场使用次序	物资品种、品牌和规格型号	管理局	承包商	每月一次	
		标段	管理局	承包商	每月一次	
		进货批号和数量	管理局	承包商	每月一次	
		库存批号和数量	管理局	承包商	每月一次	
对试验室进行考核	现场试验室考核情况	试验室名称	管理局	管理局		
		考核结果	管理局	管理局		
对计划申请及审批进度进行监控	物资计划发布时间	物资品种、品牌和规格型号	机电物资管理部/管理局	机电物资管理部/管理局	每月一次	
		供应商	机电物资管理部/管理局	机电物资管理部/管理局	每月一次	
		计划时段及数量	机电物资管理部/管理局	机电物资管理部/管理局	每月一次	

续表

应对措施	监测内容	指标	监测责任单位/部门	信息来源	监测频率	指标具体描述
定期组织对比检验	对比检验结果	物资品种和规格型号	机电物资管理部/管理局	管理局	每半年一次	
		参加对比检验的单位	机电物资管理部/管理局	管理局	每半年一次	
		对比检验结果的数据统计	机电物资管理部/管理局	管理局	每半年一次	排序、得分及超差项统计分析
定期对人员进行培训	人员培训情况	试验室所在单位	机电物资管理部/管理局	承包商/试验中心/供应商/监造单位	每季度一次	
		培训记录	机电物资管理部/管理局	承包商/试验中心/供应商/监造单位	每季度一次	
（1）规范取样封样流程；（2）对取样封样工作进行抽查	取样封样情况	试验室所在单位	管理局	承包商/试验中心	抽查	
		取样封样规范性	管理局	承包商/试验中心	抽查	是否按照规范进行取样封样

附录I　水泥相关监测项目警戒线

水泥相关监测项目警戒线见表I1。

表I1　　水泥相关监测项目警戒线

监测项目	一级警戒线	采取措施	二级警戒线	采取措施	三级警戒线	采取措施
天气预报	小雨/雪	关注交通状况	中雨/雪	关注交通状况，提前提高现场库存，至少满足5天用量	大到暴雨/雪	关注交通状况，提前提高现场库存，至少满足8天用量
施工进度变化及对应物资需求变化	单品种物资需求变化超过20%	管理局调整发货策略，保持现场合理库存	单品种物资需求变化超过50%	管理局调整发货策略并向机电物资管理部汇报，后者对供应风险进行再评估，并通知供应商采取必要措施保证供应	单品种物资需求变化超过80%	在应对措施基础上，必要时管理局向机电物资管理部进行书面专题报告
道路异常中断	2天以内	关注交通恢复进展	3～5天	关注交通恢复进展，管理局评估现场库存使用天数，跟踪消耗情况	6天以上	关注交通恢复进展，评估现场库存使用天数，跟踪消耗情况，机电物资管理部研究绕道运输可行性和必要性
当地居民阻拦卸车	1天以内不能卸车	管理局通过有关部门和单位协调	1～2天不能卸车	管理局通过有关部门和单位协调，暂停安排供应商发货	3天以上不能卸车	管理局通过有关部门和单位协调，暂停安排供应商发货，评估现场库存使用天数，向机电物资管理部汇报
生产暂停或推迟	2天以内	机电物资管理部关注生产恢复进展	3～5天	机电物资管理部根据厂内库存评估供应风险，并跟踪生产恢复进展	6天以上	机电物资管理部根据厂内库存和现场库存评估供应风险，研究采取备用供应方案的必要性和可行性
供应中断	2天以内	关注供应恢复进展	3～5天	对现场散装水泥进行盘库，根据现场库存评估供应风险，研究采取应急措施的必要性和可行性，并关注供应恢复进展	6天以上	在之前采取措施的基础上，研究是否优先保证关键部位施工的水泥供应

续表

监测项目	一级警戒线	采取措施	二级警戒线	采取措施	三级警戒线	采取措施
厂内库存	低于现场10天需求，厂家未开始生产	机电物资管理部口头督促厂家尽快开始生产	低于现场7天需求，厂家未开始生产	机电物资管理部书面督促厂家尽快开始生产	低于现场3天需求，厂家未开始生产	机电物资管理部派人赴厂家监督生产启动工作，并对供应风险进行评估
现场库存	低于现场10天需求	管理局调整发货策略，通知供应商加大发货量补充库存	低于现场7天需求	管理局调整发货策略，通知供应商加大发货量补充库存，并请求机电物资管理部协调	低于现场3天需求	在之前采取措施基础上，管理局与机电物资管理部研究应急措施的必要性和可行性
物资技术指标检验结果对比	某指标超差率超过10%	对数据进行统计分析，查找规律	某指标超差率超过20%	对数据进行统计分析，查找规律，并通知相关试验单位分析原因	某指标超差率超过30%	对数据进行统计分析，查找规律，并通知相关试验单位分析原因，必要时开展专项对比检验
发货情况	3天实际发货量低于计划发货量70%	管理局要求供应商查找原因，采取措施加大发货量	5天实际发货量低于计划发货量70%	机电物资管理部要求供应商查找原因，采取措施加大发货量	7天实际发货量低于计划发货量70%	机电物资管理部致函供应商要求加大发货量，或派人赴厂内督促发货
物资消耗情况	近5天消耗超过月计划平均值20%	管理局将该品种物资消耗列入重点监控对象	近10天消耗超过月计划平均值20%	管理局了解施工进展，对月度物资需求变化进行评估	近15天消耗超过月计划平均值20%	管理局根据施工进展及库存情况对供应风险进行评估，并视情况将月度物资需求变化通知机电物资管理部
厂内库存物资储存时长	超过出厂日期30天	关注储存时长，尽快列入发货计划	超过出厂日期50天	尽快安排发货	超过出厂日期70天	通过强度评估后，尽快发货
现场库存物资储存时长	超过出厂日期20天	关注储存时长	超过出厂日期40天	尽快列入使用计划	超过出厂日期60天	尽快安排使用

附录J　粉煤灰相关监测项目警戒线

粉煤灰相关监测项目警戒线见表J1。

表J1　　　　粉煤灰相关监测项目警戒线

监测项目	一级警戒线	采取措施	二级警戒线	采取措施	三级警戒线	采取措施
天气预报	小雨/雪	关注交通状况	中雨/雪	关注交通状况，提前提高现场库存，至少满足7天用量	大到暴雨/雪	关注交通状况，提前提高现场库存，至少满足10天用量
施工进度变化及对应物资需求变化	单品种物资需求变化超过20%	管理局调整发货策略，保持现场合理库存	单品种物资需求变化超过50%	管理局调整发货策略并向机电物资管理部汇报，后者对供应风险进行再评估，并通知供应商采取必要措施保证供应	单品种物资需求变化超过80%	在应对措施基础上，必要时管理局向机电物资管理部进行书面专题报告
道路异常中断	2天以内	关注交通恢复进展	3～5天	关注交通恢复进展，管理局评估现场库存使用天数，跟踪消耗情况	6天以上	关注交通恢复进展，评估现场库存使用天数，跟踪消耗情况，机电物资管理部研究绕道运输可行性和必要性
当地居民阻拦卸车	1天以内不能卸车	管理局通过有关部门和单位协调	1～2天不能卸车	管理局通过有关部门和单位协调，暂停安排供应商发货	3天以上不能卸车	管理局通过有关部门和单位协调，暂停安排供应商发货，评估现场库存使用天数，向机电物资管理部汇报
供应中断	2天以内	关注供应恢复进展	3～5天	对现场散装水泥进行盘库，根据现场库存评估供应风险，研究采取应急措施的必要性和可行性，并关注供应恢复进展	6天以上	在之前采取措施的基础上，研究是否优先保证关键部位施工的水泥供应
中转库存（汛期）	低于现场60天需求，厂家未正常发货	机电物资管理部口头督促厂家尽快开始生产	低于现场45天需求，厂家未正常发货	机电物资管理部书面督促厂家尽快发货，并赴厂内督促发货	低于现场30天需求，厂家未正常发货	机电物资管理部研究应急措施的必要性和可行性

续表

监测项目	一级警戒线	采取措施	二级警戒线	采取措施	三级警戒线	采取措施
中转库存（非汛期）	低于现场40天需求，厂家未开始生产	机电物资管理部口头督促厂家尽快开始生产	低于现场30天需求，厂家未开始生产	机电物资管理部书面督促厂家尽快发货，并赴厂内督促发货	低于现场20天需求，厂家未开始生产	机电物资管理部研究应急措施的必要性和可行性
现场库存	低于现场15天需求	管理局调整发货策略，通知供应商加大发货量补充库存	低于现场10天需求	管理局调整发货策略，通知供应商加大发货量补充库存，并请求机电物资管理部协调	低于现场7天需求	在之前采取措施基础上，管理局与机电物资管理部研究应急措施的必要性和可行性
物资技术指标检验结果对比	某指标超差率超过10%	对数据进行统计分析，查找规律	某指标超差率超过20%	对数据进行统计分析，查找规律，并通知相关试验单位分析原因	某指标超差率超过30%	对数据进行统计分析，查找规律，并通知相关试验单位分析原因，必要时开展专项对比检验
发货情况	3天实际发货量低于计划发货量50%	管理局要求供应商查找原因，采取措施加大发货量	5天实际发货量低于计划发货量50%	机电物资管理部要求供应商查找原因，采取措施加大发货量	7天实际发货量低于计划发货量50%	机电物资管理部致函供应商要求加大发货量，或派人赴转运站督促发货
物资消耗情况	近5天消耗超过月计划平均值20%	管理局将该品种物资消耗列入重点监控对象	近10天消耗超过月计划平均值20%	管理局了解施工进展，对月度物资需求变化进行评估	近15天消耗超过月计划平均值20%	管理局根据施工进展及库存情况对供应风险进行评估，并视情况将月度物资需求变化通知机电物资管理部
中转库存物资储存时长	超过出厂日期90天	关注储存时长，优先列入发货计划	超过出厂日期135天	尽快列入发货计划	超过出厂日期180天	尽快发货
现场库存物资储存时长	超过出厂日期10天	关注储存时长	超过出厂日期20天	尽快列入使用计划	超过出厂日期30天	尽快安排使用

附录K　钢筋相关监测项目警戒线

钢筋相关监测项目警戒线见表K1。

表K1　　钢筋相关监测项目警戒线

监测项目	一级警戒线	采取措施	二级警戒线	采取措施	三级警戒线	采取措施
天气预报	小雨/雪	关注交通状况	中雨/雪	关注交通状况，统计各规格现场库存是否满足5天以上需求，否则立即补充库存	大到暴雨/雪	关注交通状况，统计各规格现场库存是否满足8天以上需求，否则立即补充库存
施工进度变化及对应物资需求变化	单品种物资需求变化超过20%	管理局调整发货策略，保持现场合理库存	单品种物资需求变化超过50%	管理局调整发货策略并向机电物资管理部汇报，后者对供应风险进行再评估，并通知供应商采取必要措施保证供应	单品种物资需求变化超过80%	在应对措施基础上，必要时管理局向机电物资管理部进行书面专题报告
道路异常中断	2天以内	关注交通恢复进展	3～5天	关注交通恢复进展，管理局评估现场库存使用天数，跟踪消耗情况	6天以上	关注交通恢复进展，评估现场库存使用天数，跟踪消耗情况，机电物资管理部研究绕道运输可行性和必要性
当地居民阻拦卸车	1天以内不能卸车	管理局通过有关部门和单位协调	1～2天不能卸车	管理局通过有关部门和单位协调，暂停安排供应商发货	3天以上不能卸车	管理局通过有关部门和单位协调，暂停安排供应商发货，评估现场库存使用天数，向机电物资管理部汇报
生产暂停或推迟	2天以内	机电物资管理部关注生产恢复进展	3～5天	机电物资管理部根据现场库存评估供应风险，研究应急采购的必要性和可行性	6天以上	机电物资管理部根据现场库存评估供应风险，研究应急采购的必要性和可行性，并向供应商发函提出具体要求
中转库存	某规格钢筋低于现场10天需求，且3日内无发货计划	机电物资管理部督促供应商尽快落实发货计划	某规格钢筋低于现场7天需求，且3日内无发货计划	机电物资管理部督促供应商落实发货计划或应急采购	某规格钢筋低于现场5天需求，且3日内无发货计划	机电物资管理部要求供应商立即进行应急采购

续表

监测项目	一级警戒线	采取措施	二级警戒线	采取措施	三级警戒线	采取措施
现场库存	某规格低于现场10天需求	管理局关注消耗量及库存变化	某规格低于现场5天需求	管理局结合中转库存评估供应风险	某规格低于现场3天需求	管理局结合中转库存评估供应风险，并对中转库存进行合理分配
发货情况	某规格实际发货时间比计划滞后2天以内	督促供应商尽快发货	某规格实际发货时间比计划滞后5天以内	督促供应商尽快发货，并结合库存评估供应风险	某规格实际发货时间比计划滞后超过5天	督促供应商尽快发货，研究应急采购的必要性
物资消耗情况	近5天消耗超过月计划平均值20%	管理局将该品种物资消耗列入重点监控对象	近10天消耗超过月计划平均值20%	管理局了解施工进展，对月度物资需求变化进行评估	近15天消耗超过月计划平均值20%	管理局根据施工进展及库存情况对供应风险进行评估，并视情况将月度物资需求变化通知机电物资管理部
中转库存物资储存时长	超过出厂日期40天	优先列入发放计划	超过出厂日期60天	尽快安排发放	超过出厂日期90天	立即安排发放
现场库存物资储存时长	超过出厂日期50天	关注储存时长	超过出厂日期70天	尽快列入使用计划	超过出厂日期100天	尽快安排使用

附录L　风险管理月度计划报告（示例）

日期：2019年2月26日。

时间范围：2019年2月26日～3月25日。

对象：L水电站普硅水泥。

一、风险识别

结合原有的因果分析图和风险因素表，未发现新增风险。

二、风险评价

利用风险评价决策支持工具，供应风险和质量风险评价分别如图L1和图L2所示。

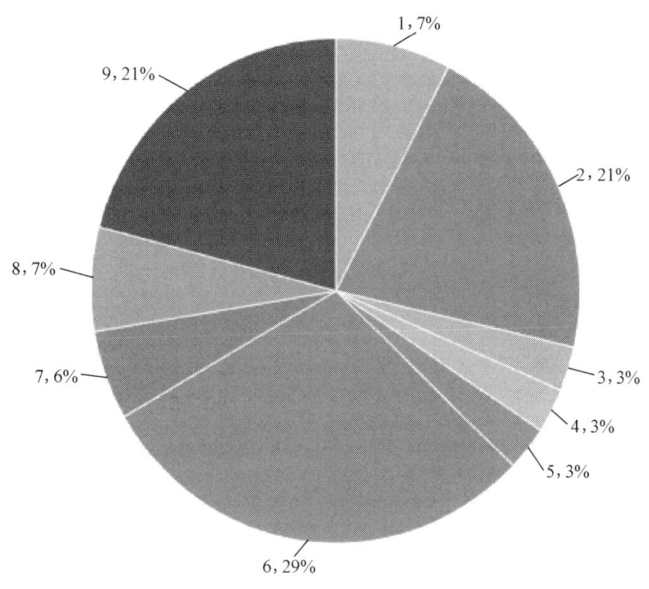

图L1　供应风险评价

1—生产暂停或推迟；2—发货滞后；3—采购计划不合理；
4—供应链决策错误；5—运输用长延迟；6—运输中断；
7—库存信息不准确；8—卸货滞后；9—现场物资断货

从图L1可知，在供应风险中，“运输中断”“现场物资断货”“发货滞后”三类风险事件风险额占比较大，需要重点关注。

从图L2可知，在质量风险中，“施工承包商不合格物资用于工程”“施工承包商现场检验不准确”两类风险事件风险额占比较大，需要重点关注。

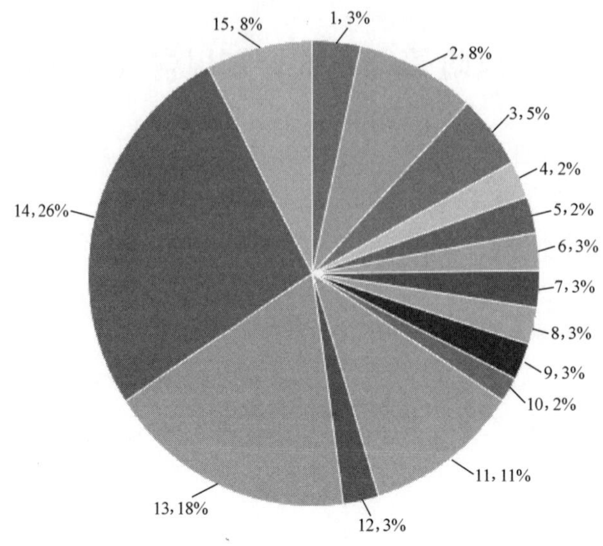

图 L2　质量风险评价

1—物资成品指标接近临界值或超标；2—熟料指标接近临界值或超标；
3—厂内质量检验结果不准确；4—库存物资过期（供应商）；5—库存物资变质（供应商）；
6—物资质量受损（铁路运输单位）；7—物资质量受损（公路运输单位）；
8—库存物资过期（中转仓储管理单位）；9—库存物资变质（中转仓储管理单位）；
10—库存物资过期（施工承包商）；11—库存物资变质（施工承包商）；12—混罐；
13—现场检验不准确（施工承包商）；14—不合格物资用于工程（施工承包商）；
15—现场检验不准确（工地试验检测中心）

三、风险应对规划

针对需重点关注的风险，将风险事件应对措施表中的相关措施罗列出来得出相关风险应对措施一览表，见表 L1。

表 L1　　　相关风险应对措施一览表

风险事件	应对措施	是否需实施	是否需监测
运输中断	保持现场一定库存量	是	是
	对部分路段边坡进行加固处理	否	否
现场物资断货	按照需求合理安排发货量	是	是
	合理安排物资分配，保证关键部位施工	是	是
发货滞后	保持现场一定库存量	是	是
	合理安排物资分配，保证关键部位施工	是	是
	对计划申请及审批进度进行监控	是	是
施工承包商不合格物资用于工程	对试验室进行考核	是	是
	对现场库存物资实行先进先出	是	是
	定期组织不同试验室进行对比检验	是	是

续表

风险事件	应对措施	是否需实施	是否需监测
施工承包商现场检验不准确	与其他试验室对比检验结果	是	是
	定期组织对比检验	是	是
	定期对人员进行培训	是	是
	规范取样封样流程	是	是
	对取样封样工作进行抽查	是	是

四、风险监测

根据表L1及监测内容表，确定针对应对措施的重点监测内容一览表，见表L2。

表L2　　针对应对措施的重点监测内容一览表

序号	监测内容	监测频次
1	现场库存	每天一次
2	物资发货情况	每天一次
3	物资收货情况	每天一次
4	物资消耗情况	每天一次
5	物资计划发布时间	每月两次
6	现场试验室考核情况	每半年一次
7	物资技术指标（现场检测）	每批次
8	物资现场使用次序	每月一次
9	对比检验结果	每半年一次
10	物资技术指标检验结果对比	每周一次
11	人员培训情况	每季度一次
12	取样封样情况	每月一次/抽查

监测频次低于每月一次的，根据实际情况，若本月未进行监测或未出具结果，则不予考虑。

针对风险因素和风险事件的监测内容，根据风险登记表进行登记统计。

附录 M　中国水泥网（四川）水泥信息价格指数相关历史数据

中国水泥网（四川）水泥信息价格指数相关历史数据见表 M1。

表 M1　　中国水泥网（四川）水泥信息价格指数相关历史数据

日期	水泥信息价格指数	月度间的环比波动率	价格波动率
2012 年 2 月	390		0.238
2012 年 3 月	390	1	0.238
2012 年 4 月	377	0.966 667	0.197
2012 年 5 月	370	0.981 432	0.175
2012 年 6 月	310	0.837 838	−0.016
2012 年 7 月	310	1	−0.016
2012 年 8 月	287	0.925 806	−0.089
2012 年 9 月	270	0.940 767	−0.143
2012 年 10 月	260	0.962 963	−0.175
2012 年 11 月	283	1.088 462	−0.102
2012 年 12 月	310	1.095 406	−0.016
2013 年 1 月	305	0.983 871	−0.032
2013 年 2 月	305	1	−0.032
2013 年 3 月	305	1	−0.032
2013 年 4 月	311	1.019 672	−0.013
2013 年 5 月	311	1	−0.013
2013 年 6 月	300	0.964 63	−0.048
2013 年 7 月	297	0.99	−0.057
2013 年 8 月	305	1.026 936	−0.032
2013 年 9 月	306	1.003 279	−0.029
2013 年 10 月	311	1.016 34	−0.013
2013 年 11 月	315	1.0128 62	0.000
2013 年 12 月	328	1.041 27	0.041
2014 年 1 月	341	1.039 634	0.083
2014 年 2 月	345	1.011 73	0.095
2014 年 3 月	345	1	0.095
2014 年 4 月	340	0.985 507	0.079
2014 年 5 月	345	1.014 706	0.095
2014 年 6 月	347	1.005 797	0.102
2014 年 7 月	348	1.002 882	0.105

续表

日期	水泥信息价格指数	月度间的环比波动率	价格波动率
2014年8月	348	1	0.105
2014年9月	339	0.974 138	0.076
2014年10月	331	0.976 401	0.051
2014年11月	330	0.996 979	0.048
2014年12月	330	1	0.048
2015年1月	320	0.969 697	0.016
2015年2月	308	0.9625	−0.022
2015年3月	308	1	−0.022
2015年4月	296	0.961 039	−0.060
2015年5月	286	0.966 216	−0.092
2015年6月	280	0.979 021	−0.111
2015年7月	282	1.007 143	−0.105
2015年8月	282	1	−0.105
2015年9月	287	1.017 73	−0.089
2015年10月	282	0.982 578	−0.105
2015年11月	278	0.985 816	−0.117
2015年12月	279	1.003 597	−0.114
2016年1月	278	0.996 416	−0.117
2016年2月	269	0.967 626	−0.146
2016年3月	265	0.985 13	−0.159
2016年4月	265	1	−0.159
2016年5月	261	0.984 906	−0.171
2016年6月	256	0.980 843	−0.187
2016年7月	256	1	−0.187
2016年8月	256	1	−0.187
2016年9月	253	0.988 281	−0.197
2016年10月	257	1.015 81	−0.184
2016年11月	273	1.062 257	−0.133
2016年12月	306	1.120 879	−0.029
2017年1月	319	1.042 484	0.013
2017年2月	316	0.990 596	0.003
2017年3月	315	0.996 835	0.000
2017年4月	301	0.955 556	−0.044
2017年5月	321	1.066 445	0.019
2017年6月	326	1.015 576	0.035

续表

日期	水泥信息价格指数	月度间的环比波动率	价格波动率
2017 年 7 月	328	1. 006 135	0. 041
2017 年 8 月	358	1. 091 463	0. 137
2017 年 9 月	361	1. 008 38	0. 146
2017 年 10 月	356	0. 986 15	0. 130
2017 年 11 月	348	0. 977 528	0. 105
2017 年 12 月	346	0. 994 253	0. 098
2018 年 1 月	386. 67	1. 117 543	0. 228
2018 年 2 月	440	1. 137 921	0. 397
2018 年 3 月	433. 33	0. 984 841	0. 376
2018 年 4 月	431. 11	0. 994 877	0. 369
2018 年 5 月	450	1. 043 817	0. 429
2018 年 6 月	450	1	0. 429
2018 年 7 月	450	1	0. 429
2018 年 8 月	450	1	0. 429
2018 年 9 月	480	1. 066 667	0. 524
2018 年 10 月	484. 44	1. 009 25	0. 538
2018 年 11 月	514. 44	0. 986 160	0. 633
2018 年 12 月	521. 67	1. 0619	0. 656

附录N 中国水泥网（四川）水泥信息价格波动率、频率统计分布

中国水泥网（四川）水泥信息价格波动率、频率统计分布见表N1。

表N1 中国水泥网（四川）水泥信息价格波动率、频率统计分布

波动率	出现频数	频率
−0.196 825	1	0.012 048
−0.187 302	3	0.036 145
−0.184 127	1	0.012 048
−0.174 603	1	0.012 048
−0.171 429	1	0.012 048
−0.158 730	2	0.024 096
−0.146 032	1	0.012 048
−0.142 857	1	0.012 048
−0.133 333	1	0.012 048
−0.117 460	2	0.024 096
−0.117 460	1	0.012 048
−0.114 286	1	0.012 048
−0.111 111	1	0.012 048
−0.104 762	3	0.036 145
−0.101 587	1	0.012 048
−0.092 063	1	0.012 048
−0.088 889	2	0.024 096
−0.060 317	1	0.012 048
−0.057 143	1	0.012 048
−0.047 619	1	0.012 048
−0.044 444	1	0.012 048
−0.031 746	4	0.048 193
−0.028 571	2	0.024 096
−0.022 222	2	0.024 096
−0.015 873	3	0.036 145
−0.012 698	2	0.024 096
0.000 000	2	0.024 096
0.003 175	1	0.012 048
0.012 698	1	0.012 048
0.015 873	1	0.012 048

续表

波动率	出现频数	频率
0.019 048	1	0.012 048
0.034 921	1	0.012 048
0.041 270	2	0.024 096
0.047 619	2	0.024 096
0.050 794	1	0.012 048
0.076 190	1	0.012 048
0.079 365	1	0.012 048
0.082 540	1	0.012 048
0.095 238	3	0.036 145
0.098 413	1	0.012 048
0.101 587	1	0.012 048
0.104 762	3	0.036 145
0.130 159	1	0.012 048
0.136 508	1	0.012 048
0.146 032	1	0.012 048
0.174 603	1	0.012 048
0.196 825	1	0.012 048
0.227 524	1	0.012 048
0.238 095	2	0.024 096
0.368 603	1	0.012 048
0.375 651	1	0.012 048
0.396 825	1	0.012 048
0.428 571	4	0.048 193
0.523 810	1	0.012 048
0.537 919	1	0.012 048
0.633 157	1	0.012 048
0.656 085	1	0.012 048